机场目视助航技术与系统

高庆吉　徐　萍　胡丹丹　编著

曹　先　主审

科 学 出 版 社

北　京

内 容 简 介

本书阐述了民航机场目视助航所涉及的基本概念、飞行区地面标志、助航灯光、标记牌与标志物等基础知识；论述了助航灯光系统的电源与回路技术、灯光控制技术、系统监控技术、系统检测和诊断等内容；介绍了LED新型光源、现代感知物联和机场场面监控等涉及的新技术和理念。本书依据国际民用航空组织和中国民航相关标准规范，紧密结合民航机场实际进行编写。

本书可作为自动化、交通运输、交通工程等机场设计与运行相关专业的本科生，以及控制和检测领域的研究生的教材与指导书，也可供民航助航灯光领域的科技人员参考使用。

图书在版编目（CIP）数据

机场目视助航技术与系统/高庆吉，徐萍，胡丹丹编著．—北京：科学出版社，2022.12

ISBN 978-7-03-072971-2

Ⅰ．①机… Ⅱ．①高… ②徐… ③胡… Ⅲ．①民用航空-助航设备 Ⅳ．①V351.37

中国版本图书馆CIP数据核字（2022）第154470号

责任编辑：韩 东 李程程/责任校对：赵丽杰
责任印制：吕春珉/封面设计：东方人华平面设计部

科学出版社 出版
北京东黄城根北街16号
邮政编码：100717
http://www.sciencep.com

北京九州迅驰传媒文化有限公司 印刷
科学出版社发行 各地新华书店经销

*

2022年12月第 一 版 开本：787×1092 1/16
2023年12月第二次印刷 印张：19
字数：451 000

定价：58.00元

（如有印装质量问题，我社负责调换〈九州迅驰〉）
销售部电话 010-62136230 编辑部电话 010-62135319-2030

前言

教育是国之大计、党之大计，教育、科技、人才是全面建设社会主义现代化国家的基础性、战略性支撑。全面建设社会主义现代化国家，必须坚持科技是第一生产力、人才是第一资源、创新是第一动力，深入实施科教兴国战略、人才强国战略、创新驱动发展战略。高等教育人才培养要树立质量意识、抓好质量建设、全面提高人才自主培养质量。

随着航空运输业的快速发展，机场目视助航技术取得了长足的进步。为了给目视助航理论和技术的系统学习提供支持，本书作者从 2009 年开始，不断积累目视助航基本理论、标准规范知识，考察了国内外机场助航灯光场站和生产厂家，汇集新技术与系统文献，开展相关科研课题研究、新技术研究，持续更新教学内容和讲义。以《国际民用航空公约》附件 14、《机场设计手册》和《民用机场飞行区技术标准》等国际、国内标准规范为基础，结合相关教材、专著等整理出“机场目视助航技术与系统”课程配套的讲义，并通过十几年来的教学实践，不断补充、更新、汇总，最终完成了本书的编写工作。

在编写本书过程中，编写团队坚持全面贯彻党的教育方针，落实立德树人根本任务，以培养民航助航灯光领域的优秀人才为己任，着力全面提高人才自主培养质量，坚持为党育人、为国育才，培养德智体美劳全面发展的社会主义建设者和接班人。

本书由中国民航大学目视助航技术与系统课题组负责完成。其中，高庆吉教授负责组织编写，完成本书章节体系架构的规划和全书内容的统稿与审核，并具体负责编写第 1、8、10 章；徐萍负责编写第 2、3、4 章；胡丹丹负责编写第 5、6、7 章；宇翠丽负责编写第 9 章。罗其俊、赵迎春、岳凤发等教师和机器人研究所 2016 级到 2019 级多名研究生和本科生参加了资料收集整理、绘图等工作。此外，特聘请有着多年目视助航技术运行和管理经验的民航局机场司原副巡视员曹先作为主审。

本书中图片和相关数据大多来源于国际民用航空组织和中国民用航空局的相关规范标准，或在其基础上编辑整理而成，以保证本书内容的规范性、科学性、一致性。为此，恳请广大教师、学生和科技工作者在阅读和使用过程中将发现的不当之处及时反馈给我们，以便修订时改正。

在此，对参加编著、支持和关心本书出版工作的所有人士表示诚挚感谢！

目　　录

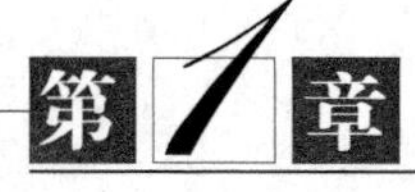

第1章 机场目视助航概述

飞机的飞行首先要解决如何导航的问题，也就是要解决飞机现在在哪儿、要去哪儿、怎样飞等问题。那么，飞机是怎样导航的呢？目视助航原理是什么？具体包含哪些方面的技术和系统呢？

1.1 飞机导航

对于民用航空，飞机导航是指飞行员在获得目的地机场和飞行程序等信息后，通过实时获取飞机三维位置、航向等信息，操控飞机安全准时到达目的地的过程。

导航的关键在于确定飞机的瞬时三维位置，即定位。定位一般有目视定位、航位推算和几何定位三种方法。目视定位是由飞行员观察地面标志来判定飞机位置；航位推算是根据已知的前一时刻的位置和测得的导航参数来推算当前飞机的位置；几何定位是以某些位置完全确定的导航点为基准，测量出飞机相对于这些导航点的几何关系，最后定出飞机的绝对位置。

飞机导航方式按照工作原理的不同大致分为以下七种。

1. 目视导航

早期的飞机导航主要靠目视导航，是指飞行员通过观察飞机外的环境，根据所见到的人工设施、自然景观等判断飞机的方位、速度等飞行状态而实现的导航。其中专门用于引导飞机的人工可视化设施为目视助航设施。

2. 仪表导航

20 世纪 20 年代开始出现机载仪表导航，其利用飞机上仪表所提供的数据加上人工计算得出各种导航参数，如图 1.1（a）所示。飞机上的仪表包括空速表、磁罗盘、航向陀螺仪和高度表等。随着人工计算发展为自动计算，自动领航仪出现。各种简单仪表也逐渐发展成为航向姿态系统和大气数据计算机等。

3．无线电导航

20 世纪 30 年代开始出现无线电导航，如图 1.1（b）所示。它利用地面无线电导航台和飞机上的无线电导航设备形成的系统对飞机进行定位和引导。这些系统包括测角系统、测距系统、测距差系统、测角测距系统和测速系统，作用距离从 400km 以内的进程到 400km 以外中远程，以至于全球范围定位导航。另外，还利用定向和下滑无线电信标组成了仪表着陆系统。无线电导航有陆基导航和星基导航两种。

(a) 仪表导航

(b) 无线电导航

图 1.1　仪表导航和无线电导航的机载仪表指示

4．惯性导航

20 世纪 50 年代初惯性导航系统用于飞机导航。它是利用安装在惯性平台上的 3 个加速度计测出飞机沿物理空间中互相垂直的 3 个方向上的加速度，由计算机将加速度信号对时间进行一次和二次积分，解算出飞机在 3 个方向上的实时速度和位移，从而连续地获得飞机的空间位置。测量加速度不采用惯性平台时，则将加速度计直接安装在飞机上，再将航向系统和姿态系统提供的信号一并输入计算机，计算出飞机的速度和位移，此即捷联式惯性导航系统。

5．天文导航

天文导航以确定位置的星体为基准，通过星体跟踪器测定水平面与此星体之间的夹角（星体高度角）。高度角相等点构成的位置线是地球上的一个大圆。测定两个星体的高度角可得到两个大圆，它们的交点就是飞机的位置。目前这种方式已不常使用。

6．全球卫星定位导航

围绕地球运转的人造卫星连续向地球表面发射经过编码调制的连续波无线电信号，编码中载有卫星准确的发射信号，以及不同时间卫星在空间的准确位置（星历）。载于海、陆、空各类运载体上的卫星导航接收机接收到卫星发出的无线电信

号后，如果它们有与卫星钟准确同步的时钟，便能测量出信号的到达时间，从而计算出信号在空间的传播时间，再用这个传播时间乘以信号在空间的传播速度，便能求出接收机与卫星之间的距离。有3颗卫星信号时，若卫星与接收机钟差很小，即可实现二维定位；有4颗卫星信号时，卫星可实现三维定位，获取更多的卫星信号可提高定位精度。接收机在全球任何地方、任一时刻均能接收到至少4颗卫星信号，终端可根据接收到的多颗卫星的导航信息，计算出自已的三维位置（经纬度与海拔高度）、运动速度与方向及精确的时间信息。常见的全球定位系统（global positioning system，GPS）导航、北斗星导航等均为卫星导航。卫星导航综合了传统导航系统的优点，真正实现了各种天气条件下，全球高精度被动式导航定位。虽然有学者将其列入无线电导航，但是鉴于其特殊性和在实际导航中的重要作用，故将其单独列出。

7．组合导航

组合导航是指由以上六种导航系统组合起来所构成的性能更为完善的导航方式，也是安全飞行常用的方式。

人类一直笃信“眼见为实”，因此，在上述各种导航方式中，目视导航是人们一直坚持使用的一种方式。现今，在机场附近低空飞行和地面滑行时，飞行员还是希望能够参照地面目视助航设施准确可靠地完成飞机进近、着陆、滑行、停泊和起飞过程。在航路上高空飞行阶段则以其他导航方式为主。因此，后续讲述的目视助航内容重点关注机场附近和地面滑行及停泊过程的目视助航。

1.2　目视助航的发展历程

在20世纪初人类发明并开始使用飞机时，由于飞机质量轻，速度低，只能逆风起降，所以所用的机场大多是一块圆形草地。随着机场建设的发展，逐渐开始在机场内设置一个风向标、机场识别标记牌及一些边界标志物和障碍物标志等。如果飞机在夜间起降，则在这些设施上增加照明设备或用灯光代替。

20世纪30年代中、后期，随着飞机速度的提升、质量的增加和适应侧风能力的增强，开始修筑有铺筑面的跑道，于是出现了表示跑道侧边和两端的标志物与灯光，后来又出现了简单的进近灯光和标志物。

1953年以后，涡轮螺旋桨运输机和喷气式运输机相继投入航班飞行。由于飞机的质量和速度大幅度增加，飞行员需在远离跑道几千米外判断飞机和跑道的相对位置，以便正确地进入下滑航道。于是，进近灯光系统和有关的埋论逐渐完善，并且出现了专门向飞机指示下滑角度的灯光系统。

现今，航空运量迅速增长，航班的安全准时变得更为重要。尽管各种航空无线电导航设施在不断完善，但仍需要助航灯光帮助飞机在低能见度条件下完成最后阶段的进近着陆和滑行。助航灯具和地面标志的种类大大增加，性能也日趋完善。

1.3 机场目视助航定义与原理

1. 机场目视助航定义

机场目视助航是指在机场飞行区内及其附近，通过设置专门的灯光、地面标志及标记牌等人眼直观可视目标的方式，引导飞行员完成起飞、进近、着陆、滑行和停泊作业的过程。目视助航是航空运输实现安全和高效目标的基本保障。

2. 目视助航原理

目视助航是一个人工主导的动态观测过程。其间飞行员是一个移动的观察者，其依据瞄准目标和参考目标逐步逼近最终目的地或状态，其前方机外视界需要关注的目标有两类，即瞄准目标和参考目标。瞄准目标是逐步逼近并且依次改变直至飞机停泊或起飞的目标。飞机降落时的瞄准目标依次为远距离时看到的机场轮廓、跑道上的接地带和瞄准点、出口滑行道拐点处标志或灯光、滑行道上的转向点处标志或灯光及泊位引导指示等；起飞时的瞄准目标包括滑行道上的转向点处标志或灯光、跑道入口停止标志或灯光等。参考目标是指飞行员观察后可判断出飞机的相对位置、高度、姿态、航向及速度等信息的目标，包括进近灯光、跑道上的标志或灯光、滑行道上的标志或灯光、道边的标记牌、飞行区中的标志物等。飞机从起飞到停泊的各个阶段如图 1.2 所示。从图 1.2 中各个管制阶段的作用可以归纳得出，目视助航引导过程包括起飞引导、进近引导、盘旋引导、着陆引导、滑行引导和泊位引导等。

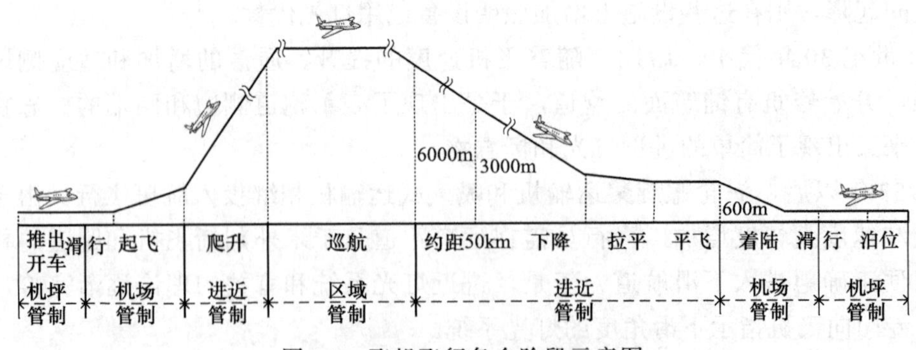

图 1.2 飞机飞行各个阶段示意图

1）起飞引导

从目视引导的观点来看，起飞引导较易实现。飞行员参考滑行道和跑道的地面标志、地面灯光、标记牌等，将飞机滑行到跑道上起飞位置，而后由跑道中线标志或中线灯提供对准引导。编码的跑道中线灯和跑道末端灯，在夜间或低能见度条件下为飞行员需要中断起飞滑跑提供指示。

2）进近引导

飞机进近是指飞机下降时对准跑道飞行的过程。在进近阶段，飞行员要调整飞机高度，对准跑道，从而避开地面障碍物。飞行员必须注意力高度集中才能准确操作。所以，飞机进近有严格的标准和操作规程。

进近引导也是飞机接受进近管制的过程。从空管的角度看，进近引导是飞机接受进近管制服务。进近管制区通常在高度为 600 ～ 6000m 的空域内，是飞机爬升或下降的阶段，客机要在这里完成航路空域和机场空域之间的飞行转换。因此，进近管制期间要完成进近管制、进近管制和机场塔台管制之间的交接、进近管制和区域管制之间的交接等任务。在进近区间，飞机处于降落的关键时期，发现机场是在进近引导期间必须完成的事项。飞行员一般要从 3000m 左右的高度开始寻找跑道，对准跑道中心线，其精度要求高、难度大，几乎与一名射击运动员在 50m 之外让子弹击中靶心的精度差不多。飞行员可以在降落过程中不断调整飞行方向，如果错过降落时机应该复飞。进近引导采用引导系统和目视引导完成。

目视进近引导是一种进近引导方式。一般情况下，经验丰富的飞行员有多种目视方法发现机场，取决于机场的大小和可用的目视助航设施的特点。在晴朗的白天，大规模的机场轮廓在几十公里外就能看见，具体距离数值因飞机的高度、太阳的方向和跑道与周围地形的对比度等不同而有差异。小机场的轮廓，特别是跑道没有铺筑面的机场，时常较难找到。非目视助航设施无论在昼间还是夜间都是基本的辅助手段。其中，机场灯标则是在夜间发现未配备目视助航设施的机场的极有价值的设备。对于经验较少的飞行员，目视识别机场常常是个问题，特别是在几个机场相距很近的情况下区分会很困难。有些机场在航站楼、滑行道或机库顶上设置表明机场名称的牌子，有些机场则设置识别代码代替机场名称。少数机场会将这些牌子或代码照亮，以便在夜间识别。设置识别灯标方法则是用一个绿 / 白光交替的灯标标明一个陆地机场，一个黄 / 白光交替的灯标标明一个水上机场，这种方法已经很少使用。

3）盘旋引导

飞机在进近着陆时往往要在机场周边盘旋。盘旋在以下三种情形时发生。

（1）校准航线对准跑道。飞机跑道方向是确定的，但飞机却是从四面八方接近机场的，而且要按照空中交通管制部门规定的逆风为主航向的下滑线进近着陆，所以，有些飞机就必须先围场五边飞行，如图 1.3 所示，待调整好方向后才能对准跑道进场着陆。绝大多数的着陆航线要求开始以 45° 角进入第三边（顺风边），飞行员根据他对于跑道之间的距离和跑道在地平线以下的角度来将飞机调整在第三边上。飞机在第三边上的高度参照飞机的高度表和飞机前方的地平线进行控制。

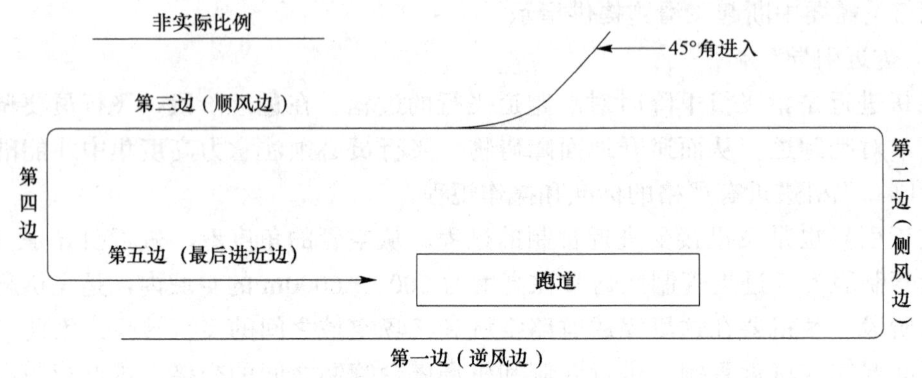

图 1.3　在目视气象条件下的标准五边着陆航线示意图

跑道入口是用来建立第四边的参照点。小型飞机可以在飞过跑道入口后开始转向第四边（底边），而大型飞机则应延长第三边以建立较长的第五边（最后进近边）。飞行员应注意跑道相对于飞机的角度的减小，以便能在跑道旋转到垂直于地平线时转向并切入第五边。所有飞行员都有同样的要求：确定他们相对于跑道入口的位置的需要和帮助他们在最后进近中发现并保持在跑道中线延长线上的引导。

（2）等待机场按轻重缓急和到达顺序配置跑道。有时着陆的飞机很多，下滑航道和跑道被占用，着陆飞机就要接受空中交通管制部门的指挥，盘旋等待按顺序着陆。这时可能不在五边航道而是在距离五边较远的备用空域盘旋。

（3）天气等不适应降落。机场上空天气不佳、能见度偏低时，飞机也会在机场上空五边盘旋等待或邻近安全空域盘旋等待。

盘旋时的目视引导参考对象包括跑道标志、跑道铺筑道面轮廓和纹理、进近和跑道灯光及其形成的特色轮廓等。其中，设置成全向发光形式的跑道边灯是飞机盘旋时的重要参考。

4）着陆引导

民航飞机着陆须按照规定的着陆程序执行。着陆引导是利用目视助航系统或着陆引导系统等提供的信息实施准确、平稳接地的过渡过程。其间，飞行员不仅需要恰当地控制飞机减速、下降，而且还要保证飞机下滑航迹在规定的范围之内。

（1）目视助航引导。目视助航引导是利用机场地面专门设置的灯光及标志等目视助航设施实施的引导。目视进近助航设施可提供白天、夜间或者低能见度进近着陆时醒目的目视参考。在气象条件允许情况下飞机从距离地面高度为 60m 开始，飞行员即依靠目视助航系统完成接地和滑行过程。其中，精密进近航道指示器（precision approach path indicator，PAPI）提供飞机相对正确的下滑道的位置的目视参考；瞄准点标志和接地带的灯光及标志为飞行员提供着陆瞄准和可着陆区域的目视参考信息；其他进近和跑道灯光及地面标志则提供跑道入口位置和方向等信息。

（2）着陆引导系统（landing guidance system，LGS）引导。着陆引导系统是用无线电设备引导飞行员或自动驾驶仪使飞机安全着陆的导航系统。无线电着陆引导系统向飞机提供精确的着陆方位、下滑道和距离等引导信息。飞机依据上述信息对准跑道并按给定的下滑角进场和着陆，以保证接地点的偏差在规定的范围以内。着陆引导系统一般包括仪表着陆系统（instrument landing system，ILS）、地面控制进场系统、微波着陆系统（microwave landing system，MLS）三种。

ILS在气象条件恶劣和能见度差的条件下可向飞行员提供引导信息，保证飞机安全进近和着陆。ILS包括3个分系统，即提供横向引导的航向信标、提供垂直引导的下滑信标、提供距离引导的指点信标（marker beacon）。每一个分系统又由地面发射设备和机载设备所组成。一个完整的仪表着陆系统包括方向引导和距离参考两类系统。

① 方向引导系统。航向台（localizer，LOC/LLZ），位于跑道进近方向的远端，波束为角度很小的扇形，提供飞机相对跑道的航向道（水平位置）指引；下滑台[glide slope（GS）或glide path（GP）]，位于跑道入口端一侧，通过仰角为3°左右的波束，提供飞机相对跑道入口的下滑道（垂直位置）指引，如图1.4所示。

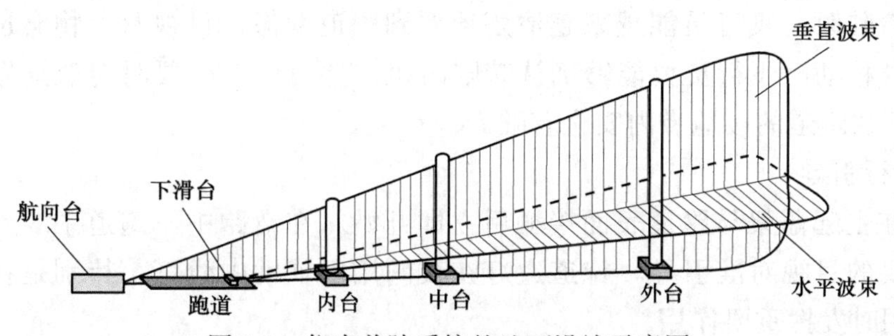

图1.4　仪表着陆系统的地面设施示意图

② 距离参考系统。即指点信标，距离跑道从远到近分别为外指点信标（outer marker beacon，OMB）、中指点信标（middle marker beacon，MMB）和内指点信标（inner marker beacon，IMB），提供飞机相对跑道入口的粗略的距离信息，通常表示飞机在依次飞过这些信标台时，分别到达最终进近定位点（final approach fix，FAF）、Ⅰ类运行的决断高度、Ⅱ类运行的决断高度。

有时测距仪（distance measuring equipment，DME）会与仪表着陆系统同时安装，使得飞机能够得到更精确的距离信息，或者在某些场合替代指点信标的作用。应用DME进行的ILS进近称为ILS-DME进近。

地面控制进场系统是指利用地面雷达和无线电通信引导飞机进场并着陆的系统。

微波着陆系统是目前最常用的一种着陆系统，其能提供连续的、精确的三坐标（方位、仰角、距离）信息。基于全球卫星定位系统的进近和着陆引导因系统便捷且精度不断提高，越来越受到欢迎和关注。

（3）目视助航系统和着陆引导系统的一致性。目视助航系统和着陆引导系统是各自独立工作的系统，但这两套系统必须为飞行员提供一致的有关机场和飞机的方位、距离等进近着陆引导信息。所以，在设计、运行和维护校验时，这两套系统具有互补性和强相关性，在提供位置、方向的引导指示时必须保证一致。

当飞机下降经过高出跑道约 45m 到 20m 的区域（视进近坡度角和速度而定）着陆下降时，发动机处于慢车工作状态，即一般采用带小油门下滑的方法下降。飞行高度降低到接近地面时，必须在一定高度上拉驾驶杆，使飞机由下滑转入平飘，这就是所谓的拉平。飞机拉平后，速度仍然较大，不能立即接地，需要在距离地面 0.5 ～ 1m 高度上继续降低速度。拉平后继续降低速度的过程就是平飘。在这个过程中，随着飞行速度的不断降低，飞行员不断后拉驾驶杆以保持升力等于重力。在距离地面 0.15 ～ 0.25m 时，将飞机拉成接地所需的迎角，升力稍小于重力，飞机轻柔飘落接地。飞机接地后，还需要滑跑减速直至停止，滑跑减速过程就是着陆滑跑。综上可见，飞机着陆过程一般可分为下滑段、拉平段、平飘段、接地段和着陆滑跑段五个阶段。

正确着陆时，飞行员能越来越清楚地看到跑道图像，目视参考物会迅速地从瞄准中心向外移动。飞行员要能够确认着陆时机，并可以在必要时对航道做最后的调整，以保证在跑道的接地带内安全着陆。

5）滑行引导

滑行在主起落架与跑道表面接触后立即开始。在滑跑中，跑道中线标志或中线灯提供主要的目视对准引导。跑道边灯在夜间用以辅助中线灯，特别是在没有跑道中线灯可用时发挥重要作用。

在配备有跑道中线灯之处，跑道中线灯的颜色编码用于减速滑跑时判断飞机的位置。编码包括距离跑道末端 900 ～ 300m 范围内的红 / 白相间的灯和距离跑道末端 300m 范围内的全部红灯。接地带灯或标志也有助于飞行员在滑跑中判断位置。跑道末端灯标出了可用于滑跑的最后截止界限。

在飞行员将飞机减速到可脱离跑道的速度后，将立即就近快速脱离跑道。如该跑道设有快速出口滑行道，立即脱离是能够实现的。飞行员需要得到出口点的预先提示，如果没有，飞行员就要被迫继续滑跑寻找出口，但在能够看到时容易出现因发现过晚而脱离跑道的情况。为此，延伸至跑道中线的滑行道中线灯在夜间是很有用的。

滑出跑道后，飞机沿着预先分配的一个序列滑行道段向最后停泊位置滑行。这些滑行道段的地面设有标志和灯光，在道边还有位置和信息标记牌提供引导。对于不熟悉机场场道布局的飞行员，将会提供专门的“Follow Me”引导车一直引导到最后泊位点前方。

6）泊位引导

进港向航站楼或远机位停泊点滑行的泊位过程的引导为泊位引导。泊位引导在目视气象条件允许情况下进行，一般通过专门的泊位引导员的示意动作引导泊位。大型机场或新兴机场安装了泊位自动引导系统，可自动引导飞行员将飞机精确停泊在指定机位。

1.4　目视助航技术

目视助航技术是光学、机械、控制、电子、电气、信息、通信、心理等多学科和专业领域交叉应用技术。目视助航包括系统设计、开发、施工调试、运行与维护等多方面内容，是一项比较复杂而且不断进步的系统工程。从系统应用的角度可将目视助航技术分为以下六类。

1．系统设计技术

系统设计技术包括系统工程、飞行视觉心理学、场道标志设计技术、灯光系统设计技术、灯光物联与信息系统设计技术等。

2．灯具技术

灯具技术包括灯具机械结构设计、电气技术、绝缘技术、光学、光机电一体化技术等。

3．调光与回路技术

调光与回路技术包括串联供电技术、回路计算与设计技术、灯光光强控制技术、节能技术及光源技术等高性能光源技术等。

4．供电设计技术

供电设计技术包括高低压供电技术、备用电源技术等。

5．监控技术

监控技术包括计算机系统与接口技术、信息采集与监控技术、网络与通信技术、物联网技术、大数据与智能信息处理技术等。

6．系统运行维护技术

系统运行维护技术包括助航灯光系统运行技术、状态监控与分析技术、故障检测诊断技术、系统预防性维护与应急处置技术等。

1.5 目视助航系统

目视助航系统一般由助航灯光、道面标志、标记牌、标志物等组成，其组成和布置形式则根据机场的平面布置、飞行业务量、机场接收飞机规格、气象条件、配合使用的无线电导航设施的功能和精密程度等因素决定。

1．助航灯光

助航灯光设施是指在飞机进近及夜航或跑道能见度低时通过灯光向飞行员提供目视引导信号的地面工程设施。从功能角度看，助航灯光由进近灯光系统、跑道灯光系统、滑行道灯光系统和其他灯光系统组成。助航灯光系统的构形、颜色、光强和有效范围不但要适合机场的运行方式，还应符合本国制定的或国际上通用的技术标准。一般机场都应安装固定灯光设施，小型机场或临时机场也可采用移动式、半固定式灯光设施。在没有备用电源的机场应备有应急灯光。国际民用航空组织（International Civil Aviation Organization，ICAO）对各类灯具的光学性能及助航灯光系统构成有明确规定。机场目视助航灯光实际效果如图 1.5 所示。

(a) 机上看机场灯光效果

(b) 跑道进近处地面灯光效果

图 1.5 机场目视助航灯光实际效果

从系统组成角度看，目视助航灯光系统由供电系统、调光系统、灯光回路、灯具及监控系统组成，在塔台管制员和灯光站运行人员的控制下为飞行员提供目视飞行引导，如图 1.6 所示。

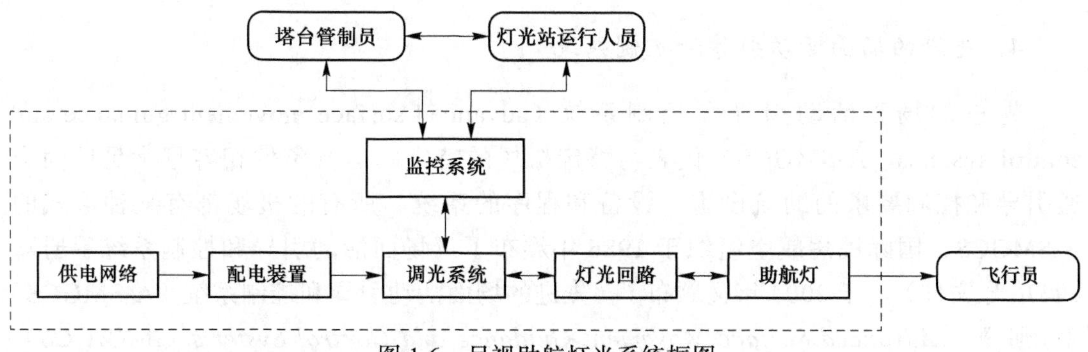

图 1.6　目视助航灯光系统框图

2．道面标志

道面标志指在跑道、滑行道和停机坪等道面上喷绘的鲜明的线条、字码和符号等目视助航标志。跑道上用白色标志，滑行道和停机坪上用黄色标志，如图 1.7 所示。

(a) 跑道上的标志　(b) 滑行道上的标志　(c) 机位停泊标志

图 1.7　机场道面标志

3．标记牌及标志物

设置标记牌是为了向飞行员提供前方远处清晰的定位和引导信息。为了容易被飞行员看见，标记牌应在其结构容许的范围内尽可能地靠近道面边缘位置。标志物必须是易折的。跑道或滑行道附近的标志物必须低得足以保持与飞机螺旋桨或喷气式飞机发动机吊舱的净距，如图 1.8 所示。

(a) 强制性标记牌

(b) 信息标记牌

(c) 风向指示器（风斗）

图 1.8　标记牌及标志物

4．先进的场面活动引导和控制系统

先进的场面活动引导和控制系统（advanced surface movement guidance and control systems，A-SMGCS）代表与特定机场的特定的运行条件相容且满足地面交通引导和控制要求的助航设施、设备和程序的系统。所有的机场都有某种形式的A-SMGCS。国际民用航空组织于1986年颁布了《场面活动引导和控制系统手册》（9476号文件），于2004年又颁布了《先进的场面活动引导和控制系统（A-SMGCS）手册》［*Advanced Surface Movement Guidance and Control Systems*（*A-SMGCS*）*Manual*］（9830号文件）。

国际民用航空组织规定了A-SMGCS的四项主要功能，即监视、路径选择、引导、控制，并依据这四项功能的水平依次将其分为五个等级。在A-SMGCS的路径选择、引导和控制功能中，目视助航设施担负着重要的任务，相关内容介绍将在后续章节中进行阐述。

随着物联网、大数据、云计算及人工智能技术的不断进步，高等级A-SMGCS的建设和运行逐步成为可能。

1.6 目视助航标准

因国家地区政治、经济和文化等方面的差异，民航目视助航装备及其运行管理略有差异。为了促进各国对所开放的机场目视助航设施的标准化，系列国际通用标准被颁布。目前，国际上主流有两个系列的民航标准体系，分别由国际民用航空组织和美国联邦航空局（Federal Aviation Administration，FAA）主导。

《国际民用航空公约》附件14（分为Ⅰ、Ⅱ两卷）是由国际民用航空组织颁布的关于机场及其目视助航设施的基本国际标准，于1951年5月29日首次通过，2018年7月发布第八版。采用该标准的国家较多。

中国民用航空局依据《国际民用航空公约》附件14制定并发布了中国民用机场飞行区的相关技术标准。其中基本标准文件是《民用机场飞行区技术标准》（MH 5001—2021）。该标准于1985年首次发布，2000年第一次修订，2021年第四次进行修订并实施。这是机场规划、设计，目视助航设施研发、制造、运行与管理等工作的基础性标准。

美国联邦航空局单独制定了机场相关标准，美国及其同盟国按照其标准执行，具体内容有一定差异。

本章小结

本章在提出目视助航概念后，介绍了目视助航的由来，给出了目视助航的定义，讲述了目视助航的原理和过程。最后归纳总结了目视助航技术和主要系统，介绍了相关的目视助航国内外标准。

思 考 题

1．什么是目视助航？目视助航系统由哪些部分组成？各部分的作用是什么？

2．通过实景地图软件，观察三个以上自己感兴趣的机场，分别列出其坐标信息、跑道数量及道面上的代码。

3．查阅《国际民用航空公约》附件14（第八版）、《民用机场飞行区技术标准》（MH 5001—2021）等，列出目视助航涉及的内容。

4．找到互联网上1～2个机场助航灯光论坛，并尝试注册。

第2章 飞行区地面标志

机场是在陆地上或水面上建设的可提供飞机起飞、着陆和地面活动划定的区域，内部包含各种建筑物、装置和设施。机场内主要功能区域包括供飞机作业活动的飞行区、供旅客乘机和下机离开的航站区、为飞机作业和旅客乘机出行提供支持保障的公共服务区，另外，还有为货物邮件运输提供支持的货邮区域等。飞行区内飞机和车辆的运动路径及停泊作业的区域有严格界定。一般通过在地面上设置标志和灯光来引导与指示飞行区内活动和作业。

2.1 飞行区基础知识

典型单跑道民用机场区域设施布局示意图如图 2.1 所示。图 2.1 中由上至下展示了单跑道的飞行区、航站区和公共服务区专门的功能设施及其基本布局。

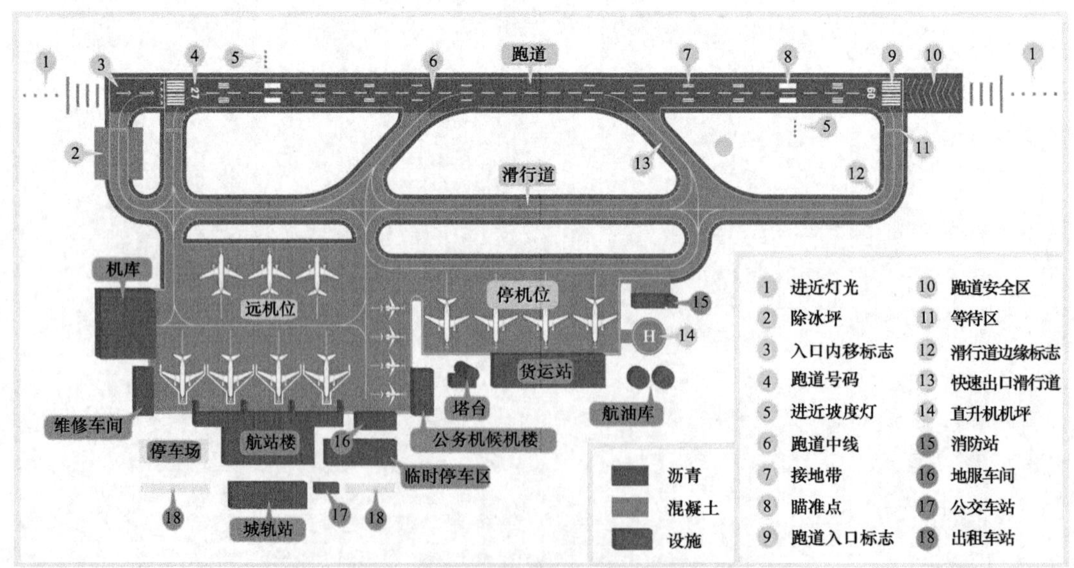

图 2.1 典型单跑道机场区域设施布局示意图

1．飞行区定义

民用机场的飞行区是供飞机起飞、着陆、滑行和停放作业的场地。飞行区地面周界需要设置安全隔离设施，进出该区域的人员和车辆必须符合安全管理规定。区域内包含跑道、滑行道、机坪、升降带、跑道端安全区，以及仪表着陆系统、进近灯光系统等。图 2.1 中标识为 1 至 14 的设施属于飞行区内的目视助航设施。《民用机场飞行区技术标准》（MH 5001—2021）对机场飞行区及其内涵进行了详细界定。其中，跑道、滑行道、机坪是飞机活动和作业的主要场所，场地内设有起引导和指示作用的地面标志和助航灯光等目视助航设施。

2．飞行区指标

机场飞行区通常根据拟使用该飞行区的飞机的起降要求确定分级指标，包括指标Ⅰ和指标Ⅱ。飞行区指标Ⅰ按拟使用该飞行区跑道的各类飞机中最长的基准飞行场地长度，可分为 1、2、3、4 四个等级，长度范围根据表 2.1 的规定确定；飞行区指标Ⅱ按拟使用该飞行区跑道的各类飞机中的最大翼展，分为 A、B、C、D、E、F 六个等级，具体范围根据表 2.1 的规定确定。跑道宽度应不小于表 2.2 中的规定值。

表 2.1　机场基准代号

	飞行区指标Ⅰ	飞机的基准飞行场地长度 /m		飞行区指标Ⅱ	飞机翼展 /m
代码第一要素	1	＜800	代码第二要素	A	＜15
	2	800～1200（不含）		B	15～24（不含）
	3	1200～1800（不含）		C	24～36（不含）
	4	≥1800		D	36～52（不含）
				E	52～65（不含）
				F	65～80（不含）

表 2.2　跑道宽度　　单位：m

飞行区指标Ⅰ	外侧主起落架轮距			
	＜4.5	4.5～6（不含）	6～9（不含）	9～15（不含）
1[a]	18	18	23	—
2[a]	23	23	30	—

续表

飞行区指标 I	外侧主起落架轮距			
	＜4.5	4.5～6（不含）	6～9（不含）	9～15（不含）
3	30	30	30	45
4	—	—	45	45

a 飞行区指标 I 为 1 或 2 的精密进近跑道的宽度应不小于 30m。

飞机基准飞行场地长度是指在批准的最大起飞质量、海平面、标准大气条件、无风和跑道坡度为零的条件下，飞机起飞所需的最小飞行场地长度。

机场基准代号即飞行区指标 I 和飞行区指标 II 组成的两字符代码，第一个数字代表机场允许起降飞机需要的跑道长度范围特征，第二个字母表示机场允许起降飞机翼展宽度范围特征。

目前，我国大部分开放运输机场飞行区等级均在“4C”以上。北京首都国际机场、北京大兴国际机场、上海虹桥国际机场、上海浦东国际机场、广州白云国际机场、深圳宝安国际机场、沈阳桃仙国际机场、重庆江北国际机场、成都双流国际机场、南京禄口国际机场、杭州萧山国际机场、武汉天河国际机场、三亚凤凰国际机场、昆明长水国际机场、拉萨贡嘎国际机场、西安咸阳国际机场、乌鲁木齐地窝堡国际机场等机场拥有目前最高飞行区等级“4E”，这些机场跑道长度都在 3000m 以上，宽度为 45～60m。高原地区空气稀薄，飞机发动机功率降低，故跑道长度都在 4000m 以上。国外重要的国际枢纽机场主跑道稍长一些的如德国法兰克福国际机场南北方向的跑道、慕尼黑机场的两条平行跑道和新加坡樟宜国际机场跑道等，长度均为 4000m，而法国戴高乐国际机场主跑道长度达到 4200m。

3. 飞行区地面标志

飞行区地面标志是指为传递航行信息展示在活动区地面上的一个或一组符号。活动区是指飞行区内供航空器起飞、着陆、滑行和修改使用的部分，包括机动区和机坪。为保证飞机起降、滑行的安全和便利，保障机场内机动车的交通安全，应在机场飞行区内设置各类飞行区地面标志。

标志可以是致密的色块，也可以是具有相同效果的一系列纵向线条，如图 2.2 所示。标志绘制一般采用适当品种的油漆，而且应尽可能减少由标志引起的不均匀摩擦特性的危险。按照区域的不同，可将机场飞行区标志分为跑道标志、滑行道标志和其他标志。

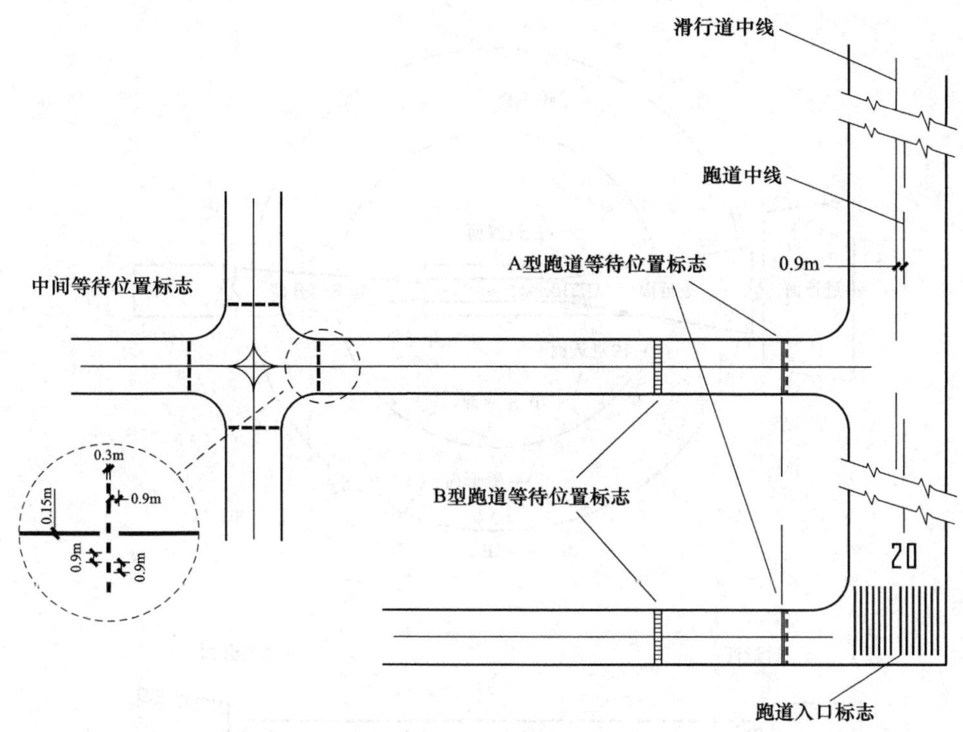

图 2.2　部分飞行区标志示意图

4. 飞行区及其附近的空域

在进近阶段和盘旋阶段，飞行员在空中通过观察机场及其目视助航设施来确定飞机方位。因此，掌握飞行区及其附近的空域知识对目视助航设施的设计和使用非常必要。为保障航空器安全起降和机场安全运行，防止由于机场周围障碍物增多而使机场无法使用，机场飞行区空域依据跑道进行了划定，在《国际民用航空公约》附件 14（第八版）中以障碍物限制面的形式提出要求。这些限制面包括锥形面、内水平面、内进近面、进近面、过渡面、复飞面、起飞爬升面共七种，用以限制机场及其周围地区障碍物的高度。锥形面是从内水平面周边起向上和向外倾斜的一个面；内进近面是进近面中紧靠跑道入口前的一块长方形部分；进近面是跑道入口前的一个倾斜的平面或几个平面的组合；过渡面是沿升降带边缘和部分进近面边缘坡度向上与向外倾斜到内水平面的一个复合面；复飞面是位于跑道入口后面一个规定距离的、在两侧内过渡面之间延伸的倾斜平面；起飞爬升面的界限由四条边决定，在相应课程上有详细讲解，此处不再赘述。

这七个面从跑道平面开始朝向上方不断扩展形成一个整体类似“尖底盘子”的立方体。机场飞行区及周边空域划定空中俯视图和纵向剖面图如图 2.3 所示。《国际民用航空公约》附件 14（第八版）对不同等级类型的跑道的各个限制面参数有具体规定。例如，Ⅲ类精密进近跑道内水平面高度为 45m，半径为 4000m。

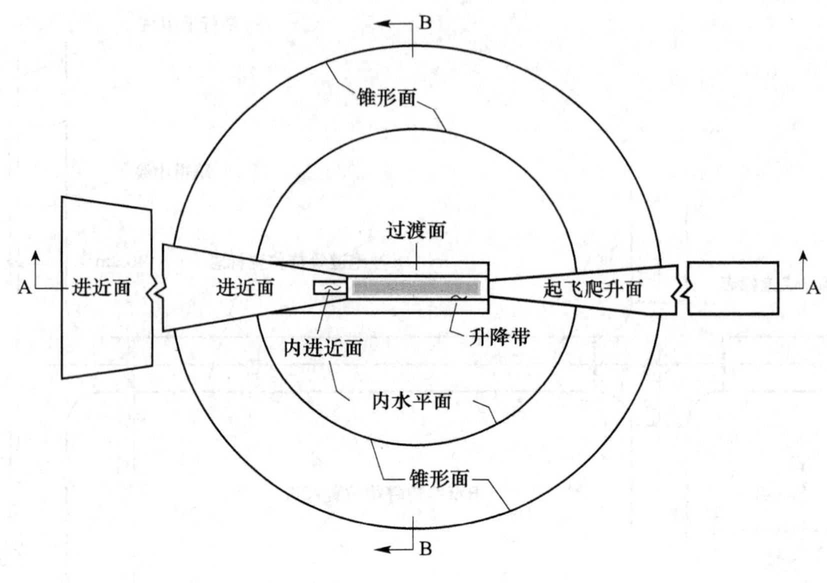

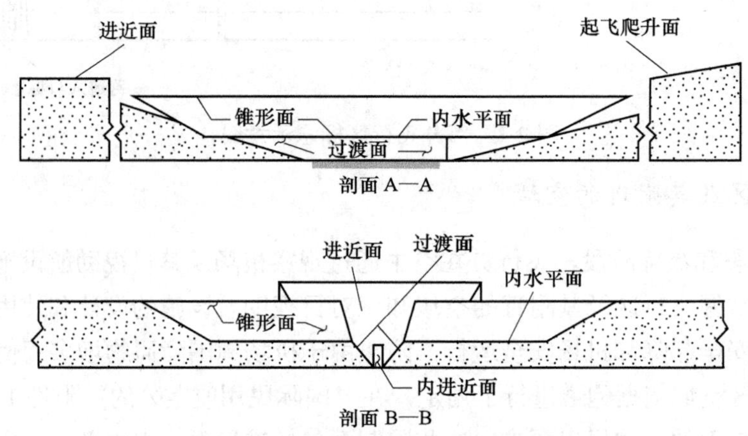

图 2.3　机场飞行区及周边空域划定

2.2 跑道及其标志

跑道的设置需要符合客观条件和实际需求。每条跑道因为使用要求和方式不同而有等级、类别和长度的差异。一个机场有多条跑道时，跑道间距从飞行安全角度考虑有确切规定。基于上述基础和飞行需要，跑道应设置号码标志、入口标志、中线标志、接地带标志、瞄准点标志和边线标志等，如图 2.4 所示，有需要的机场可设置跑道中心圆标志。

跑道标志必须为白色，在实际运行中，可以给浅色跑道表面上的白色标志加上黑边，以提高其明显度。

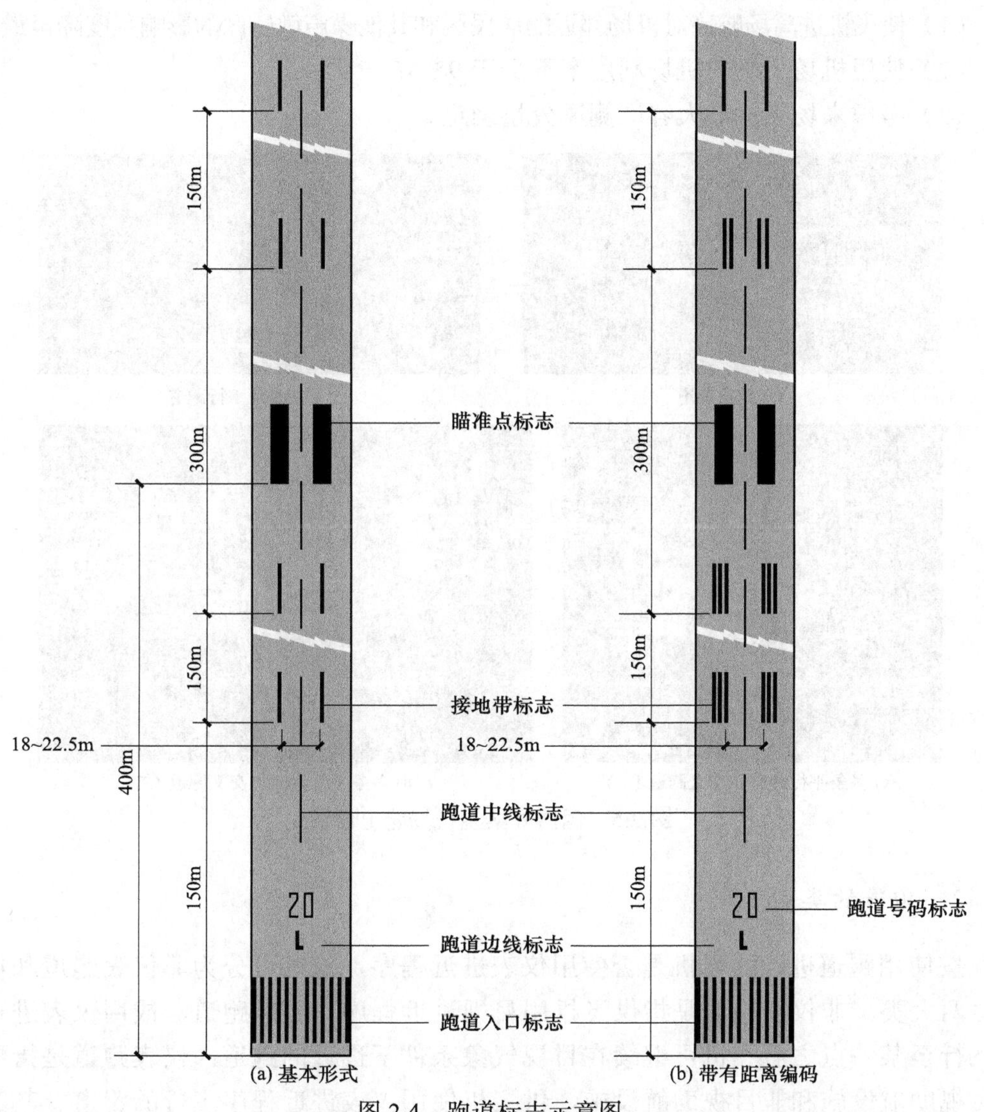

图 2.4 跑道标志示意图

2.2.1 跑道概述

1．跑道的定义

跑道是陆地机场上经修整供航空器着陆和起飞而划定的一块长方形场地。国内外典型机场跑道设置如图 2.5 所示。机场确定跑道的条数和方位需要根据诸多因素分析确定，具体包括机场净空条件、风力负荷、运行飞机的类别和频率、与城市和相邻机场之间的关系、场地的地形和地貌、工程地质和水文地质情况、噪声影响、空域条件、空管运行方式等。其中基本条件如下。

（1）使飞机进离场航迹对机场邻近的居民区和其他噪声敏感区的影响程度降至最低；

（2）使用机场飞机的机场利用率不少于 95%；

（3）考虑来场飞机最大容许侧风分量确定。

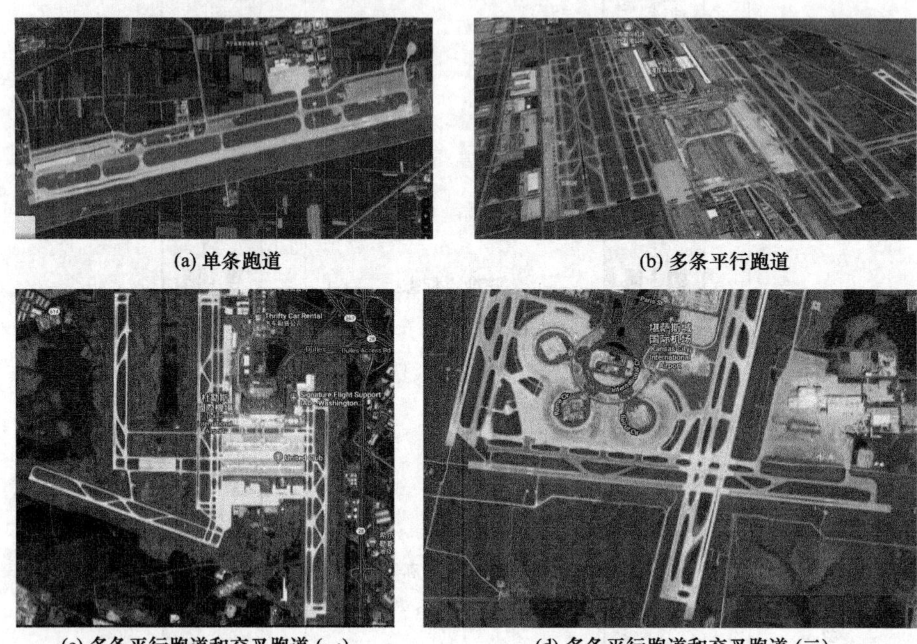

(a) 单条跑道　(b) 多条平行跑道

(c) 多条平行跑道和交叉跑道 (一)　(d) 多条平行跑道和交叉跑道 (二)

图 2.5　国内外典型机场跑道设置

2. 跑道的类别

按使用跑道进近的飞机是否使用仪表进近程序，跑道可分为非仪表跑道和仪表跑道两大类。非仪表跑道是指供飞机用目视进近程序飞行的跑道，或用仪表进近程序飞行至某一点之后飞机可继续在目视气象条件下进近的跑道；仪表跑道是指配备有目视助航设施和非目视助航设施，供飞机使用仪表进近程序飞行的跑道，其又可分为非精密进近跑道和精密进近跑道。跑道的类别如图 2.6 所示。

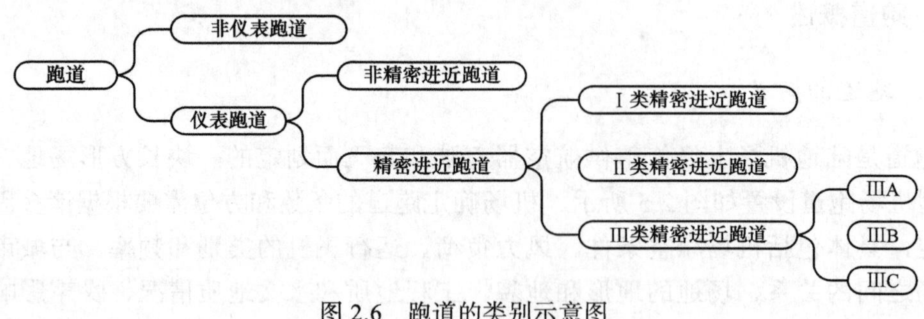

图 2.6　跑道的类别示意图

非精密进近跑道是指最低下降高或决断高不低于 75m，能见度不小于 1000m 的仪表进近运行的跑道。

跑道视程（runway visual range，RVR）作为确定跑道类别的参数，是指航空器驾驶员在跑道中线上，能看到跑道道面标志、跑道灯光轮廓或辨认跑道中线的距离，其受气象条件及跑道条件的影响。

精密进近跑道按决断高和跑道视程等的不同，又可分为以下三类，类别越高则决断高越低、跑道视程越短。

（1）Ⅰ类精密进近跑道。Ⅰ类精密进近跑道是指可供决断高低于 75m 但不低于 60m，能见度不小于 800m 或跑道视程不小于 550m 时飞行的仪表跑道。

（2）Ⅱ类精密进近跑道。Ⅱ类精密进近跑道是指可供决断高低于 60m 但不低于 30m，跑道视程不小于 300m 时飞行的仪表跑道。

（3）Ⅲ类精密进近跑道。Ⅲ类精密进近跑道是指决断高低于 30m 或不规定决断高，跑道视程小于 300m 或无跑道视程限制时飞行的仪表跑道，其中：

①ⅢA：用于决断高小于 30m 或不规定决断高，且跑道视程不小于 175m 时运行。

②ⅢB：用于决断高小于 15m 或不规定决断高，且跑道视程小于 175m 但不小于 50m 时运行。

③ⅢC：用于不规定决断高和跑道视程时运行。

各等级跑道参数见表 2.3。表 2.3 中，决断高供飞行员参照使用。

表 2.3　各等级跑道参数

一级分类	二级分类	三级分类	四级分类	目视助航	决断高 /m	能见度 /m	跑道视程 /m
非仪表跑道	—	—	—	采用	—	—	—
仪表跑道	非精密进近跑道	—	—	采用	≥ 75	≥ 1000	—
	精密进近跑道	Ⅰ类精密进近	—	采用	[60，75)	≥ 800	≥ 550
		Ⅱ类精密进近	—	采用	[30，60)	—	≥ 300
		Ⅲ类精密进近	ⅢA	—	< 30	—	≥ 175
			ⅢB	—	< 15	—	[50，175)
			ⅢC	—	无	—	无限制

3．跑道的长度

跑道的长度应满足使用该跑道的主要设计机型的运行要求，按预测航程计算的起飞质量、标高、天气状况（包括风的状况和机场基准温度等）、跑道特性（如跑道坡度、湿度和表面摩阻特性等）、地形限制条件等因素进行计算，选择最长的跑道长度。

鉴于跑道道面特性及入口内移等因素的影响，每条跑道的每个方向上在正常和紧急情况下用于起飞和降落的距离一般会有差异，因需保证飞行安全，并且该方面的差异需要向行业公开发布，所以用以下四个距离参数表征跑道的长度。

（1）可用起飞滑跑距离（take-off run available，TORA）：可用于并适用于飞机起飞时进行地面滑跑的跑道长度。

（2）可用起飞距离（take-off distance available，TODA）：可用起飞滑跑距离的长度加上设有净空道时净空道的长度（如有）。

（3）可用加速停止距离（accelerate-stop distance available，ASDA）：可用起飞滑跑距离的长度加上设停止道时停止道的长度（如有）。

（4）可用着陆距离（landing distance available，LDA）：公布的可用于并适用于飞机着陆时进行地面滑跑的跑道长度。

上述净空道是指经过修整的，使飞机可以在其上空初始爬升到规定高度的特定长方形场地或水面。跑道端安全区是对称于跑道中线延长线、与升降带端相接的特定地区，用以减少飞机在跑道外过早接地或冲出跑道时遭受损坏的危险，同时，使冲出跑道的飞机能够减速、提前接地的飞机能够继续进近或着陆。停止道是指在可用起飞滑跑距离末端以外供飞机在中断起飞时能在其上停住的特定长方形场地。

4. 多平行跑道间距

平行跑道之间的最小距离应根据跑道类型（仪表跑道或非仪表跑道）、运行方式，以及当地地形等各种因素综合确定。

（1）同时按仪表飞行规则飞行，平行跑道中线最小间距如下。

① 独立平行进近：1035m；

② 相关平行进近：915m；

③ 独立平行离场：760m；

④ 隔离平行运行：760m。

（2）对于隔离平行运行所规定的最小间距如下。

① 着陆跑道朝向着陆航空器每错开150m，间距可减小30m，最小间距为300m；

② 着陆跑道背向着陆航空器每错开150m，间距应增加30m。

（3）同时按非仪表飞行规则飞行，平行跑道最小间距如下。

① 飞行区指标Ⅰ为 3 或 4 时，平行跑道中线最小间距为 210m；

② 飞行区指标Ⅰ为 2 时，平行跑道中线最小间距为 150m；

③ 飞行区指标Ⅰ为 1 时，平行跑道中线最小间距为 120m。

（4）飞行区指标Ⅰ为 4 的精密进近跑道，当机场海拔高度大于 700m 时，在规定 90m 距离基础上，再按下列原则增加距跑道中线距离。

① 海拔高度为 700 ～ 2000m，超过 700m 后按每 100m 增加 1m；

② 海拔高度超过 2000m 但低于 4000m，13m 加上超过 2000m 后按每 100m 增加 1.5m；

③ 海拔高度超过 4000m 但低于 5000m，43m 加上超过 4000m 后按每 100m 增加 2m。

5．跑道道肩

飞行区指标Ⅱ为 C、D、E、F 的跑道应设置道肩，道肩应在跑道两侧对称布置，每侧道肩宽度不小于 1.5m。

2.2.2　跑道号码标志

跑道入口处必须设置表明该跑道方向身份的跑道号码标志，如图 2.7 所示。在指定跑道号码时，应统筹考虑机场总体规划、跑道构形、跑道使用模式及运行指挥规则等方面的要求。

跑道号码标志必须由两位数字组成，若为多条平行跑道，则跑道号码需要在两位数字后加一个字母。数字和字母的高度应不小于 9m，宜为 18m，其形状与比例按《民用机场飞行区技术标准》（MH 5001—2021）中的规定确定。但当数字与跑道入口标志结合在一起时，必须采用较大的尺寸，以填补跑道入口标志线条之间的空隙。

1）数字的计算方法

在单条跑道、两条平行跑道和三条平行跑道上，这个两位数必须是最接近于磁北方向顺时针与该跑道端进近方向夹角（即跑道磁方位角）十分之一的整数，如图 2.8 所示。对于四条以上的平行跑道，一组跑道号码标志的两位数字应按上述方法确定；而另一组相邻跑道则按次一个最接近的磁方位角度数的十分之一编号。当按上述规则得出的整数仅有一位数字时，则在该数字前面加一个零。如图 2.8（a）所示，磁北方向顺时针转到进近方向的角度为 61°，取其十分之一后再四舍五入，即 6，仅有一位数字，需加“0”，故跑道号码中的两位数字为“06”；图 2.8（b）中跑道磁方位角为 241°，故其跑道号码中的两位数字为“24”。

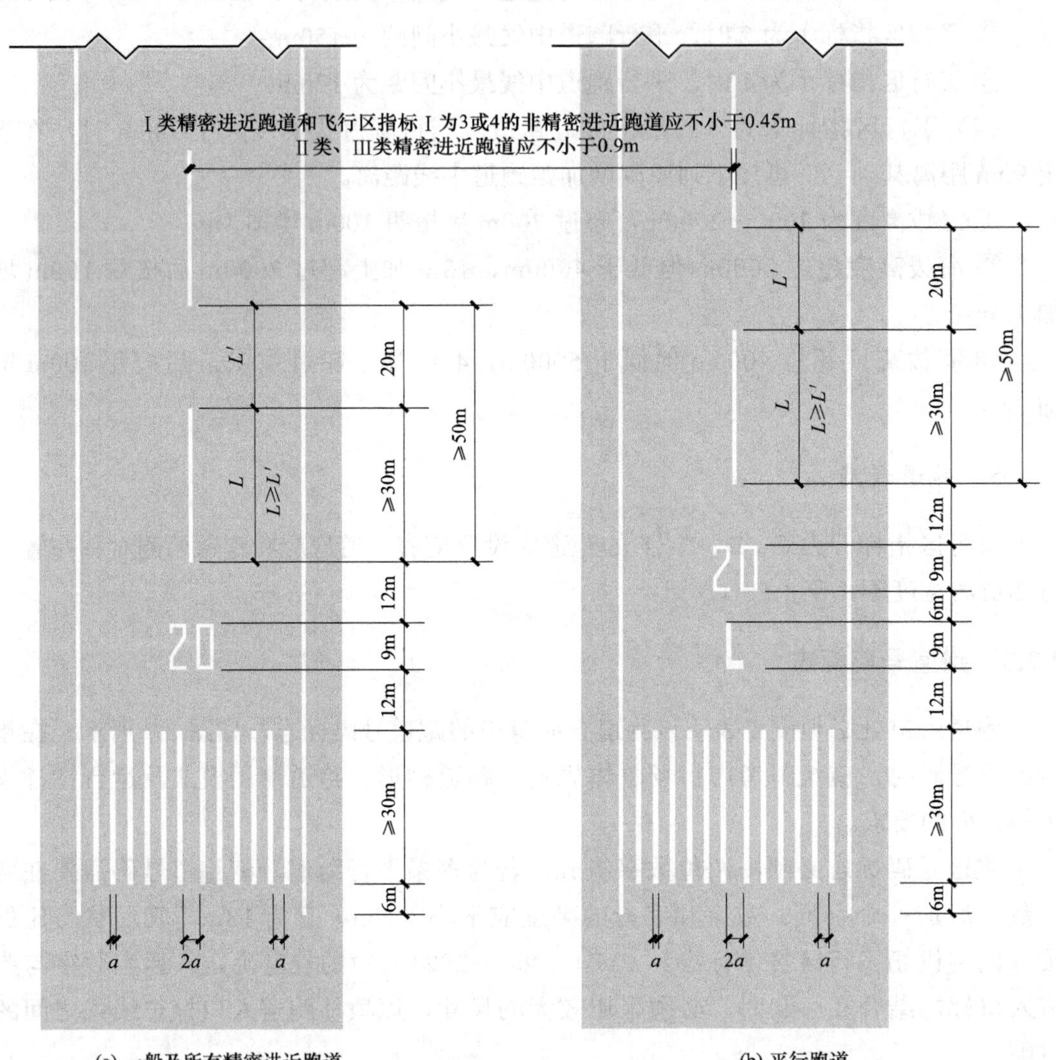

(a) 一般及所有精密进近跑道　　(b) 平行跑道

图 2.7　跑道号码、中线和入口标志示意图

注：*a* 约等于 1.8m；图中示意的是跑道道面宽为 45m 时的情形；跑道号码标志按 9m 高度示意。

2）字母的确定

平行跑道的跑道号码中的字母应按照以下规定确定（顺序为从进近方向看去自左至右）：当为两条平行跑道时，为 L 和 R；当为三条平行跑道时，为 L、C、R；当为四条平行跑道时，为 L、R、L、R；当为五条平行跑道时，为 L、C、R、L、R 或 L、R、L、C、R；当为六条平行跑道时，为 L、C、R、L、C、R。

以上是设置跑道号码标志的一般规则，在实际应用中，可能会有适当变化。

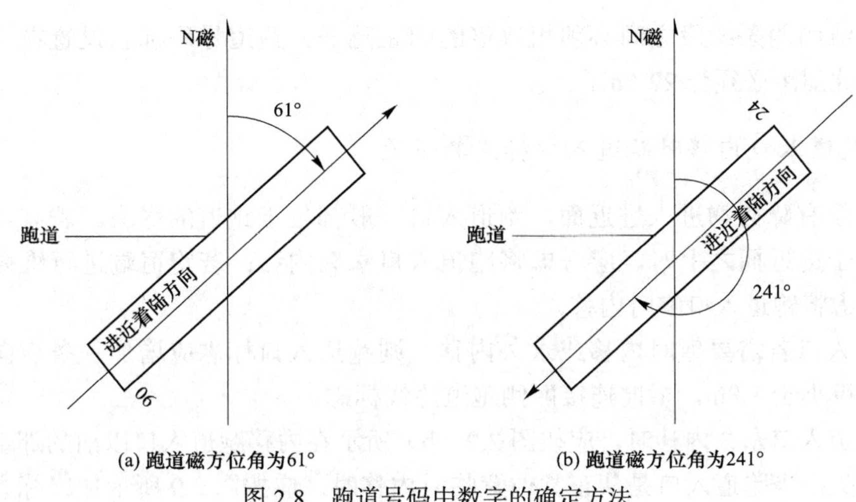

图 2.8　跑道号码中数字的确定方法

2.2.3　跑道入口标志

只要实际可行，所有跑道入口处都应设置跑道入口标志，如图 2.7 所示。

1．普通跑道入口标志的设计

跑道入口标志的线段必须从距离跑道入口 6m 处开始，由一组尺寸相同、位置对称于跑道中线的纵向线段组成。线段的总数应按跑道宽度确定，见表 2.4。当一条跑道道面宽度不在表 2.4 规定的范围内时，应以批准的飞行区指标Ⅱ所对应的跑道宽度确定跑道入口标志的线段总数。

表 2.4　跑道入口标志线段数量规定

序号	跑道宽度 /m	线段数量 / 条
1	18	4
2	23	6
3	30	8
4	45	12
5	60	16

跑道入口标志线段的横向宽度以下面两数值的较小者为准：连续横贯跑道设置至距跑道边 3m 处，或延伸到跑道中线两侧各 27m 距离处。若跑道号码标志在入口标志之间，则跑道中线每侧必须至少有三条线段。

跑道入口标志线段长度至少为 30m，宜为 45m，宽度和间距均宜为 1.8m，最靠近跑道中线的两条线段之间必须用双倍的间距隔开。跑道号码标志设置在入口标志之间时，此间距必须为22.5m。

2．跑道入口内移时跑道入口标志的设置

如果没有障碍物进入进近面，跑道入口一般都位于跑道的尽头。若有不能移去的物体位于进近面之上时，应考虑将跑道入口永久内移；若跑道端进行维修等操作时，应考虑将跑道入口临时内移。

跑道入口若需要暂时内移或永久内移，则跑道入口标志应增加一条横向线段，其宽度不得小于1.8m，横向连接两侧跑道边线标志。

当跑道入口永久内移时，应按图2.9（b）所示在内移跑道入口以前的那部分跑道上设置箭头；当跑道入口是从正常位置临时内移时，应按图2.9所示加以标志，将内移跑道入口以前除跑道中线标志和跑道边线标志外的所有标志遮掩，并将跑道中线标志改为箭头。箭头尺寸数量参见表2.5。箭头设置应对称于中线排列，如图2.9（b）所示。其数量应按跑道的宽度确定，见表2.5。

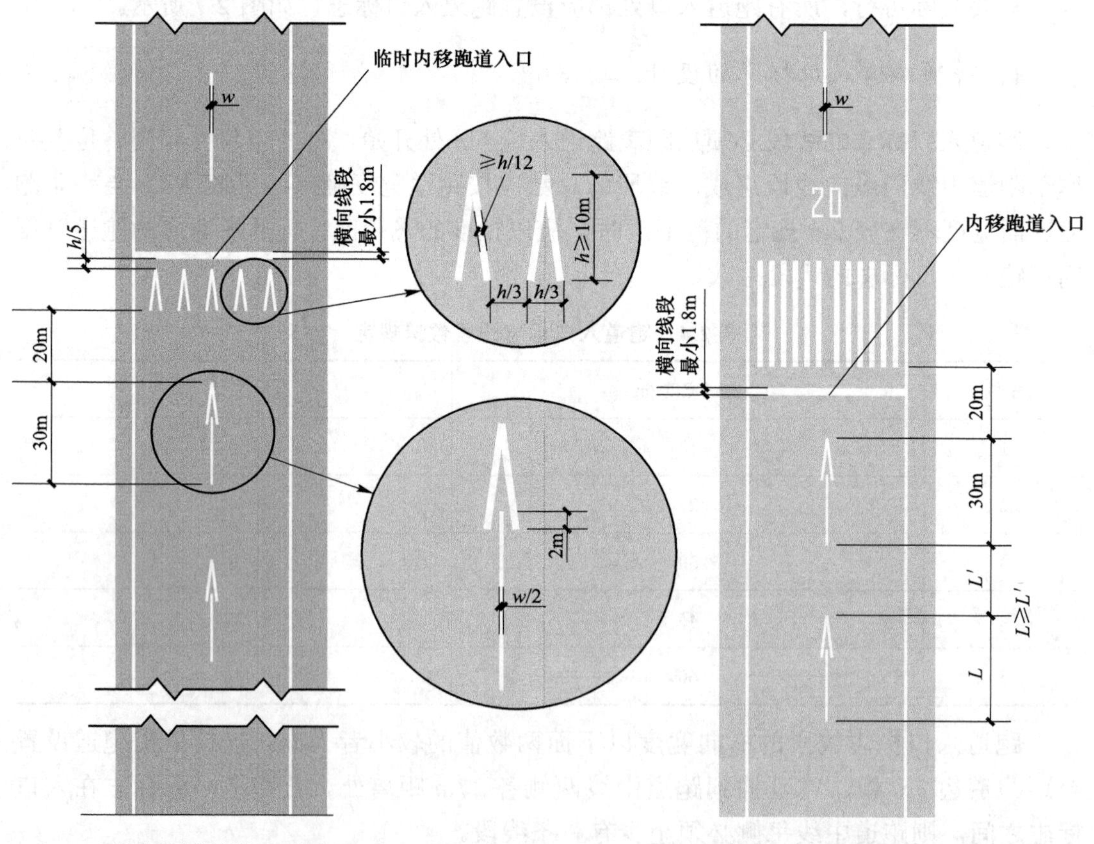

图2.9　内移的跑道（跑道宽度为45m）入口标志示意图

表 2.5　建议的入口标志箭头尺寸及数量

跑道宽度 /m	*h* 值 /m	箭头数量 / 个
18	10.2	3
23	12	3
30		4
45		5
60		7

2.2.4　跑道中线标志

有铺筑面的跑道必须设置跑道中线标志。

跑道中线标志如图 2.4 所示，应设置在跑道两端的跑道号码标志之间的跑道中线上，由均匀隔开的线段和间隙组成。每一线段加一个间隙的长度为 50 ～ 75m，且线段的长度选择以下两个长度中的较大者，即 30m 或等于间隙的长度。Ⅱ类、Ⅲ类精密进近跑道的中线标志宽度应不小于 0.9m；Ⅰ类精密进近跑道及飞行区指标Ⅰ为 3 或 4 的非精密进近跑道的中线标志宽度应不小于 0.45m，飞行区指标Ⅰ为 1 或 2 的非精密进近跑道和非仪表跑道的中线标志宽度应不小于 0.3m。

2.2.5　瞄准点标志

有铺筑面的仪表跑道的每个进近端应设置瞄准点标志，瞄准点标志的开始端至跑道入口的距离见表 2.6，但在跑道装有目视进近坡度指示系统时，标志的开始端必须与目视进近坡度起始端重合。

瞄准点标志由两条明显的条块组成，对称地设置在跑道中线的两侧，条块的尺寸及其内边的横向间距必须符合表 2.6 中相应栏的规定。标志线段的长度在要求提高标志的明显度之处，宜选用规定长度范围内较大的数值。在设置接地带标志的地方，瞄准点标志的横向间距必须与接地带标志相同，如图 2.4 所示。

表 2.6　瞄准点标志的位置和尺寸

位置和尺寸	可用着陆距离 /m			
	＜ 800	800 ～ 1200（不含）	1200 ～ 2400（不含）	≥ 2400
标志开始端至跑道入口	150	250	300	400
标志线段长度	30 ～ 45	30 ～ 45	45 ～ 60	45 ～ 60
标志线段宽度	4	6	6 ～ 10	6 ～ 10
线段内边的横向间距	6	9	18 ～ 22.5	18 ～ 22.5

2.2.6 接地带标志

有铺筑面的仪表跑道和飞行区指标 I 为 3 或 4 的有铺筑面的非仪表跑道应设接地带标志。在飞行区指标 I 为 2 的非精密进近跑道上，在瞄准点标志起端之后的 150m 处宜增设一对接地带标志。

接地带标志应由若干对对称地设置在跑道中线两侧的长方形标志块组成，其对数与可用着陆距离有关，当一条跑道两端的进近方向都要设置该标志时，则与跑道两端入口之间的距离有关，具体规定见表 2.7。

表 2.7 接地带标志块对数与跑道可用着陆距离关系

序号	可用着陆距离或两端入口间的距离 d/m	标志块数量/对
1	$d < 900$	1
2	$900 \leqslant d < 1200$	2
3	$1200 \leqslant d < 1500$	3
4	$1500 \leqslant d < 2400$	4
5	$d \geqslant 2400$	6

接地带标志应符合图 2.4 中所示的两种形式之一。在图 2.4（a）所示的形式中，每条标志线条的长度和宽度分别不小于 22.5m 和 3m。在图 2.4（b）所示的形式中，每条标志线条的长度和宽度分别不小于 22.5m 和 1.8m，相邻线条的间距应为 1.5m。

设有瞄准点标志时，长方形内边的横向间距必须与该瞄准点标志的横向间距相等；不设有瞄准点标志时，长方形内边的横向间距必须与表 2.6（相应的 2、3、4 或 5 栏）中对瞄准点标志规定的横向间距相符。

成对标志线条的纵向间距应为 150m，从距离跑道入口 150m 处开始。与瞄准点标志相重合或位于其 50m 范围内的各对接地带标志应省略。

2.2.7 跑道边线标志

当跑道边缘与道肩或周围地域缺乏明显对比时，有铺筑面的跑道应在跑道两侧设置跑道边线标志，如图 2.4 所示。跑道边线标志为在跑道两端入口之间的范围内，沿跑道两侧边缘设置的连续线条，线条的外边应大致与跑道边线重合。只有在跑道宽度大于 60m 时，标志才应设置在距离跑道中线 30m 处。

跑道边线标志在跑道与其他跑道或滑行道交叉处应予以中断；在跑道入口内移时，跑道边线标志保持不变；当设有跑道掉头坪时，跑道边线标志应在跑道和跑道掉头坪之间连续。

跑道宽度为 30m 或大于 30m 时，跑道边线标志的线条宽度应至少为 0.9m；跑道宽度小于 30m 时，线条宽度应至少为 0.45m。

2.3　滑行道及其标志

2.3.1　滑行道

1．滑行道的定义

滑行道是在陆地机场设置供飞机滑行并连接机场的一部分与其他部分的规定通道。其包括平行滑行道、联络滑行道、机位滑行通道、机坪滑行道、快速出口滑行道和绕行滑行道等。各类滑行道如图 2.10 所示。

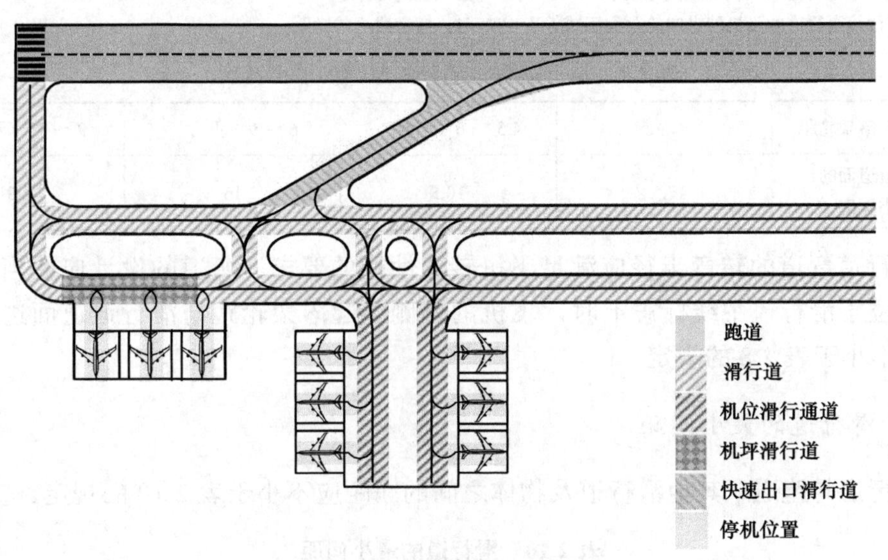

图 2.10　各类滑行道示意图

滑行带是滑行道中线两侧一块特定的场地，用以保障飞机在滑行道上安全运行，并在飞机偶然滑出滑行道时减少损坏的危险。

2．滑行道的分类

根据滑行道的位置和作用，滑行道可分为以下四类。

（1）机坪上仅供进入机位使用的机位滑行通道；

（2）供飞机穿越机坪使用的机坪滑行道；

（3）以锐角与跑道连接和供着陆飞机较快脱离跑道使用的快速出口滑行道；

（4）在跑道端以外设置的供飞机绕行的绕行滑行道。

3. 滑行道的宽度

滑行道的道面宽度应使当滑行的飞机的驾驶舱位于滑行道中线标志上时，飞机的外侧主起落架轮距（outer main gear wheel span，OMGWS）与滑行道道面边缘之间的净距不小于表2.8的规定。滑行道直线部分的道面宽度不小于表2.9的规定。

表2.8 飞机的外侧主起落架轮距与滑行道道面边缘之间的净距 单位：m

外侧主起落架轮距	＜4.5	4.5～6（不含）	6～9（不含）	9～15（不含）
净距	1.50	2.25	3[a, b]或4[c]	4

a 直线段上的净距。

b 准备使用该滑行道的飞机的纵向轮距小于18m时，弯道段上的净距。

c 准备使用该滑行道的飞机的纵向轮距大于或等于18m时，弯道段上的净距。

表2.9 滑行道直线部分的道面的最小宽度 单位：m

外侧主起落架轮距	＜4.5	4.5～6（不含）	6～9（不含）	9～15（不含）
滑行道道面的最小宽度	7.5	10.5	15	23

滑行道弯道的转弯半径应满足飞机转弯性能的要求。弯道的设计应使当飞机的驾驶舱位于滑行道中线标志上时，飞机的外侧主起落架轮距与滑行道道面边缘之间的净距不小于表2.8的规定。

4. 滑行道的最小间距

滑行道与跑道、其他滑行道及物体之间的净距应不小于表2.10的规定。

表2.10 滑行道的最小间距 单位：m

<table>
<tr><th rowspan="4">飞行区指标Ⅱ</th><th colspan="8">滑行道中线距跑道中线的距离</th><th rowspan="4">滑行道中线距滑行道中线的距离</th><th rowspan="4">滑行道中线（不包括机位滑行通道）距物体的距离[a]</th><th rowspan="4">机位滑行通道中线距机位滑行通道中线的距离[a]</th><th rowspan="4">机位滑行通道中线距物体的距离</th></tr>
<tr><th colspan="4">仪表跑道</th><th colspan="4">非仪表跑道</th></tr>
<tr><th colspan="4">飞行区指标Ⅰ</th><th colspan="4">飞行区指标Ⅰ</th></tr>
<tr><th>1</th><th>2</th><th>3</th><th>4</th><th>1</th><th>2</th><th>3</th><th>4</th></tr>
<tr><td>A</td><td>77.5</td><td>77.5</td><td>—</td><td>—</td><td>37.5</td><td>47.5</td><td>—</td><td>—</td><td>23.0</td><td>15.5</td><td>19.5</td><td>12.0</td></tr>
<tr><td>B</td><td>82.0</td><td>82.0</td><td>152.0</td><td>—</td><td>42.0</td><td>52.0</td><td>87.0</td><td>—</td><td>32.0</td><td>20.0</td><td>28.5</td><td>16.5</td></tr>
</table>

续表

飞行区指标Ⅱ	滑行道中线距跑道中线的距离								滑行道中线距滑行道中线的距离	滑行道中线（不包括机位滑行通道）距物体的距离[a]	机位滑行通道中线距机位滑行通道中线的距离[a]	机位滑行通道中线距物体的距离
	仪表跑道				非仪表跑道							
	飞行区指标Ⅰ				飞行区指标Ⅰ							
	1	2	3	4	1	2	3	4				
C	88.0	88.0	158.0	158.0	48.0	58.0	93.0	93.0	44.0	26.0	40.5	22.5
D	—	—	166.0	166.0	—	—	101.0	101.0	63.0	37.0	59.5	33.5
E	—	—	172.5	172.5	—	—	107.5	107.5	76.0	43.5	72.5	40.0
F	—	—	180.0	180.0	—	—	115.0	115.0	91.0	51.0	87.5	47.5

a 为保证飞行或飞机安全需要安放在此，且不会对飞机构成危险的物体除外。

5．快速出口滑行道

快速出口滑行道以锐角与跑道连接，并应设计得使着陆的飞机可以具有比用其他出口滑行道更快的速度转出，从而减少占用跑道的时间。为加快飞机进出跑道的运行，跑道上应设置足够的入口滑行道和出口滑行道，交通量繁忙时应设置快速出口滑行道。

快速出口滑行道转出点的位置，应根据飞机的接地速度、开始转出速度、跑道入口至接地点的距离，以及接地点至转出点的距离等因素计算确定。

（1）快速出口滑行道与跑道的交角为 25°～45°，以 30° 为宜。一条跑道上有多条快速出口滑行道时，交角大小应相同。

（2）快速出口滑行道转出曲线半径如下。

①飞行区指标Ⅰ为 3 或 4 时，为满足飞机以 93km/h 的速度在潮湿滑行道上转出，其转出曲线的半径应不小于 550m。

②飞行区指标Ⅰ为 1 或 2 时，为满足飞机以 65km/h 的速度在潮湿滑行道上转出，其转出曲线的半径应不小于 275m。

（3）快速出口滑行道应在转出弯道后有一直线距离，其长度应使飞机滑行到与其相交的滑行道之前能完全停住。该长度与交角和飞机减速度等有关。一般飞行区指标Ⅰ为 3 或 4 时，直线段长度宜不小于 75m；飞行区指标Ⅰ为 1 或 2 时，直线段长度宜不小于 35m，如图 2.11 所示。

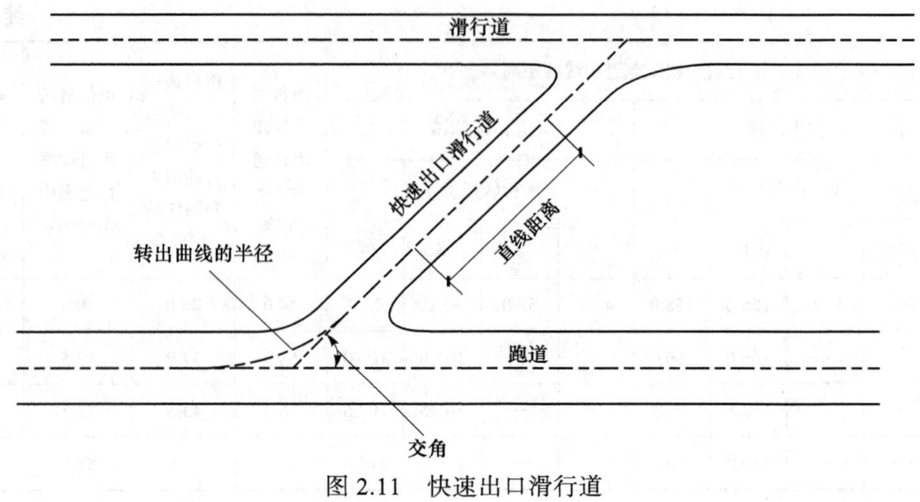

图 2.11 快速出口滑行道

6．滑行道代号命名的基本原则

滑行道代号命名原则相对复杂，但力求简单明了、合乎逻辑。滑行道代号的设置应结合机场远期总体规划统一考虑预留相应的滑行道代号，尽可能减少因机场扩建造成滑行道代号的调整。滑行道代号命名的主要原则如下。

（1）滑行道代号宜按英文字母顺序选用字母，宜从机场的一端开始连续命名代号到另一端。

（2）代号应由一个英文字母或一个英文字母与阿拉伯数字的组合构成，当上述代号全部使用完毕后，可使用双字母；平行滑行道宜由单字母作为代号；尽量避免使用“I”、“O”和“X”三个字母作为滑行道代号，以避免与数字 1、0 和关闭标志相混淆。

（3）滑行道的命名编号中的字母与数字的组合应避免与跑道号码中的字母和数字相混淆，如跑道号码为“11L”，则滑行道命名编号不应使用“L11”。

（4）当滑行道方向改变但没有与其他滑行道相交，或与其他滑行道相交后方向改变不大于 45° 时，不应改变其代号；但若系统总体设计需要改变时，可在交叉后改变。

（5）被一条跑道相交分成两部分的滑行道，位于跑道两侧的滑行道宜被视为两条不同的滑行道，并分别指定代号。此类滑行道的代号宜由其所对应的平行滑行道代号加阿拉伯数字组成。

（6）大型繁忙机场滑行道系统复杂时，宜将相对固定使用的滑行路线以滑行道编组形式表示并编号，编号应以英文“ROUTE”加阿拉伯数字构成，由管制单位会同机场管理机构和航空公司研究确定并在航行资料汇编中公布。

7．滑行道标志

滑行道标志主要包括滑行道中线标志、跑道掉头坪标志、跑道等待位置标志、中间等待位置标志、滑行道边线标志和滑行道道肩标志部分滑行道标志示意图如图 2.12 所示。

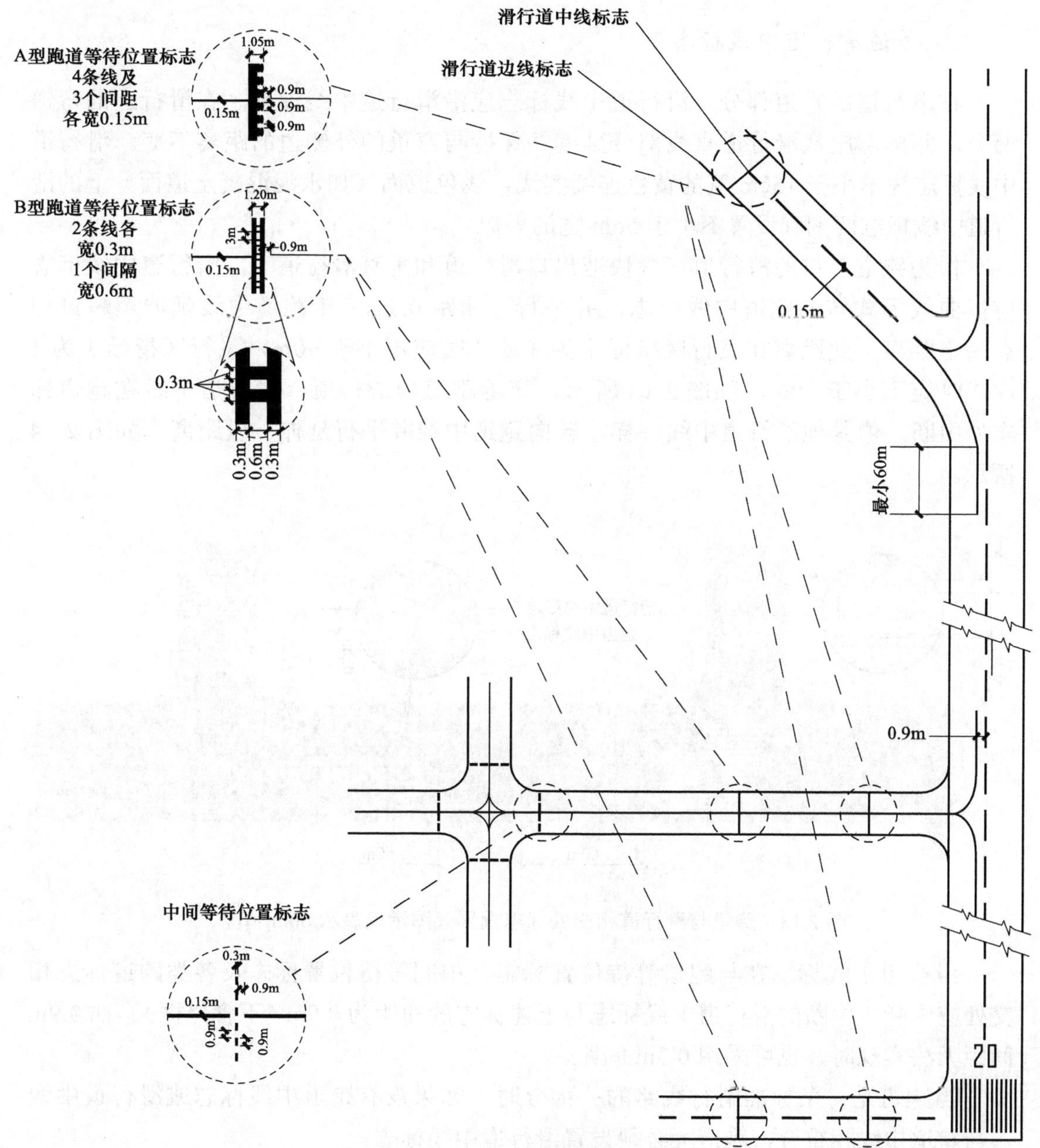

图 2.12　部分滑行道标志示意图

2.3.2 滑行道中线标志

滑行道、飞机机位滑行通道、除冰防冰设施及特定位置的跑道上应设置滑行道中线标志，并能提供从跑道中线到各机位之间的连续引导。滑行道中线标志只有在其与跑道等待位置标志或中间等待位置标志相交处才能中断。

1．普通滑行道中线标志

在滑行道的直道部分，滑行道中线标志应沿滑行道中线设置。在滑行道的弯道部分，此标志应从滑行道直线部分延续并保持与弯道的外侧边的距离不变。滑行道中线标志为不小于 15cm 宽的黄色连续实线，浅色道面（如水泥混凝土道面）上的滑行道中线标志两侧宜设置不小于 5cm 宽的黑边。

作为跑道出口的滑行道（含快速出口滑行道和垂直滑行道），滑行道中线标志应以曲线形式转向跑道中线标志，并平行（相距 0.9m）于跑道中线延伸至超过切点一定距离，此距离在飞行区指标Ⅰ为 3 或 4 时应不小于 60m，飞行区指标Ⅰ为 1 或 2 时应不小于 30m，如图 2.13 所示。穿越跑道的滑行道，滑行道中线在跑道标志处中断，像其他滑行道中线一样，转向跑道中线并平行延伸一段距离，如图 2.14 所示。

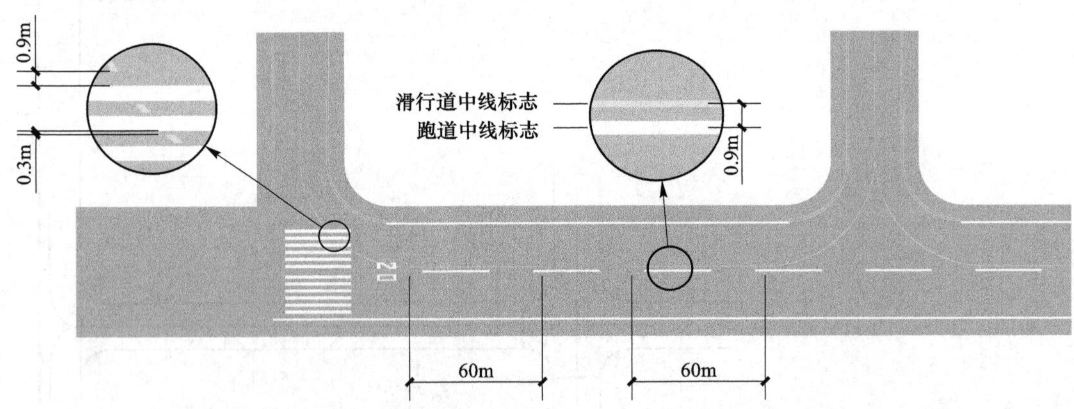

图 2.13　跑道与滑行道相交处标志设置（图示仅表示 60m 情况）

滑行道中线标志在与跑道等待位置标志、中间等待位置标志及各类跑道标志相交处应中断，中断的滑行道中线标志与上述标志的净距为 0.9m（不含黑框）；如 0.9m 间距无法实现时，也可采用 0.3m 间距。

当跑道是一条标准滑行线路的一部分时，如果没有跑道中线标志或滑行道中线不与跑道中线相重合，跑道上必须设置滑行道中线标志。

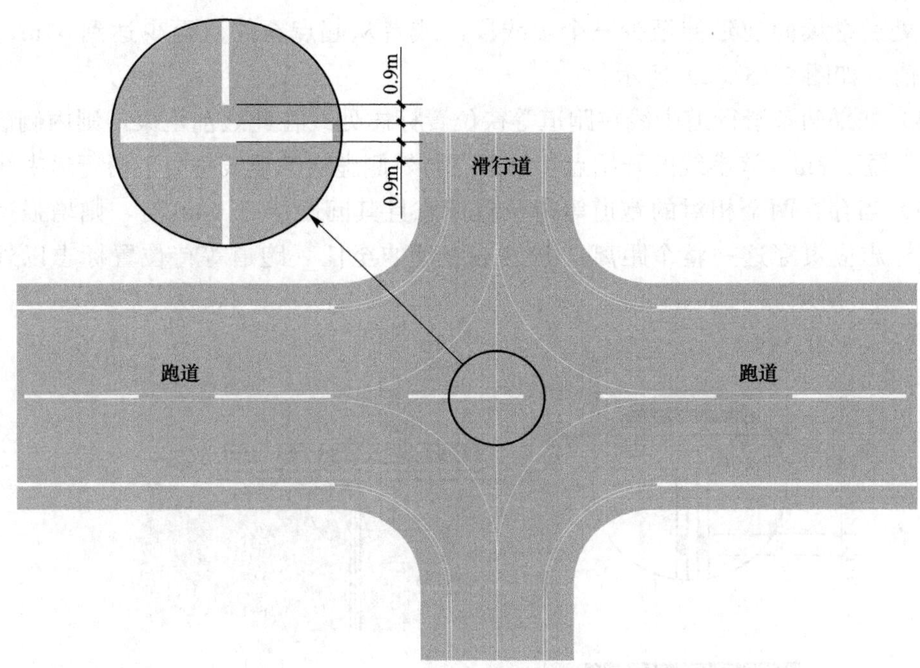

图 2.14　垂直穿越跑道的滑行道中线标志

2．增强型滑行道中线标志

当机场交通密度为中或高时，在与跑道直接相连的滑行道（单向运行的滑行道除外）上的 A 型跑道等待位置处，应设置增强型滑行道中线标志。该标志的作用是为飞行员提供额外的、确认 A 型跑道等待位置的目视参考，并构成跑道侵入防范措施的一部分。

按照相对跑道等待位置的间距及滑行道是否交叉，增强型滑行道中线标志有以下五种形式。

（1）增强型滑行道中线标志应从 A 型跑道等待位置标志沿驶离跑道方向延伸 47m 的距离，如图 2.15（a）所示，滑行道中线两侧的边线标志宽度为 0.15m，浅色道面上的标志应设置黑色背景，黑色背景的外边宽不小于 0.05m。

（2）当增强型滑行道中线标志与位于第一个跑道等待位置标志 47m 以内的另一个跑道等待位置标志（如Ⅱ类或Ⅲ类精密进近跑道的等待位置标志）交叉时，增强型滑行道中线标志应在与此类跑道等待位置标志的交叉点前后各 0.9m 处中断，在超过与跑道等待位置标志的交叉点后继续向前延伸至少三个虚线段，或者从起点至终点至少达到 47m，两者取较大值，如图 2.15（b）所示。

（3）当增强型滑行道中线标志穿过位于跑道等待位置标志 47m 以内的滑行道与滑行道交叉处时，应在交叉的滑行道中线穿越增强型滑行道中线的这一点的前后各 1.5m 处中断增强型滑行道中线标志。增强型滑行道中线标志应在超过滑行道与滑行道交叉处后继续向前延伸至少三个虚线段，或者从起点至终点至少达到 47m，两者取较大值，如图 2.15（c）所示。

（4）如果两条滑行道中线在跑道等待位置标志处或在此之前汇聚，则内侧虚线的长度应不短于 3m，该虚线的开始点和结束点与外侧虚线的连线垂直于滑行道中线。

（5）当存在两个相对的跑道等待位置标志且其间距小于 94m 时，则增强型滑行道中线标志应贯穿这一整个距离，并且不应延伸至任一跑道等待位置标志以外，如图 2.15（d）所示。

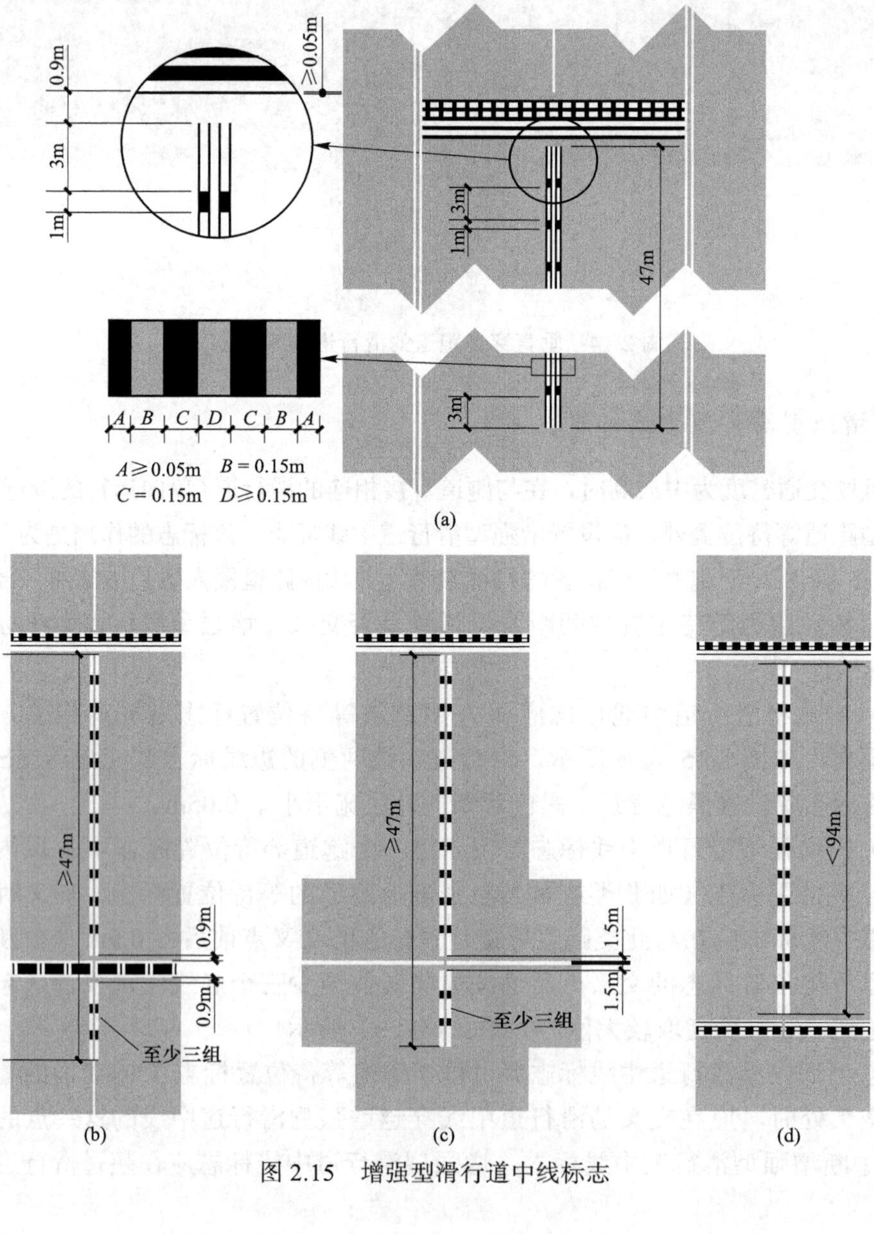

图 2.15　增强型滑行道中线标志

2.3.3　跑道掉头坪标志

当跑道端未设置联络滑行道或掉头滑行道时飞行区指标Ⅱ为 D、E、F 的跑道应设置跑道掉头坪，飞行区指标Ⅱ为 A、B 或 C 的跑道宜设置跑道掉头坪，以便飞机进行 180° 的转弯。掉头坪一般设置在跑道两端，对于较长的跑道可以在中间适当位置增设掉头坪，以减少飞机滑行距离。掉头坪宜设置在跑道左侧以便于转弯操作，如图 2.16（a）所示。

当设有跑道掉头坪时，必须设置提供连续引导的跑道掉头坪标志，以便使飞机能够完成 180° 转弯和对准跑道中线。飞机驾驶舱沿跑道掉头坪标志转弯时，飞机起落架的任何机轮至掉头坪边缘的净距应不小于《民用机场飞行区技术标准》（MH 5001—2021）中的规定值。

跑道掉头坪标志应从跑道中线弯出进入掉头坪。其转弯半径应与预计使用该跑道掉头坪的航空器的操纵特性和正常滑行速度相适应。跑道掉头坪标志与跑道中线标志的交接角应不大于 30° 。

跑道掉头坪标志应从跑道中线标志的切点开始平行于跑道中线标志并延伸一段距离，飞行区指标Ⅰ为 3 或 4 时应至少为 60m，飞行区指标Ⅰ为 1 或 2 时应至少为 30m。

跑道掉头坪标志应为不小于 0.15m 宽的连续黄色实线，其设置方法同滑行道中线标志，如图 2.16（b）所示。

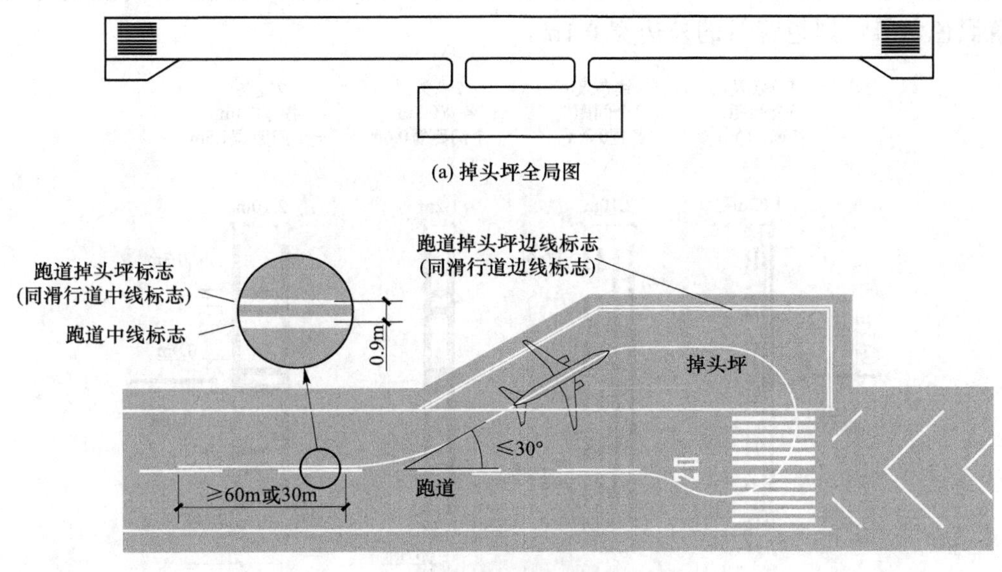

图 2.16　跑道掉头坪及标志设置示意图

2.3.4 跑道等待位置标志

跑道等待位置是为保护跑道、障碍物限制面或ILS的临界/敏感区而设定的位置。在这个位置，行进中的航空器和车辆必须停住并等待，直到机场管制塔台发出放行许可才能通过。在跑道等待位置处必须设置跑道等待位置标志，等待坪、跑道等待位置或道路等待位置与跑道中线之间的距离应符合表2.11中的规定值。

表 2.11 跑道中线到等待坪、跑道等待位置或道路等待位置的最小距离 单位：m

跑道运行类型	飞行区指标 I			
	1	2	3	4
非仪表	30	40	75	75
非精密进近	40	40	75	75
Ⅰ类精密进近	60	60	90	90
Ⅱ类及Ⅲ类精密进近	—	—	90	90
起飞跑道	30	40	75	75

在跑道等待位置处应设置跑道等待位置标志。跑道等待位置标志应为黄色，分为A、B两种类型，如图2.17所示。A1型为4线条和3个间距，各宽0.15m；A2型为4线条和3个间距，各宽0.3m；B1型为2线条，各宽0.3m，一个间距宽0.6m；B2型为2线条，各宽0.3m，一个间距宽1.5m。浅色道面上的跑道等待位置标志应设置黑色背景，黑色背景的外边宽0.1m。

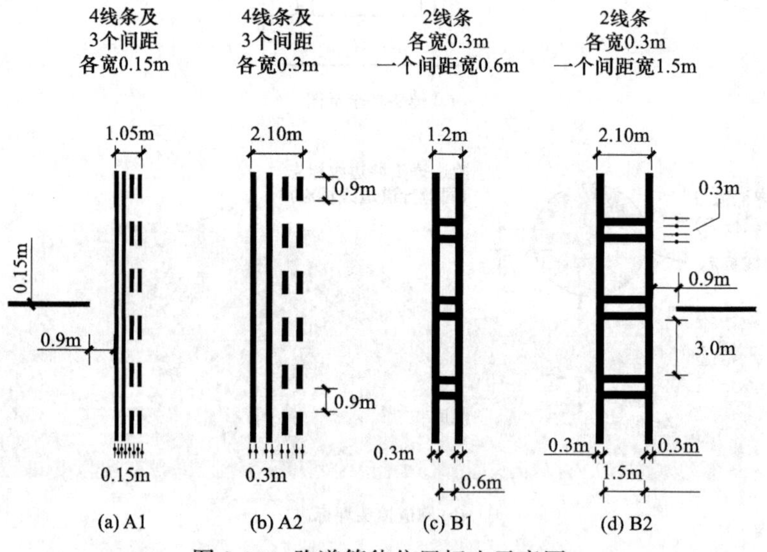

图 2.17 跑道等待位置标志示意图

注：2026年之后A1型和B1型不再有效。

跑道等待位置的设置原则如下。

（1）滑行道与跑道相交处，在滑行道上须设立一个或几个跑道等待位置。

（2）当两条跑道相交，其中一条跑道是一条标准滑行路线的一部分时，在相交处设立一个或几个跑道等待位置。

（3）如果滑行道的位置或方向使得滑行的航空器或车辆会侵犯障碍物限制面或对无线电助航设施的运转有所干扰时，在该滑行道上必须设立跑道等待位置。

1．A 型跑道等待位置标志

A 型跑道等待位置标志设置要求如下。

（1）在滑行道与非仪表跑道、非精密进近跑道或起飞跑道的相交处，跑道等待位置标志为 A 型。

（2）滑行道与Ⅰ类、Ⅱ类或Ⅲ类精密进近跑道相交处，如仅设有一个跑道等待位置，则该处的跑道等待位置标志为 A 型。

（3）在跑道与跑道交叉处设置的跑道等待位置标志应垂直于作为标准滑行路线的一部分的跑道中线。在标准滑行路线不与跑道中线重合的情况下，跑道等待位置标志应垂直于滑行道中线标志，并采用 A 型。

（4）当 B 型跑道等待位置标志与 A 型跑道等待位置标志相距小于 15m 时，在原来 B 型跑道等待位置标志处仅设 A 型跑道等待位置标志即可。

（5）在跑道与跑道交叉处显示的跑道等待位置标志必须垂直于作为滑行路线一部分的跑道的中线，其 A 型跑道等待位置标志必须如图 2.17（b）所示。

2．B 型跑道等待位置标志

B 型跑道等待位置标志设置要求如下。

（1）B 型跑道等待位置标志的位置由跑道所服务的最大机型以及 ILS/MLS 的临界 / 敏感区决定，并且仅当 ILS 运行时，B 型跑道等待位置标志才发挥作用。

（2）滑行道与Ⅰ类、Ⅱ类或Ⅲ类精密进近跑道相交处，如设有多个跑道等待位置，则最靠近跑道的跑道等待位置标志应为 A 型，其余离跑道较远的跑道等待位置标志应采用 B 型。

（3）如 B 型跑道等待位置标志所处地区的宽度大于 60m，应按跑道类别将“CAT Ⅱ”或“CAT Ⅲ”字样标志在跑道等待位置标志的两端以及最大相距 45m 的各点的（中间）地面上。字母高度不小于 1.8m，并应位于跑道等待位置标志以外不超过 0.9m 处。

2.3.5　中间等待位置标志

除跑道等待位置外，为控制交通还应设置中间等待位置标志。在这个位置，如果机场管制塔台指示滑行中的飞机和行进中车辆必须停住和等待直到再次放行时才能继续前进，那么它们就必须在此位置停住并等待。

中间等待位置标志（图 2.18）应采用黄色单条断续线（虚线）。

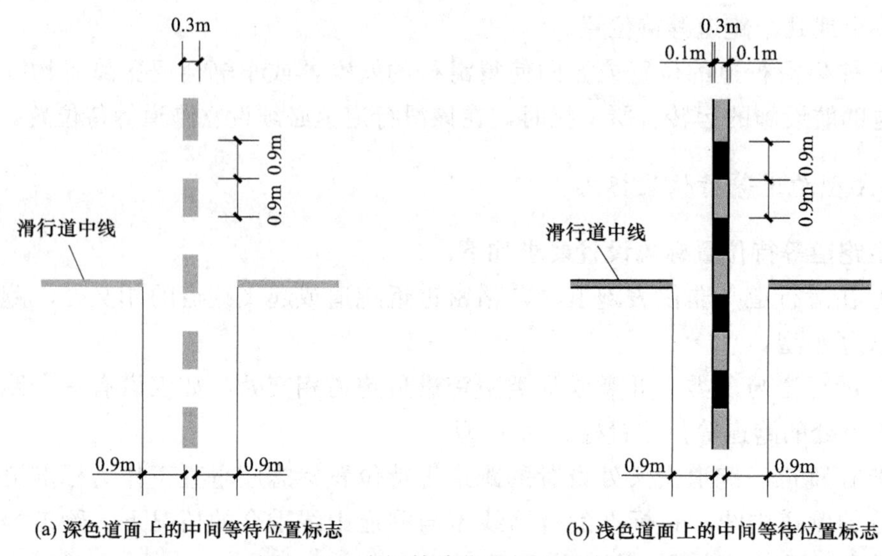

图 2.18 中间等待位置标志示意图

在中间等待位置和比邻滑行道的远距除冰、防冰设施出口边界上应设置中间等待位置标志；在两条有铺筑面的滑行道相交处设置的中间等待位置标志应横跨滑行道，并与相交滑行道的近边有足够的距离，以保证滑行中的飞机之间有足够的净距，净距应满足表 2.10 的要求。

当两个相邻的中间等待位置距离小于 60m 时，可仅保留 1 个中间等待位置标志，并设置于两个相邻的中间等待位置之间的适当位置。

2.3.6 滑行道边线标志和滑行道道肩标志

1．滑行道边线标志

凡不易与承重道面区别的滑行道、跑道掉头坪、等待坪和停机坪的道肩及其他非承重道面，应沿承重道面的边缘设置滑行道边线标志，标志的外缘大致在承重道面的边缘上。

滑行道边线标志（图 2.19）应由一对黄色实线组成，每一线条宽为 0.15m，间距为 0.15m。

2．滑行道道肩标志

在滑行道转弯处，或其他承重道面与非承重道面需要明确区分处，应在非承重道面上设置黄色的滑行道道肩标志。

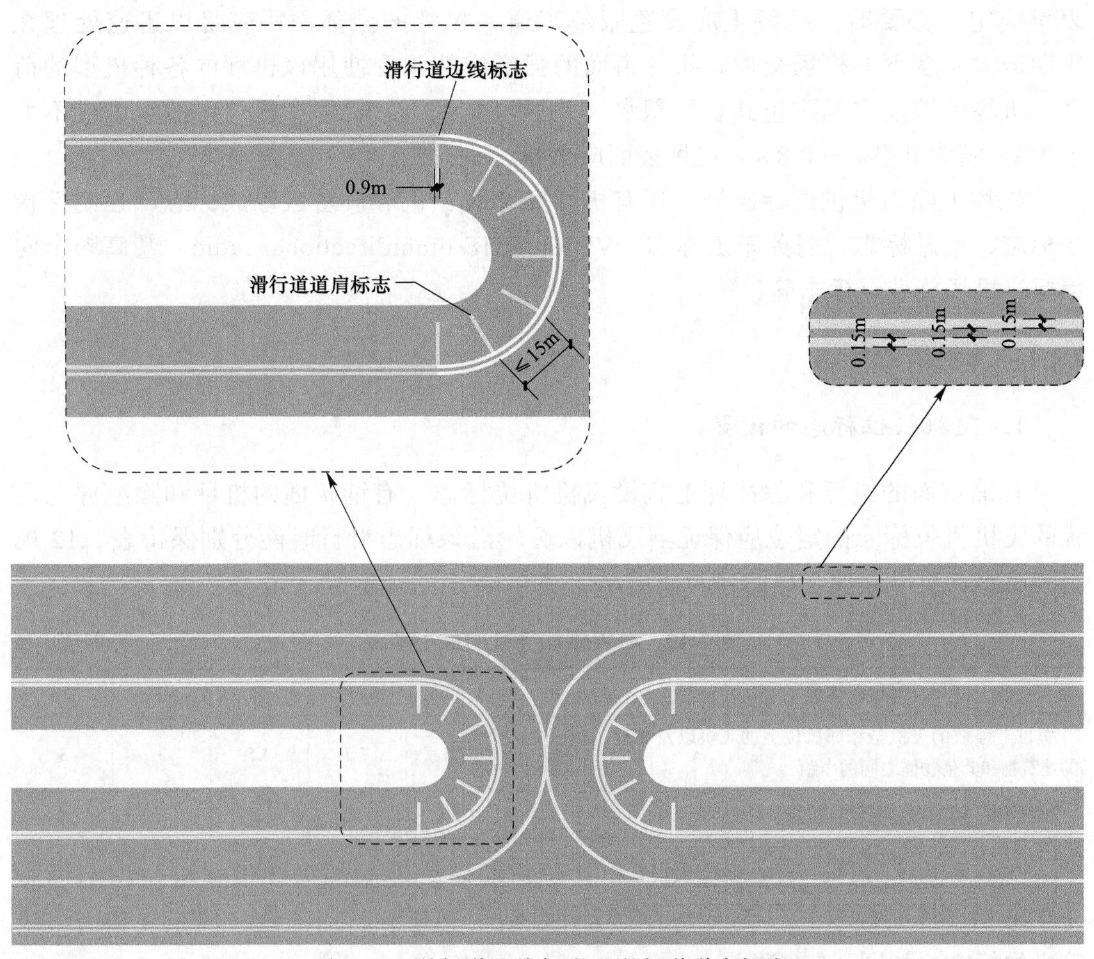

图 2.19　滑行道边线标志和滑行道道肩标志

滑行道道肩标志（图 2.19）由垂直于滑行道边线或滑行道边线的切线的线条组成。在弯道上，在每一个切点处和沿弯道的各个中间点上应各设一条线条，线条的间距应不超过 15m；线条宽应为 0.9m，长度应为 7.5m，并应延伸至距离经过稳定处理的铺筑面的外边缘 1.5m 处；当道肩宽度小于 3.5m 时，滑行道道肩标志长度可等于道肩宽度；线条的颜色应为黄色。

2.4　机坪及其标志

机坪是机场内供飞机上下旅客、装卸货物或邮件、加油、停放或维修之用的一块划定区域，包含飞机机位、除冰防冰坪、掉头坪等。机坪布局应根据机坪的类别、飞机的类型和数量、飞机停放方式、飞机间的净距、飞机进出机位方式等各项因素确定。必要时，机坪上应设置服务车道。机坪的全部面积应足以迅速处理在预期最大密度下的机场交通。机坪道面的强度应能承受使用该机坪的各种机型的荷载。机坪的坡度应能防止其表面积水，并尽可能平坦。机坪中机位区的坡度应不大于 1%，宜为 0.4% ～ 0.8%。机坪表面应平整。

机坪上除飞机机位标志外，还有机坪安全线、机坪设备区停放标志、强制性指令标志、信息标志、服务车道标志、VOR（VHF omnidirectional radio，甚高频全向信标）机场校准点标志等。

2.4.1 飞机机位标志

1．飞机机位标志的设置

有铺筑面的机坪和除冰坪上宜设飞机机位标志，有铺筑面的机坪和除冰坪上设置的飞机机位标志的定位应保证当飞机以鼻轮沿该标志滑行时能分别保持表 2.12 规定的净距。机坪停放飞机的净距应不小于表 2.12 中的规定值。

表 2.12 机坪停放飞机的最小净距 单位：m

飞行区指标Ⅱ	F	E	D	C	B	A
机位上停放的飞机与相邻机位上的飞机以及邻近的建筑物和其他物体之间的净距	7.5	7.5	7.5	4.5	3	3
机坪服务车道边线距停放飞机的净距	3	3	3	3	3	3

飞机机位标志应根据机位构形和其他辅助停机设施的需要设置机位识别标志［字母和（或）数字］、引入线、转弯开始线、转弯线、对准线、停止线和引出线等机位标志，如图 2.20 所示。

2．飞机机位标志的设计

飞机机位号码识别标志应设在引入线起端后一小段距离处，采用黄色背景黑色字符，其高度应足以从使用该机位的飞机驾驶舱内看清楚，如图 2.21 所示。浅色道面上的识别标志应设黑色边框。

飞机机位识别号码标志轴线与滑行道或机位滑行通道形成 45°～ 75°角，如图 2.22（a）所示。

1）引入线

引入线提供从机坪滑行道滑行到飞机机位的引导，帮助滑行的飞机保持与机坪上其他飞机的净距。引入线为黄色连续实线，宽度不小于 0.15m，浅色道面上的标志宜设不小于 0.05m 的黑边。

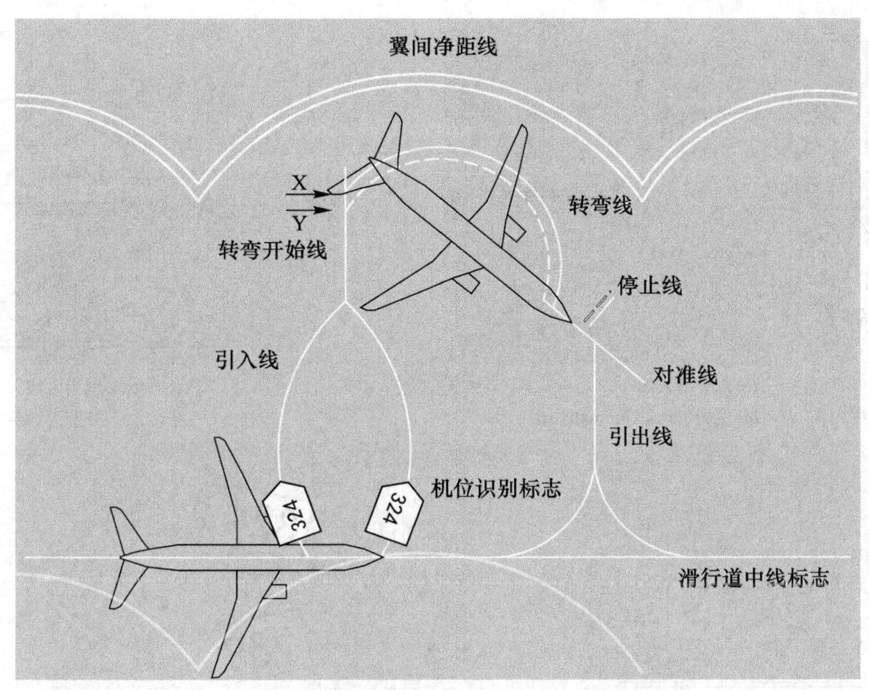

图 2.20　飞机斜置式机位标志示意图

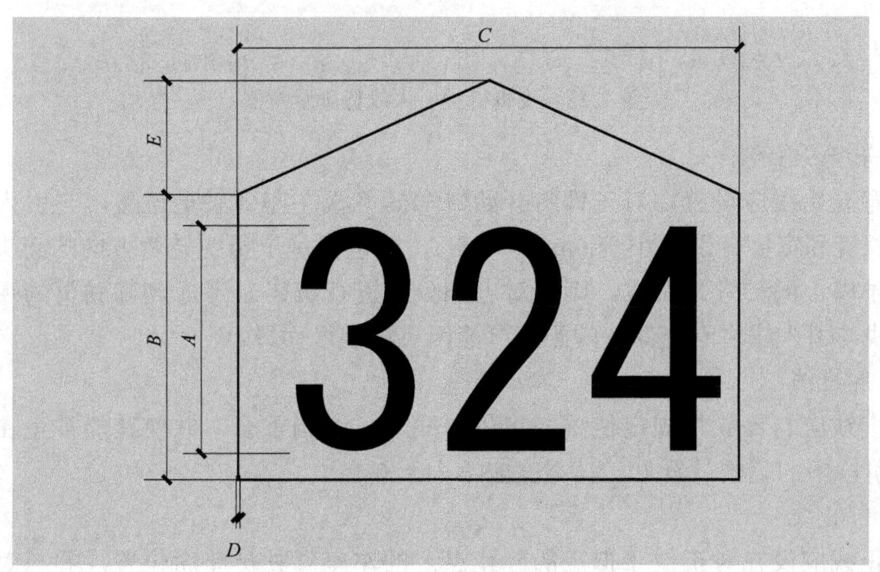

图 2.21　飞机机位编号标志尺寸

注：*A* 为 4m，*B* 为 5m，*C* 随字符宽度而定，*D* 为 0.1m，*E* 为 2m。如果空间受限，*A*、*B*、*E* 可缩小一半。

引入线可分为 A 型引入线、B 型引入线、C 型引入线、D 型引入线四种，如图 2.22 所示。机场管理机构应根据实际情况选择合适的引入线（飞机单向运行的仅画设相应的引入线）。

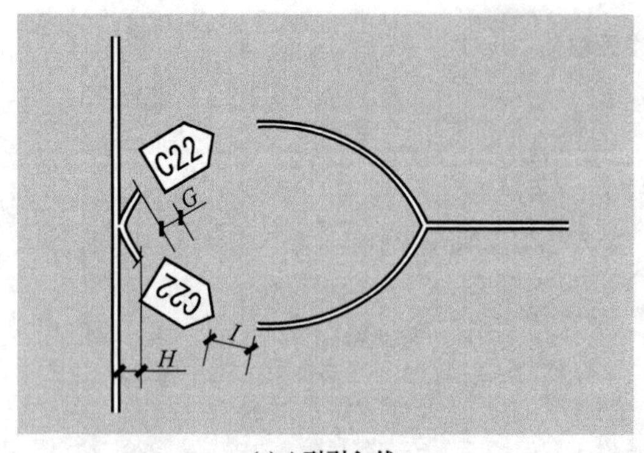

(a) A型引入线

注：G、H、I分别为0.5m、0.5m和1m。

(b) B型引入线

注：J、K分别为1m和2m。

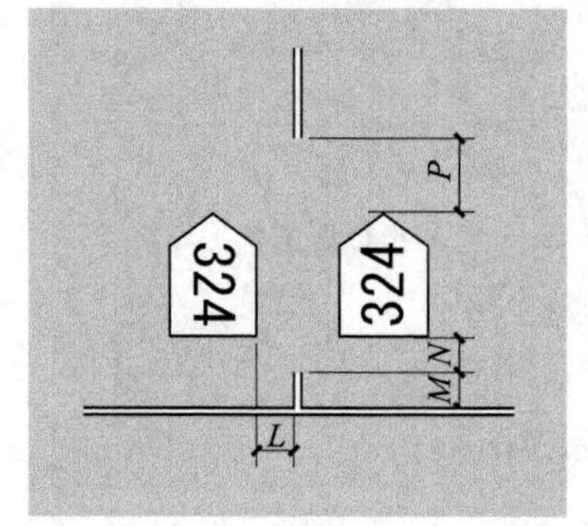

(c) C型引入线

注：L、M、N、P分别为1m、1m、1m、2m。

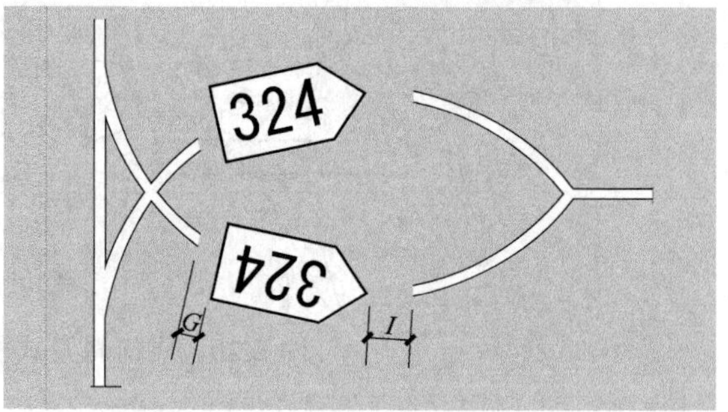

(d) D型引入线

注：G、I分别为0.5m、1m。

图 2.22 飞机机位引入线标志示意图

2）转弯开始线

转弯开始线应设置在对正即将开始转弯的飞机左座驾驶员位置，与引入线成直角，其长度和宽度分别不小于 6m 和 0.15m，并包括一个指明转弯方向的箭头。如果需要一条以上的转弯开始线，则应对它们分别进行编码。考虑到驾驶员的视野，转弯开始线与引入线之间应保持的距离可能因飞机型号而异。

3）对准线

对准线应与停放在规定位置的飞机中线延长线相重合，并使其能被正在停机操作最后阶段中的驾驶员看见，其宽度应不小于 0.15m。

4）停止线

停止线应设在对正位于拟定的停止点上的左座驾驶员座席位置，并与对准线成直角，其长度应不小于 2m，宽度应不小于 0.15m。如果需要一条以上停止线，应对其分别进行编码。

机位停止线旁应标注停放机型的编码，机型编码文字采用黄色，字高宜为 0.2 ～ 0.3m，字符宽度可按信息标志的比例缩小，文字方向宜与飞机停放方向相反，如图 2.23 所示。

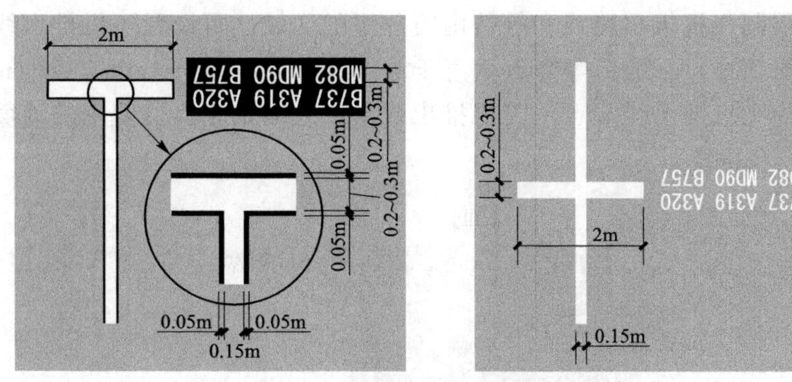

图 2.23　飞机机位停止线标志示意图

5）转弯线和引出线

转弯线和引出线应为连续实线，线条宽度不小于 0.15m，浅色道面上的标志宜设不小于 0.05m 的黑边。引入线、转弯线和引出线的转弯半径应适用于拟使用这些标志的要求最严格的飞机。

3. 组合飞机机位标志

为了能更加灵活地使用机坪，同一机位上允许设置为不同机型服务的两套或三套飞机机位标志。机位引入线包括一条主线和几条辅线，在每一条辅线上的机位识别号码标志的后面分别增加一个识别字母 L 和 R，即分别表示位于主线的左侧和右侧。每个线段长 2m，间隔 2m。主线为连续线，为对机位要求最严格的飞机使用，辅线为断续线，如图 2.24 所示。

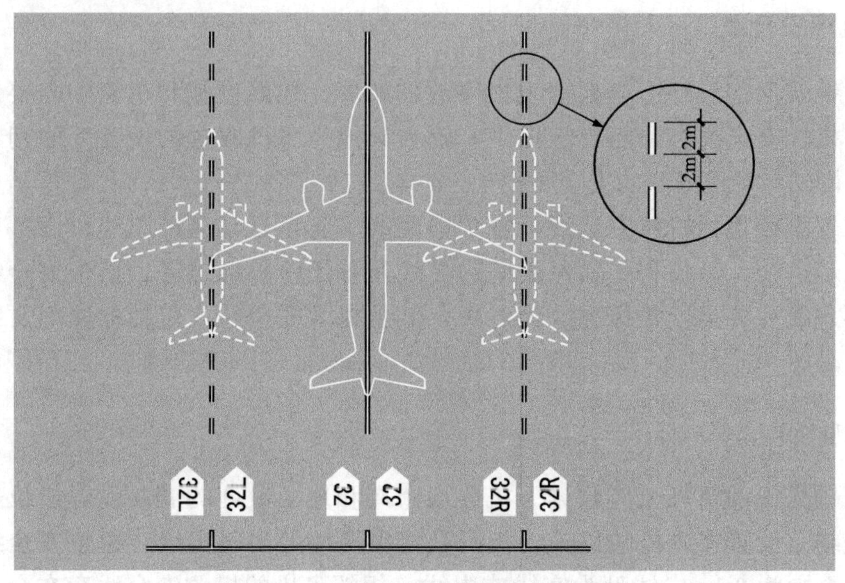

图 2.24　组合飞机机位标志线示意图

在需严格限制飞机推出路线和等待滑行位置的区域，可设置飞机推出线和推出等待点标志（图 2.25）。推出等待点垂直于推出线方向，线长 1m，间隔 1m，设置在靠近滑行道的飞机推出线端点。飞机推出线是供地面勤务人员使用的地面标志，为 0.15m 宽的白色虚线。

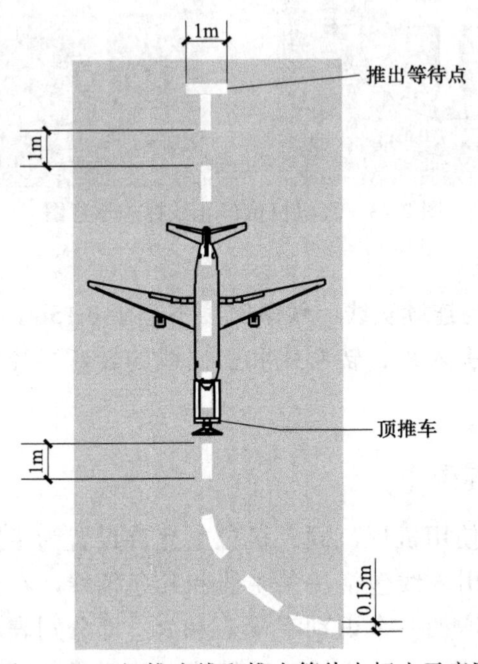

图 2.25 飞机推出线和推出等待点标志示意图

2.4.2 机坪安全线

在有铺筑面的机坪上应根据飞机停放的布局、地面设施和车辆的需要设置机坪安全线。机坪安全线必须能规定出供车辆和其他为飞机服务的设备等使用的地区范围，以保持其与飞机隔开的安全距离。

机坪安全线包括机位安全线、翼尖净距线、廊桥活动区标志线、服务车路边界线、行人步道线、设备和车辆停放区边界线及各类栓井标志等。机位安全线、廊桥活动区标志线和各类栓井标志应为红色，其他机坪安全线（包括标注的文字符号）均为白色。

1．机位安全线

在有铺筑面的机坪上应根据飞机停放布局和地面设施的需要设置机位安全线。机位安全线是设置在飞机的机头、机身及机翼两侧的多段折线。机位安全线应为红色，线宽至少为 0.1m，线型为实线或虚线。相邻飞机的机位安全线存在交叉时，交叉部分的机位安全线应为虚线，虚线内部由 45°倾斜的等距平行红色直线段填充，线段宽 0.1m，红线间净距 2m。自滑进、顶推出的机位安全线除上述交叉部位为虚线外，其余均为实线，如图 2.26、图 2.27 所示。自滑进出的机位安全线由实线和虚线或只由实线组成，如图 2.28、图 2.29 所示。

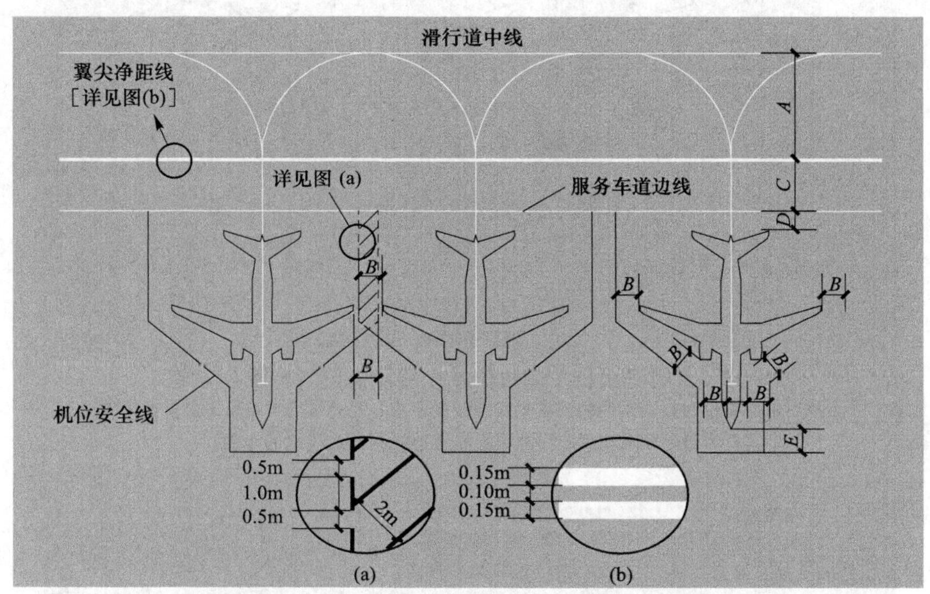

图 2.26　自滑进、顶推出机位安全线示意图（有服务车道）

注：*A* 为滑行道或机位滑行通道中线到翼尖净距线的距离；*B* 为飞机与相邻飞机及物体的净距；*C* 为服务车道宽度；*D* 为服务车道边线距停放飞机的净距；*E* 为机头的安全净距。

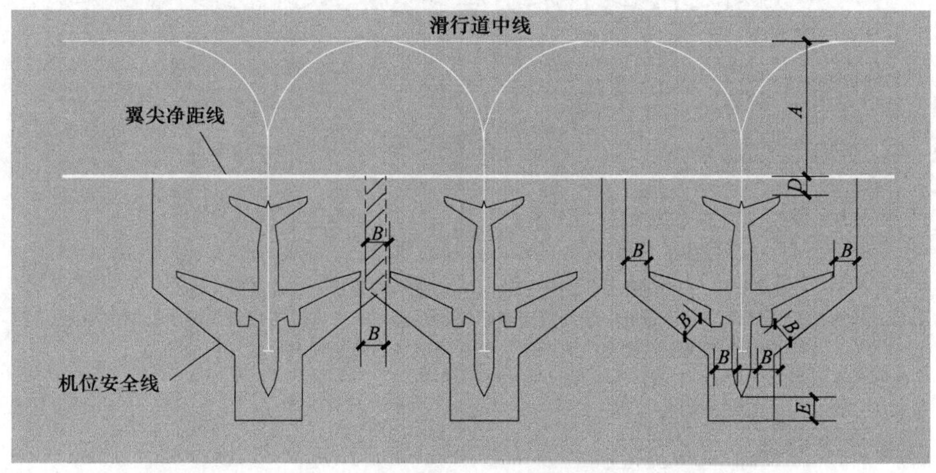

图 2.27　自滑进、顶推出机位安全线示意图（无服务车道）

注：*A* 为滑行道或机位滑行通道中线到翼尖净距线的距离；*B* 为飞机与相邻飞机及物体的净距；*D* 为翼尖净距线距停放飞机的净距；*E* 为机头的安全净距。

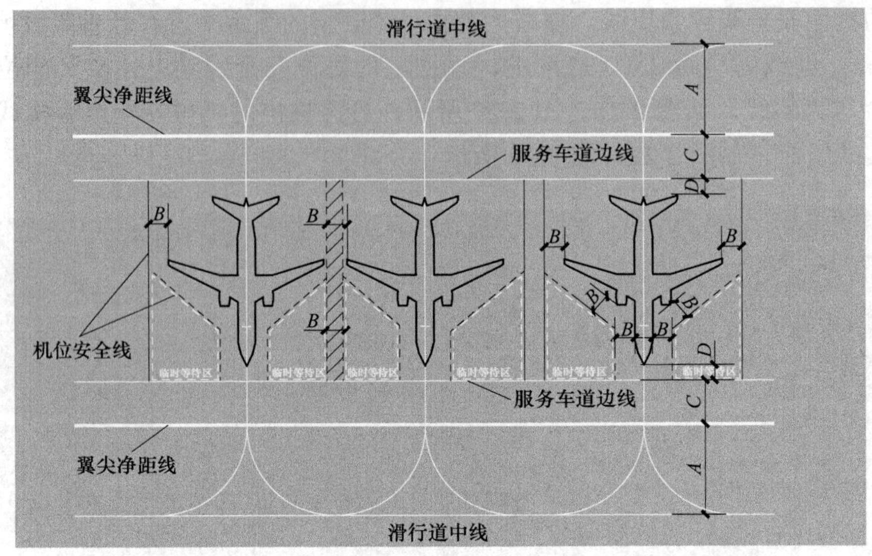

图 2.28　自滑进出机位的机位安全线示意图（有服务车道）

注：*A* 为滑行道或机位滑行通道中线到翼尖净距线的距离；*B* 为飞机与相邻飞机及物体的净距；*C* 为服务车道宽度；*D* 为服务车道边线距停放飞机的净距。

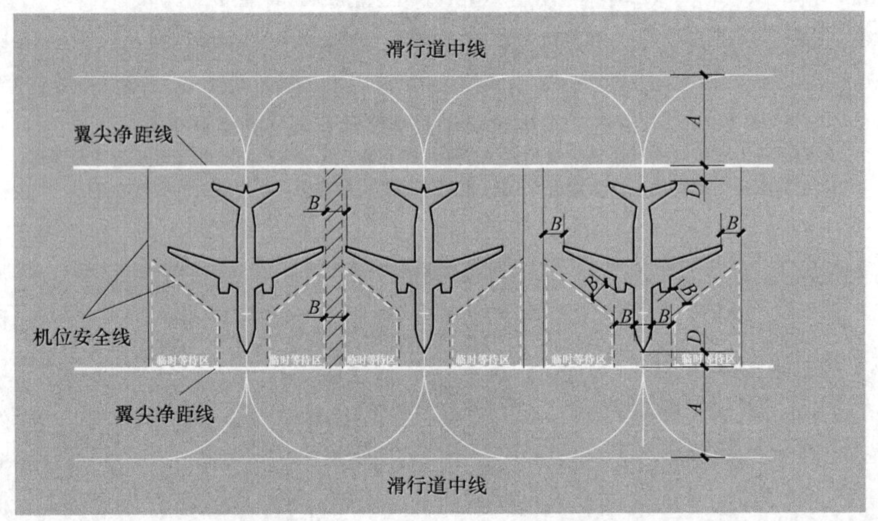

图 2.29　自滑进出机位的机位安全线示意图（无服务车道）

注：*A* 为滑行道或机位滑行通道中线到翼尖净距线的距离；*B* 为飞机与相邻飞机及物体的净距；*D* 为翼尖净距线距停放飞机的净距，要求同服务车道边线与停放飞机的净距。

2．翼尖净距线

为减少服务车辆、保障设备及作业人员等对滑行飞机的干扰，保证机坪滑行道上飞机的运行安全，应设置翼尖净距线。翼尖净距线为白色双实线，其线宽为

0.15m，间距为 0.1m。

3．行人步道线标志

行人步道线标志的设置位置和宽度宜根据行人横穿道路的实际需要确定。视距受限制的路段及急弯陡坡等危险路段和车行道宽度渐变路段，不应设置行人步道线标志。行人步道线标志（图 2.30）为白色平行粗实线（斑马线），是表示准许行人横穿车行道的标线。

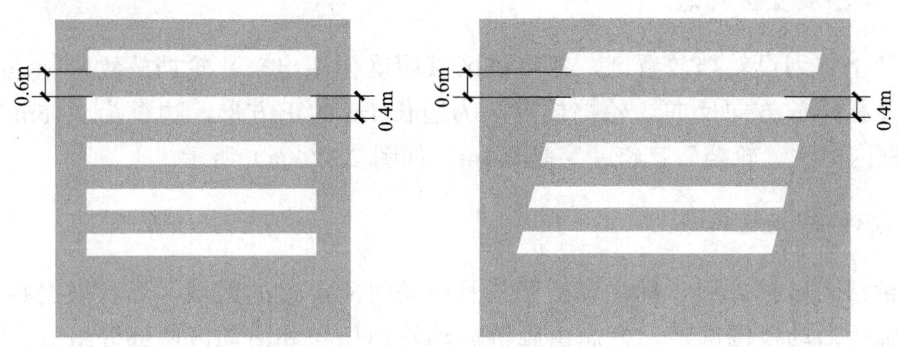

图 2.30　行人步道线标志

4．机坪上的栓井标志

机坪上的各类栓井应予以标示。

消防栓井标志［图 2.31（a）］采用正方形标示，边长为消防栓井直径加 0.4m，正方形内除井盖外均涂成红色。栓井标志外 0.2m 的范围内应涂设栓井编号，编号可视情况自行确定。

加油栓井和其他栓井标志［图 2.31（b）］采用红色圆圈标示，圆圈外径为栓井直径加 0.4m，圆圈宽度应为 0.2m。栓井标志外 0.2m 的范围内应涂设栓井编号，编号可视情况自行确定。

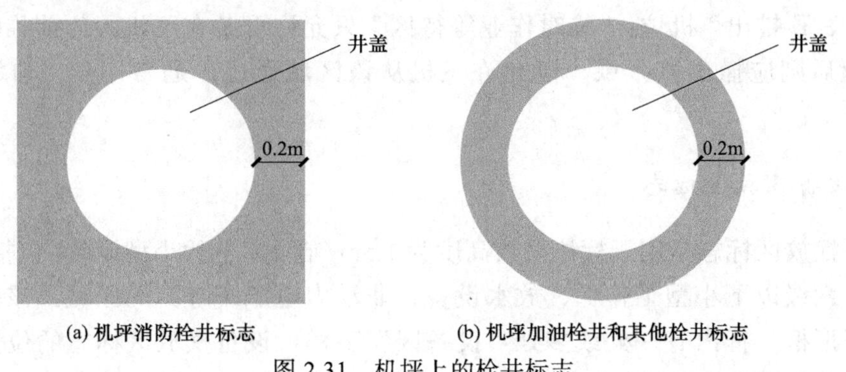

(a) 机坪消防栓井标志　　(b) 机坪加油栓井和其他栓井标志

图 2.31　机坪上的栓井标志

2.4.3 机坪设备区停放标志

机坪设备区停放标志包括轮挡放置区标志，廊桥活动区标志，作业等待区标志，设备摆放区标志，特种车辆停车位标志，集装箱、托盘摆放区标志，车辆中转区标志，如图 2.32 所示。

设备区内标注的文字符号颜色应采用白色，字体为黑体。

1. 轮挡放置区标志

机坪上宜划设轮挡放置区，并将该区域明确标注出来。轮挡放置区标志文字方向应与飞机停放方向反向。轮挡放置区为边长 1m 的正方形，边框为 0.15m 宽的实线，方框内标注“轮挡”字符，字高 0.5m，如图 2.32（a）所示。

2. 廊桥活动区标志

廊桥活动区标志用于标注廊桥停放及活动时所经过的区域，形状根据廊桥厂家提供的廊桥活动范围确定，标志由廊桥驱动轮回位点和活动区两部分组成。该区域四周为 0.1 ～ 0.15m 宽的红色实线，内部标志由 45° 倾斜的等距平行红色直线段组成，线段宽 0.1 ～ 0.15m，红线间净距 2m。

廊桥驱动轮回位点使用空心圆，圆圈直径为 3m，如图 2.32（b）所示。其他机坪安全线与廊桥活动区相交时，其他机坪安全线应断开，廊桥活动区标志连续。

3. 作业等待区标志

机坪上可划设作业等待区，用以规范飞机入位前各类作业设备的等待停放位置。作业等待区分为“常规作业等待区”和“临时作业等待区”两种形式，如图 2.32（c）所示。“常规作业等待区”允许设备在飞机进、出机位期间持续停放，通常用于“自滑进、顶推出”机位；“临时作业等待区”只允许设备在飞机入位前临时停放，完成作业后则应撤出该区域，以允许飞机从该区域通过，通常用于“自滑进出”机位。

4. 设备摆放区标志

设备摆放区标志是用于标注摆放高度为 1.5m（含）以下的小型设备（包括氮气瓶、千斤顶、六级以下小型工作梯、放水设备、非动力电源车等）的区域。该区域标志为白色矩形框，框内有一处或多处“设备区”字样。设备摆放区标志的位置、形状和尺寸应根据使用部门的方案布置，如图 2.32（d）所示。

5．特种车辆停车位标志

特种车辆停车位标志应为白色矩形，矩形大小应根据摆放车辆确定，矩形内应标注“×× 车”字样。若对车辆停车方向有特殊要求，应增设停车方向指引标志，如图 2.32（e）所示。矩形尺寸可参考示例，如表 2.13 所示。

6．集装箱、托盘摆放区标志

集装箱、托盘摆放区标志用于标注供托盘及集装箱长期停放的区域。该区域标志为矩形，内部有平行于对边的等距线段，如图 2.32（f）所示。

7．车辆中转区标志

在机位区域保障作业等待区空间不足的情况下，宜在附近机坪寻找适合位置设置车辆中转区，供保障车辆临时停放。该区域一般为矩形，内部有一处或多处“车辆中转区”文字标注，如图 2.32（g）所示。

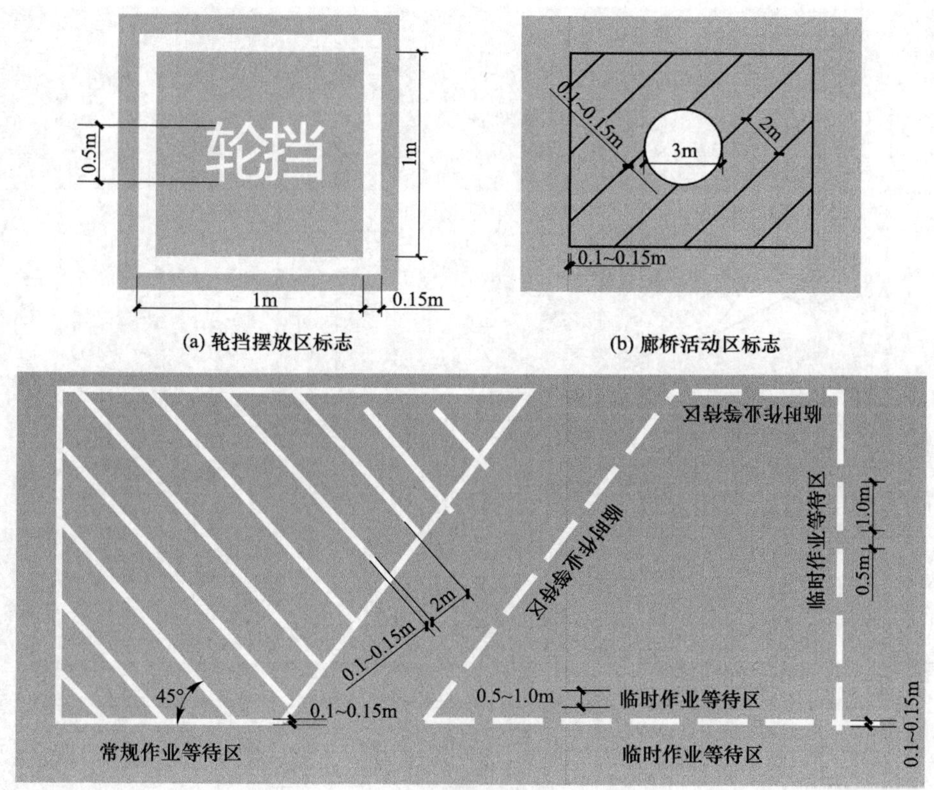

(c) 作业等待区标志

图 2.32　机坪设备区停放标志示意图

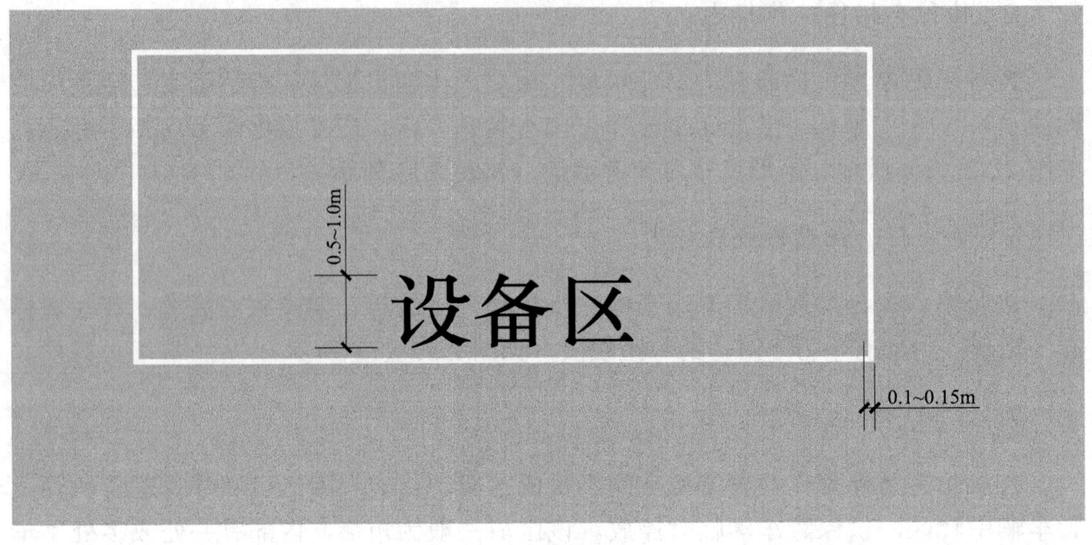

(d) 设备摆放区标志

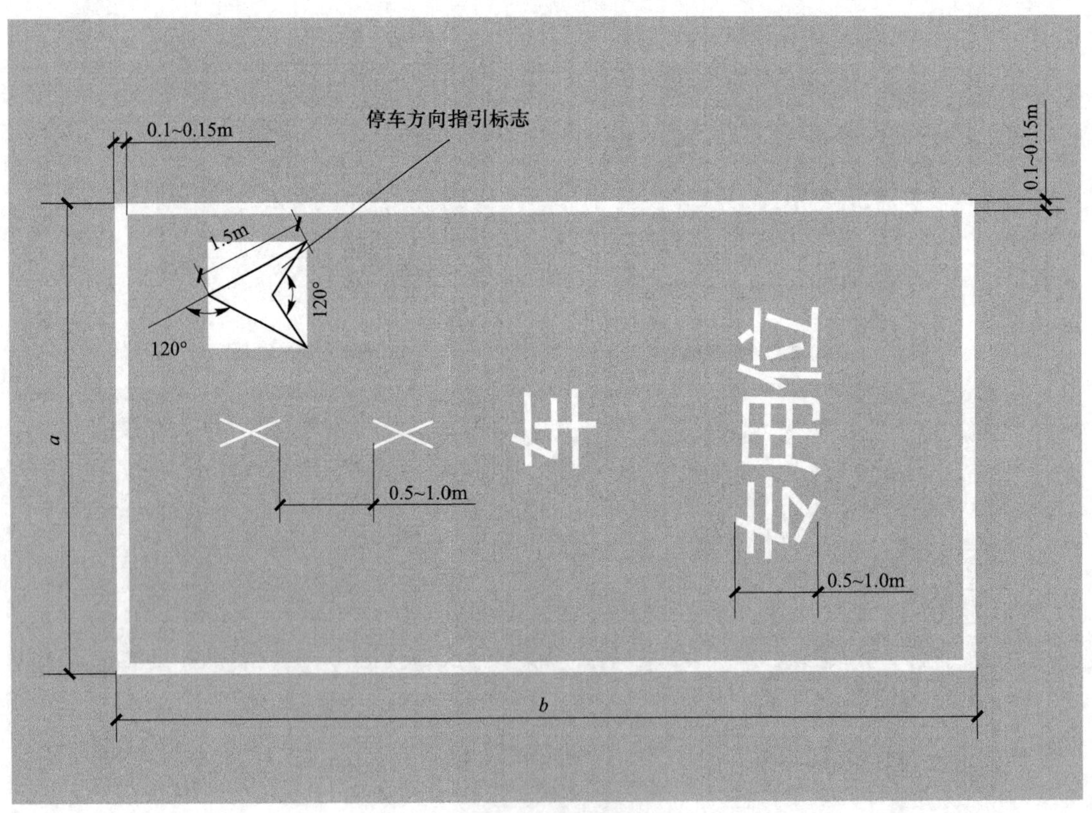

(e) 特种车辆停车位标志

图 2.32（续）

(f) 集装箱、托盘摆放区标志

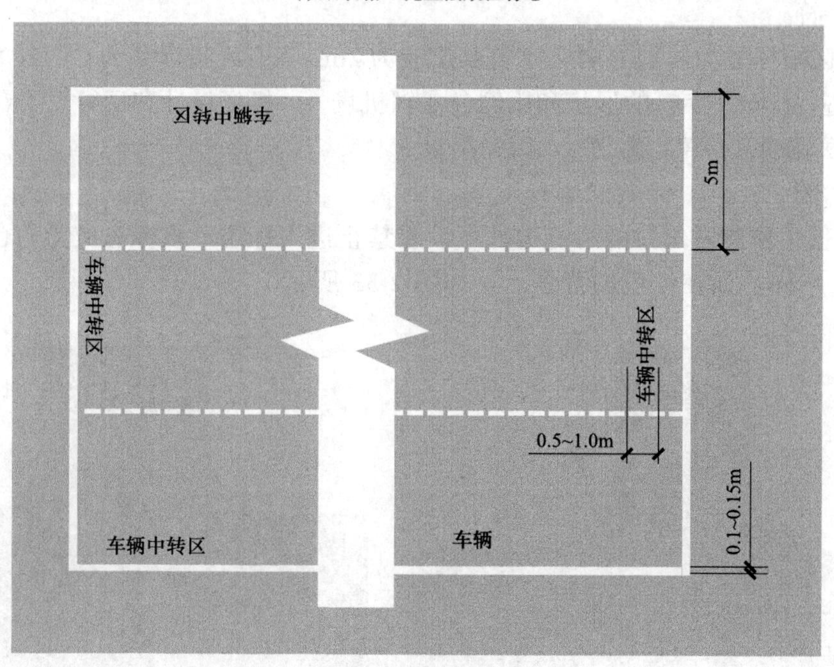

(g) 车辆中转区标志

图 2.32（续）

2.4.4　强制性指令标志

1．强制性指令标志的设置位置

在无法按照要求安装强制性指令标记牌处，应在铺筑面上设置强制性指令标志。在运行需要，且宽度超过 60m 的滑行道上，或为协助防止跑道侵入时，宜设置强制性指令标志作为强制性指令标记牌的补充。除非运行需要，否则强制性指令标志不应设在跑道上。

2．强制性指令标志的设计

1）颜色

强制性指令标志要传达的信息非常重要，务必要引起驾驶员的高度重视，所以采用的是对比强烈的红色和白色。

强制性指令标志为红底白字，除禁止进入标志外，白色字符应提供与相关的标记牌相同的信息。在标志与铺筑面的颜色反差不明显之处，应在强制性指令标志的周边加上适当的边框，边框宜为白色或黑色。标志的底色应为长方形，并应在横向和垂直方向从字符的最凸出部分向外扩展至少 0.5m。

2）字符

飞行区指标Ⅱ为 A 或 B 时，字符高度应为 2m；飞行区指标Ⅱ为 C、D、E 或 F 时，字符高度应为 4m，字符的形状和比例参考《机场——机场设计和运行》（《国际民用航空公约》附件 14 第Ⅰ卷，第八版）附录 3。

3）示例

（1）仅用作跑道出口的滑行道处可设置禁止进入标志，该标志应为白色的“NO ENTRY”字样，设在红色的背景上，如图 2.33 所示。

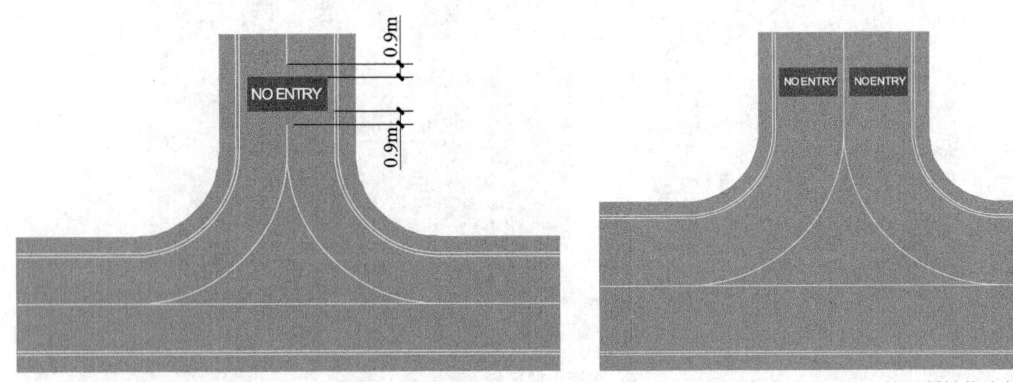

(a) 滑行道宽度小于23m的强制性指令标志　(b) 滑行道宽度不小于23m的强制性指令标志

图 2.33　强制性指令标志（禁止进入标志）

（2）滑行道宽度小于 23m 的强制性指令标志如图 2.33（a）和图 2.34（a）所示，按距滑行道中线两侧距离相等横设在滑行道上和跑道等待位置标志的停机等待一侧；滑行道宽度不小于 23m 的强制性指令标志如图 2.33（b）和图 2.34（b）所示，设在滑行道中线标志的两侧、跑道等待位置标志的停机等待一侧。标志的边界距离滑行道中线标志和跑道等待位置标志应不小于 1m。

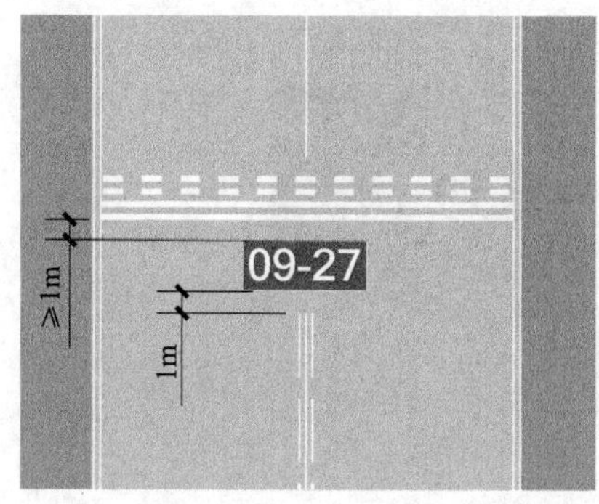

(a) 滑行道宽度小于23m的强制性指令标志

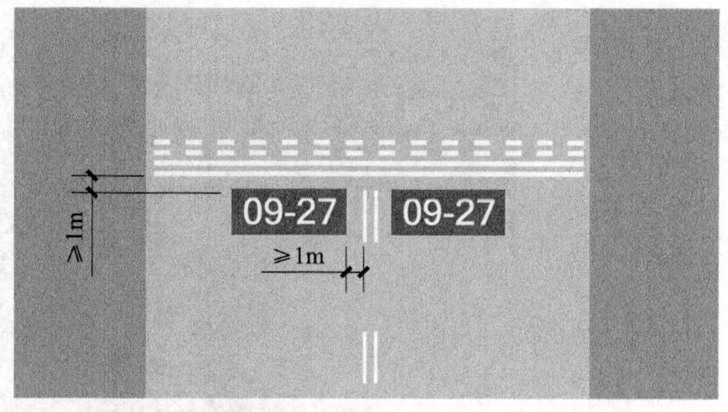

(b) 滑行道宽度不小于23m的强制性指令标志

图 2.34　强制性指令标志（跑道号码）

（3）当两条滑行道交叉于一条跑道时，强制性指令标志可仅显示这一侧的跑道号码，如图 2.35（a）所示；当三条滑行道交叉于一条跑道时，强制性指令标志的设置如图 2.35（b）所示。

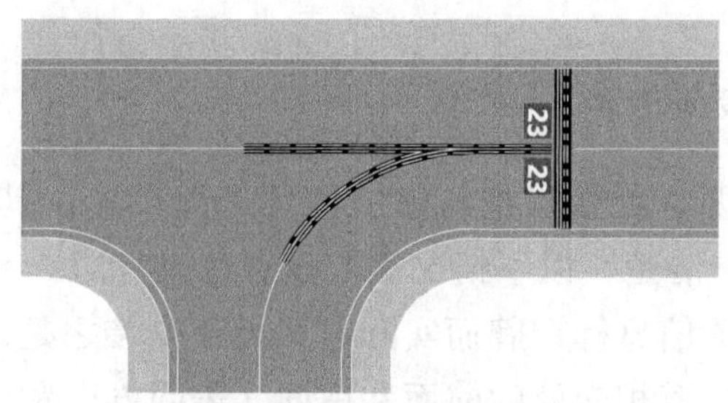

(a) 两条滑行道交叉于一条跑道时

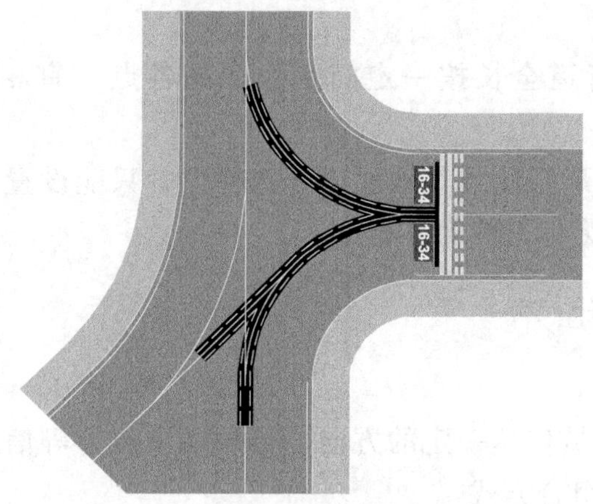

(b) 三条滑行道交叉于一条跑道时

图 2.35　强制性指令标志（滑行道交叉处）

（4）弯曲型跑道等待位置标志及强制性指令标志的设置如图 2.36 所示。

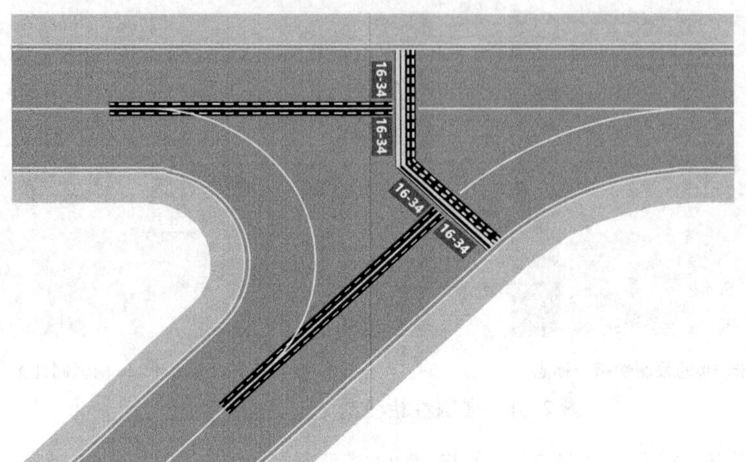

图 2.36 弯曲型跑道等待位置标志及强制性指令标志

2.4.5 信息标志

1．信息标志的设置位置

信息标志应在需要之处横贯滑行道或机坪道面设置，其位置应能使在趋近的飞机驾驶舱内的驾驶员看清楚。以下情况需要设置信息标志。

（1）通常要求设置信息标记牌而实际上又无法安装之处。

（2）在复杂的滑行道相交处的前面和后面（表明方向和位置），如图 2.37 所示。

（3）在运行经验表明增设一个滑行道位置标志可能有助于驾驶员的地面滑行之处。

（4）在很长的滑行道全长按一定间距划分的各点，宜相距 300 ～ 500m，如图 2.38 所示。

因受净距要求、地形限制或其他原因导致标记牌只能设置在滑行道右侧时，宜在地面设置信息标志作为标记牌的补充。

2．信息标志的设计

1）颜色

信息标志要向驾驶员传达一定的方向、目的地和位置等信息，采用的颜色为黄色和黑色，有以下两种组合方式。

（1）替代或补充位置标记牌时，采用黑色背景上的黄色字符。

（2）替代或补充方向标记牌或目的地标记牌时，采用黄色背景上的黑色字符。

在标志的背景颜色与铺筑面颜色反差不足之处，应增加一个颜色与字符相同的边框，即字符为黑色时设置一个黑色的边框，字符为黄色时设置一个黄色的边框。

2）字符

字符高度为 4m，字符的比例和样式要求同强制性指令标志。确因条件限制，可缩短尺寸，但不应小于标准尺寸的一半。箭头应设置在字符两侧或上方，按需要以 45°设置或平行设置，长度宜为 2m。

滑行道中线两侧宜最多设置两套地面标志，以不超出道面宽度为准；如需要设置更多，可将指明去往近处的标志设置在飞机行进方向的下方，远处的则设置在飞机行进的前方。最靠近滑行道中线的字符距离该滑行道中线应为 1m，并且该字符与左、下边框（未设边框的为底色边缘）和箭头尾部的距离均应为 0.5m。

3）示例

（1）信息标志设置实例如图 2.37 和图 2.38 所示。

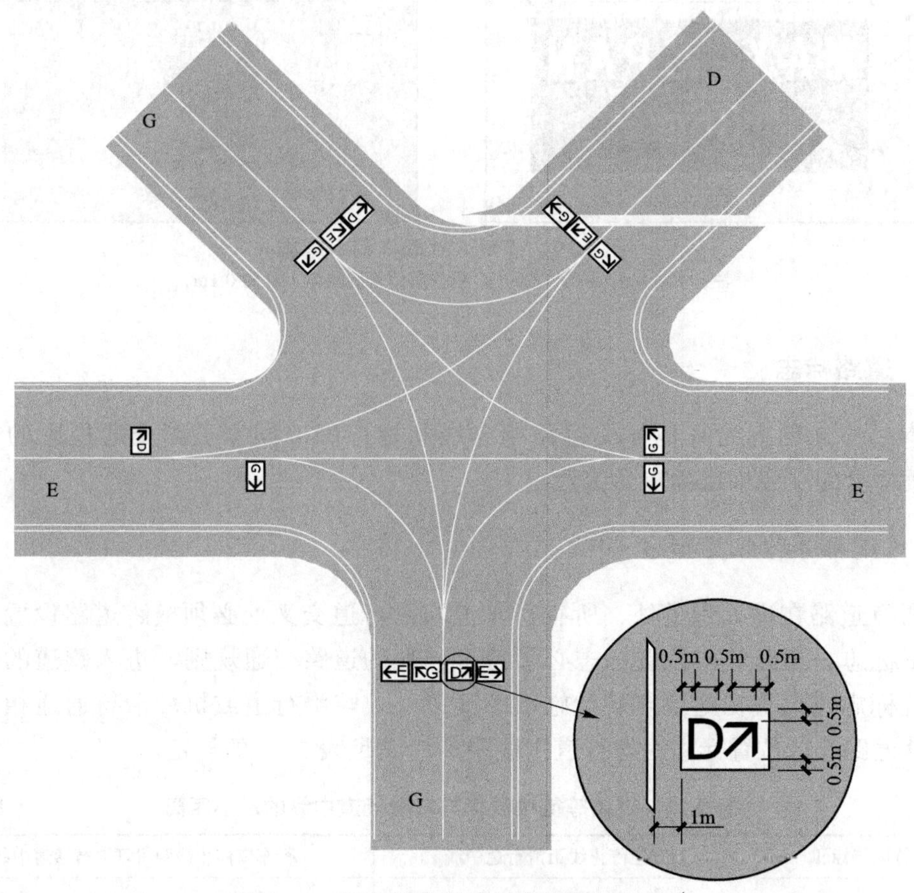

图 2.37　复杂的滑行道相交处信息标志

注：不允许飞机滑行的路线，则不应划设相应的滑行道中线，也不应提供相应的方向引导标志。

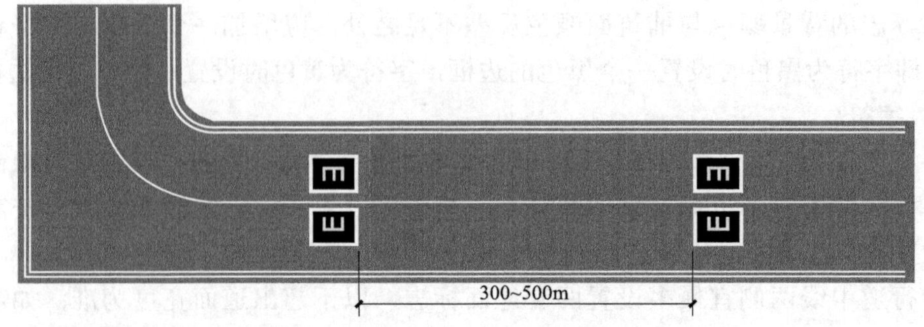

图 2.38 在很长的滑行道全长按一定间距设置位置标志

（2）当在滑行道或机位滑行通道上设置“MAX SPAN”（最大翼展）标志以防止飞机误滑时，应将其设置在进入该滑行道或机位滑行通道起始处，如图 2.39 所示（深色道面可不设黑色底色）。

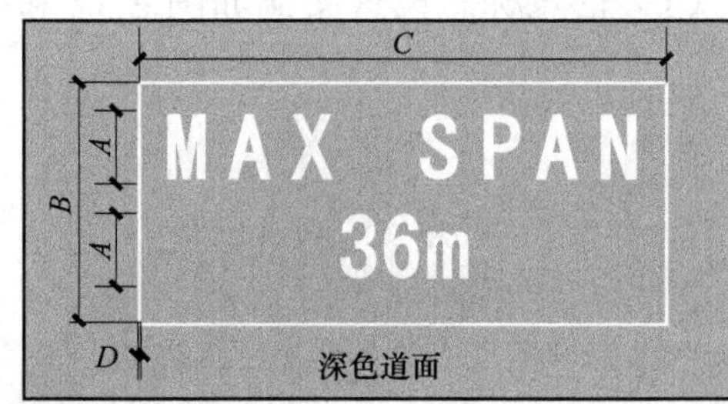

图 2.39 “最大翼展”信息标志

注：*A* 为 4m，*B* 为 9.5m，*C* 根据具体情况决定，*D* 为 0.1m。

2.4.6 道路标志

本书中未明确的其他各类道路标志线和标记牌以国家道路交通规则的规定为准。机坪上的服务车道标志为白色。

1．道路等待位置标志

所有道路在进入跑道处、所有行车道与滑行道交叉处必须横跨道路设置道路等待位置标志。道路等待位置标志必须符合当地的道路交通规则，进入跑道的道路等待位置标志应设置在跑道导航设施敏感区以外；与滑行道或机坪滑行通道相交的道路，其道路等待位置标志距滑行道中线距离应满足表 2.13 的规定。

表 2.13 道路等待位置标志与滑行道中线的最小距离 单位：m

飞行区指标Ⅱ	行车道停止线距滑行道中线	行车道停止线距机坪滑行通道中线
A	15.5	12
B	20	16.5

续表

飞行区指标Ⅱ	行车道停止线距滑行道中线	行车道停止线距机坪滑行通道中线
C	26	22.5
D	37	33.5
E	43.5	40
F	51	47.5

道路等待位置标志包括停止线及“停”文字，字高 2.5m，宽 1m。为突出显示该位置，文字可设置红色背景。

2．穿滑行道的服务车道边线标志

不与滑行道相交的机动车道边线为连续的实线，线条宽 0.15m；车道分界线为虚线，线条宽 0.15m，长 2m，间隔 4m。

穿滑行道的服务车道边线采用交错布置的白色标志线，白色标志线长 0.5 ～ 1.0m，宽 0.15m，交错布置，如图 2.40 所示。停车线处宜设置地面反光设施。

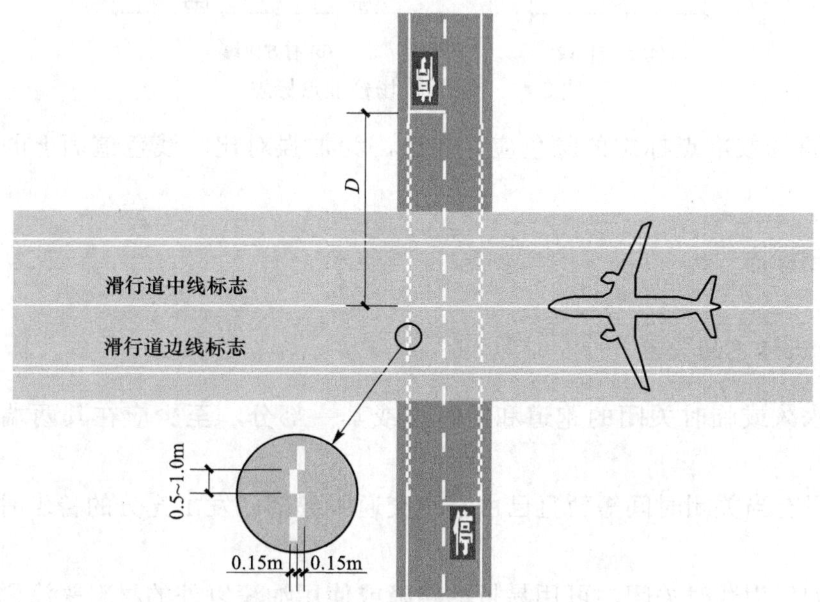

图 2.40　穿滑行道的服务车道边线标志

注：道路等待位置标志与滑行道中线的最小距离 D 应满足表 2.13 的要求。

3．限速标志

在进入机坪服务车道入口 20m 内宜设置地面限速标志，机坪内服务车道限速标志间隔 300 ～ 500m 设置。限速标志为圆形，直径不小于 1.5m，白底黑字，字符高度 1m，外边为宽 0.15m 的红色圆圈。

2.4.7 VOR 机场校准点标志

当设有 VOR 机场校准点时，应设置 VOR 机场校准点标志。VOR 机场校准点标志必须以飞机停稳后能接受正确的 VOR 信号的地点为中心。

VOR 机场校准点标志是一个直径为 6m 的圆，圆周线条宽 0.15m，如图 2.41（a）所示。若要求飞机对准某一特定方向进行校准时，还应通过圆心增设一条直线指向该方向的直径，并伸出圆周 6m 以一个箭头终结，如图 2.41（b）所示。

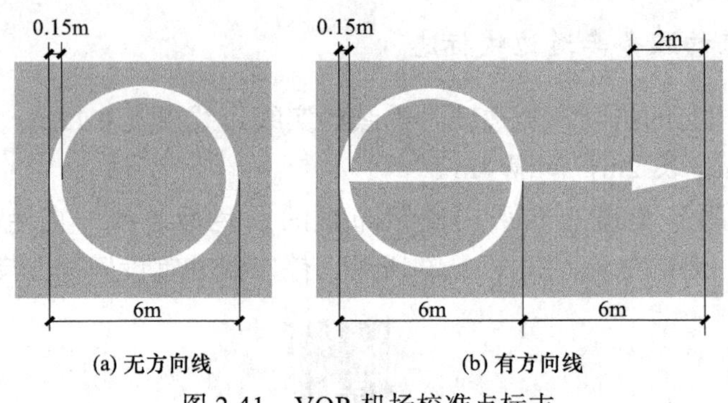

图 2.41　VOR 机场校准点标志

VOR 机场校准点标志的颜色应为白色，为加强对比，浅色道面上的标志应加黑边。

2.4.8 关闭标志

1．关闭标志的设置

（1）永久或临时关闭的跑道和滑行道或其一部分，至少应在其两端设置关闭标志。

（2）只有当关闭时间短暂且已由空中交通服务部门发出充分的警告时才可免设关闭标志。

（3）如仅为暂时关闭，可用易折的路障或使用油漆以外的材料来涂刷或用其他合适的方法来明示该关闭地区。

（4）如果关闭的跑道或平行滑行道长度超过 300m，还应在中间增设关闭标志，关闭标志的间距不大于 300m。

2．关闭标志的尺寸和颜色

关闭标志的最小尺寸如图 2.42 所示，最大尺寸时宽度与关闭的跑道或滑行道等宽，长度按比例放大。跑道上的关闭标志为白色，划设在浅色道面上的关闭标志宜加黑边；滑行道上的关闭标志应为黄色。

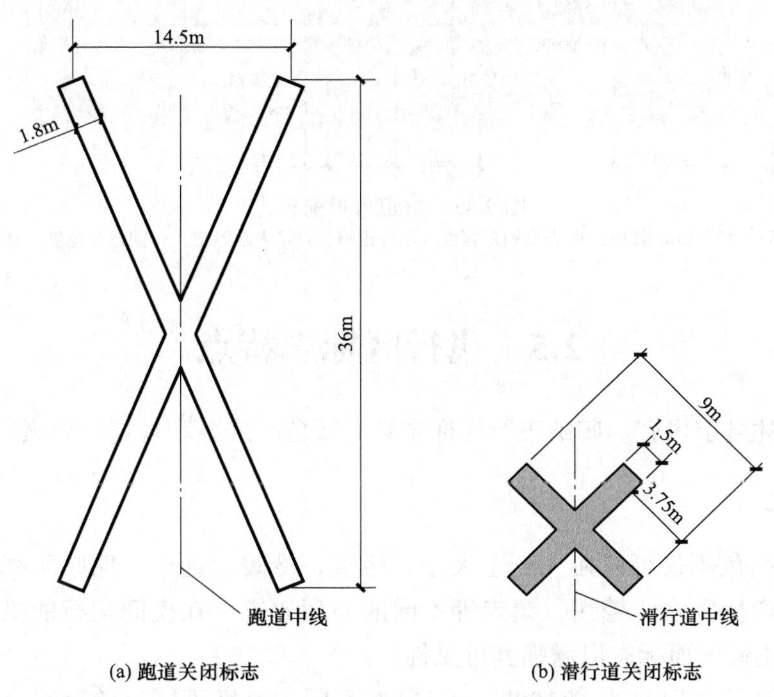

(a) 跑道关闭标志　(b) 滑行道关闭标志

图 2.42　跑道关闭标志和滑行道关闭标志

3．使用关闭标志时的注意事项

（1）当跑道和滑行道或其一部分为永久关闭时，应涂抹掉所有正常使用的跑道和滑行道标志。

（2）除因维护目的所需外，已关闭的跑道和滑行道或其一部分上的灯光不得再开启运行。

（3）当关闭的跑道和滑行道或其一部分与可供夜间使用的跑道或滑行道相交时，除关闭标志外，在横贯被关闭地区的进口处应设置间距不超过 3m 的不适用地区标志灯。

2.4.9　跑道入口前标志

当跑道入口前设有长度超过 60m 的铺筑面，且不适于飞机的正常使用时，应在跑道入口前的全长用“＞”形符号予以标志，如图 2.43 所示。“＞”形符号应指向跑道方向，颜色为黄色，线条宽度至少为 0.9m。当铺筑面长度不足 60m 时，其表面颜色宜与跑道表面颜色有显著区别。

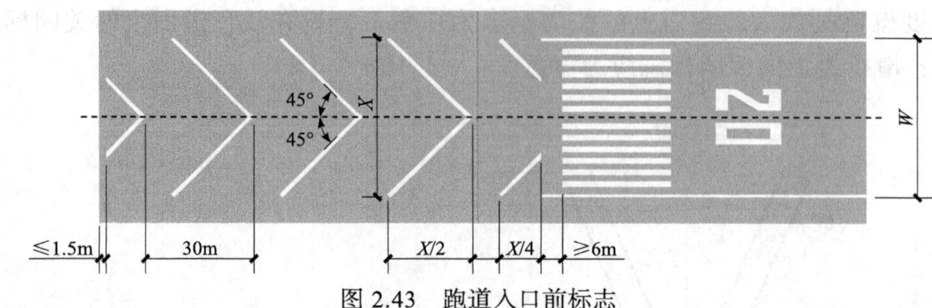

图 2.43　跑道入口前标志

注：$0 \leqslant W-X \leqslant 15$m，其中：$W$ 表示跑道宽度（不含道肩），X 表示跑道入口前标志宽度（宜 $X=W$）。

2.5　飞行区标志特点

综合上述各节内容，归纳飞行区标志具有颜色、线条和规格三要素。

1．颜色

不同的颜色不仅可以使人产生大小、轻重、冷暖、远近、明暗等视觉效果，还能引起人们产生危险、警惕、镇定等不同的心理效应。在夜间运行的机场内，宜用反光材料涂刷铺筑面标志以增强其可见性。

飞机刚要着陆时至少有 100km/h（机型不同，速度不同）的速度，如此高的速度要求飞行员时刻保持警惕，以防危险的发生，因此，跑道标志为显眼的白色。另外，跑道关闭标志、VOR 机场校准点标志、机坪安全线中的行人步道线、设备和车辆停放区边界线、供机动车使用的道路路面标志，以及穿滑行道的服务车道边线均为白色。

飞机脱离繁忙的跑道进入滑行道后速度已大大降低，相对比较安全，因此，滑行道标志的颜色采用具有一定警示作用的黄色。滑行道关闭标志、跑道入口前限制标志和机位标志也均为黄色，信息标志为黄底黑字（信息标志补充位置标记牌时为黑底黄字）。

翼尖净距线、廊桥活动区标志线及各类栓井标志为传达危险和禁止的信息而采用红色。

2．线条

机场场道标志的线条主要由字符、数字和线段、弧线段及其组合构成。跑道标志可用无空隙的整块组成，也可由能够提供等量效果的一系列纵向线条组成。例如，跑道号码标志由数字或数字与字母组成；跑道入口标志为一组线段；跑道中线标志为间断的线段；跑道边线标志为连续线段；两类跑道等待位置标志是由不同长度的线段构成的“梯子”型和“梳子”型。

滑行道中线标志和滑行道边线标志均为连续线条。

1）跑道与跑道相交处边线的处理

两条跑道相交处，应显示较重要的那条跑道的标志，另一条跑道的所有标志应予中断。跑道重要性的顺序为精密进近跑道、非精密进近跑道、非仪表跑道。在跑道与跑道掉头坪的连接处，跑道边线标志应连续不断。

2）跑道和滑行道相交处边线的处理

在跑道与滑行道相交处，应显示除跑道边线外的所有跑道标志，而滑行道的各种标志应中断。

3．规格

机场场道标志的规格与标志的类别密切相关。

跑道一般比滑行道宽得多，因此，跑道标志也比滑行道标志宽。例如，跑道中线标志的宽度不低于 0.3m，而滑行道中线标志宽度不低于 0.15m。

不同级别的跑道，标志宽度也有不同。例如，在Ⅱ类、Ⅲ类精密进近跑道上，线段的宽度不小于 0.9m；在Ⅰ类精密进近跑道上及飞行区指标Ⅰ为 3 或 4 的非精密进近跑道上，线段的宽度不小于 0.45m；飞行区指标Ⅰ为 1 或 2 的非精密进近跑道和非仪表跑道上，线段的宽度不小于 0.3m。跑道宽度为 30m 或大于 30m 时，跑道边线标志的线条宽度应至少为 0.9m，在较窄的跑道上，线条宽度应至少为 0.45m。

一般由飞行区管理部落实地面标志的巡视和预防性维护制度，确保地面标志等目视助航设施始终处于适用状态。

在浅色道面上的标志可以采用加背景、加边和加边框的方式来增强颜色对比。例如，跑道标志为白色，可加黑边增加对比；VOR 机场校准点标志为白色，可加黑边增加对比；滑行道中线标志为黄色，可加黑边增加对比；跑道等待位置标志为黄色，可加黑色背景增加对比；飞机机位标志为黄色背景黑色文字，可加黄色框来增加对比，若是黑色背景黄色文字就应加黑色框来增加颜色对比。

本章小结

本章介绍了机场场道及其标志的定义与分类。详细介绍了各种标志的三要素，即颜色、线条和规格，通过示例介绍了标志的设计和设置原则，详细资料可参考《民用机场飞行区技术标准》（MH 5001—2021）和《机场——机场设计和运行》（《国际民用航空公约》附件 14 第Ⅰ卷，第八版）等相关章节。

思 考 题

1．滑行道编号的基本原则有哪些？

2．什么是跑道和滑行道？

3．跑道标志包括哪几种？位置及尺寸有何要求？

4．跑道号码标志为34L，它的具体含义是什么？在跑道另一侧的号码标志是什么？

5．跑道号码标志为02R，它的具体含义是什么？在跑道另一侧的号码标志是什么？

6．滑行道标志包括哪几种？位置及尺寸有何要求？

7．增强型滑行道中线标志的设置原则有哪些？

8．跑道标志和跑道上标志的区别是什么？

9．跑道入口内移时各种标志该如何设置？

10．除上述标志外，飞行区内还有哪些标志？位置及尺寸有何要求？

11．试设计4E跑道和滑行道，以及跑道和滑行道标志系统。

12．上网查找你知道的机场的参数，包括跑道等级、号码标志、长度、进近等级等，输出俯视图。

助航灯光

机场目视助航灯光与地面标志一样，都是引导飞机安全进场着陆的工程设施，尤其在飞机夜航和低能见度条件下，机场目视助航灯光系统发挥的作用更是不可替代。

机场附近可能危及航空器安全的非助航灯光必须予以熄灭、遮蔽或改装，以消除危险的来源。

3.1 助航灯光概述

机场目视助航灯光系统由进近灯光系统、跑道灯光系统、滑行道灯光系统和其他灯光系统组成。国际民用航空组织对各类灯具的光学性能都作出明确规定。各类灯光通过其构形、颜色、发光强度和有效范围的相互协调，向飞行员提供引导信息，引导飞机进场着陆，保障飞行安全。助航灯光系统如图 3.1 所示。

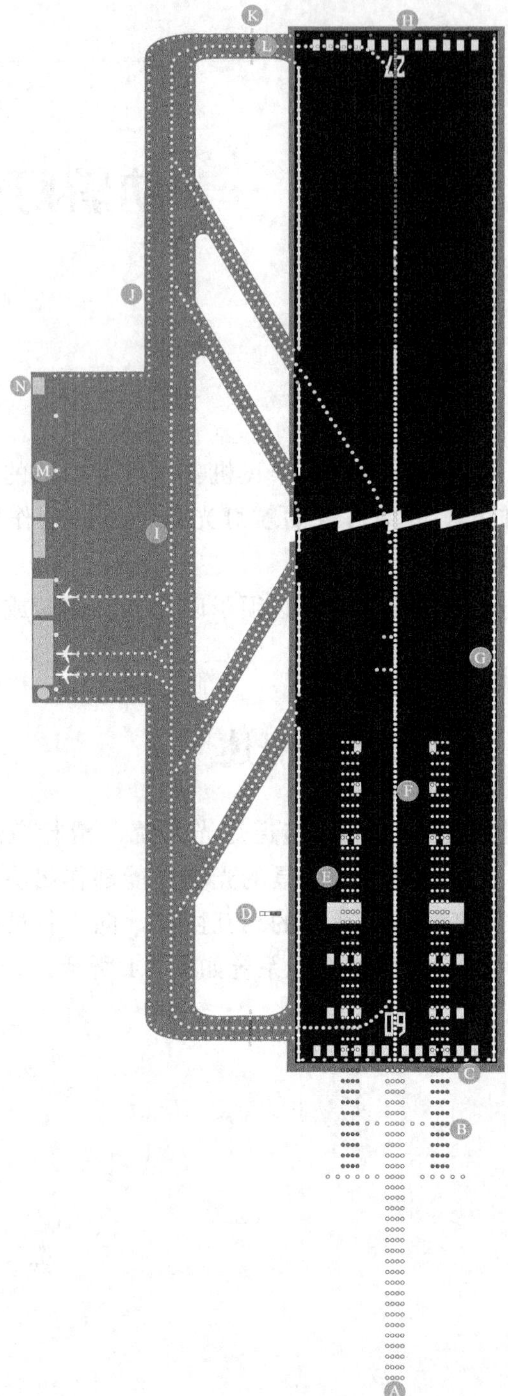

(a) 助航灯光系统示意图

图 3.1 助航灯光系统

图 3.1（续）

(b) 助航灯光系统现场效果图

图 3.1（续）

3.2 光学与色度学基础

3.2.1 光学

光是电磁波中的一部分，它的能量是多辐射能形式的一种。电磁波按波长或频率的一定顺序排列成的图形称为电磁波的波谱。由于人的视觉功能有一定局限范围，只能感觉到波长为 380 ～ 780nm 的电磁波，也就是说只有这个范围内的电磁波能对人的视觉器官产生反应。

1．光和颜色

通常情况下，人的视觉器官所感觉到的太阳发出的光是没有颜色的，称为自然光。这是因为自然光中包含了可见光全部的波长范围，或者说自然光中包括了所有颜色的可见光。在可见光的光谱中，某一确定波长的光有着它特定的颜色，称这种光为单色光。由于人的视觉器官感觉能力的局限性，人看不到单色光。可见光的颜色是由连续不断的光谱混合而形成的。当可见光的波长从 380nm 向 780nm 连续增加时，光的颜色也从紫色起，按蓝、绿、黄、橙、红的顺序逐渐变化。

通常，某一种颜色的光的波长不是一个固定的波长，而是一个波长的范围，而且相邻两种光的颜色之间会有一些中间颜色，如在黄和橙之间有淡黄、杏黄等。所以只好借助自然界的一些常见的颜色去描述光的色彩。这充分说明了光的颜色变化是渐进的，任何相邻两种颜色的光之间不会有颜色的突然变化。

2．光的基本度量单位

在照明工程中对光的定量分析非常重要，不仅要对光源产生的光进行度量，还要对光的辐射（光照）效果进行度量。常见的度量单位有光通量、发光强度、照度和亮度。下面从工程应用的角度分别对光通量、发光强度和照度进行介绍。

1）光通量

光向周围空间辐射，在单位时间内能够对人的视觉器官引起反应的那部分光辐射能量的大小，称为光通量，物理量符号为 Φ，单位名称为流明，单位符号为 lm。其是人视觉器官对光的一种评价，常说的某种光源亮，某种光源暗，所指的就是光通量的大小；或者也可认为较亮的光源发出的光通量多，较暗的光源发出的光通量少。对于某种光源来说，光通量即表示光源的发光能力。例如，一只单相交流、40W 的荧光灯发出的光通量是 2200lm 左右，同样 40W 的白炽灯发出的光通量是 260lm 左右。所以，感觉到 40W 的荧光灯比 40W 的白炽灯要亮，或者说荧光灯的发光能力强。在实际的照明工程中，常用光通量的大小来衡量某种光源的发光能力。

2）发光强度

由于发光体形状不同，在空间的不同范围内所辐射的光通量不一定是相同的，有时为了满足各种需求特别将发光体制造成各种形状，而产生不均匀的光通量分布。为了表示发光体发出的光通量在空间分布的情况，常用光在空间单位角度内的能量密度，即发光强度这个物理量来定量地描述这种情况。发光强度是光源在某一特定方向上一个单位立体角 Ω 内所发出光通量的大小，简称为光强，物理量符号为 I，单位名称为坎德拉，单位符号为 cd。它是国际单位制中七个基本物理量之一，定义式如下。

$$I = \frac{\mathrm{d}\Phi}{\mathrm{d}\Omega} \tag{3.1}$$

在照明工程中，如要阐述某个光源的发光强度的大小，一定要指出是哪个方向上发光强度的数值。但在有些时候，所描述的发光强度不是特别强调指具体哪一个方向上的数值，在这种情况下，它所描述的发光强度是指某个光源的平均发光强度。

可见光通量和发光强度都是描述光源所产生的辐射强度，是对光源发光能力的某种定量描述。

3）照度

照度是从被照物体的角度上对光的一种描述。其所描述的是被照物体表面上所接收光通量大小的一个物理量，物理量符号为 E，单位名称为勒克斯，单位符号为 lx。物体表面面积为 A，所接受的光通量大小为 Φ，则照度按式（3.2）计算。照度不考虑由于人们的视觉条件的不同而造成的观看物体的清晰程度有所差异的情况，只用照度值的大小去定量描述观看物体的清晰程度。在适当的范围内照度值的大小可以说明观看物体的清晰程度，照度值大要比照度值小看物体看得清楚。它的定义式如下。

$$E = \frac{\mathrm{d}\Phi}{\mathrm{d}A} \tag{3.2}$$

阿拉德定律（Allard’s Law）：由一个具有光强为 I（cd）的光源通过透射系数为 T 的大气后在距离 D（km）处产生的照度 E 按式（3.3）计算。

$$E = \frac{IT^D}{D^2} \tag{3.3}$$

3.2.2　色度学

1．CIE 色度图

国际照明委员会（Commission Internationale de I’Eclairage，CIE）采用色度图

和色度坐标来表示光源的颜色。选三原色色度红（R）、绿（G）、蓝（B），首先定义：$X=R/(R+G+B)$，$Y=G/(R+G+B)$，$Z=B/(R+G+B)$，由于 $X+Y+Z=1$，所以只需要给出 X 和 Y 的值，就能唯一地确定一种颜色，这就是色度图。为了使坐标值能直接表示亮度大小，国际照明委员会规定采用另一种色度坐标 X、Y、Z。X、Y、Z 与 R、G、B 间存在线性换算关系。若以 X、Y 作为平面坐标系，将自然界中的各种彩色按比色实验法测出其 X、Y 数值，并绘制在该坐标平面内，便可得到图 3.2 所示的色度图。该色度图边沿舌形曲线上的任一点都代表某一波长光的色调，而曲线内的任一点均表示人眼能看到的某一种混合光的颜色。其中白光区域的特征点 A、B、C、D、E 的坐标值和色温见表 3.1。

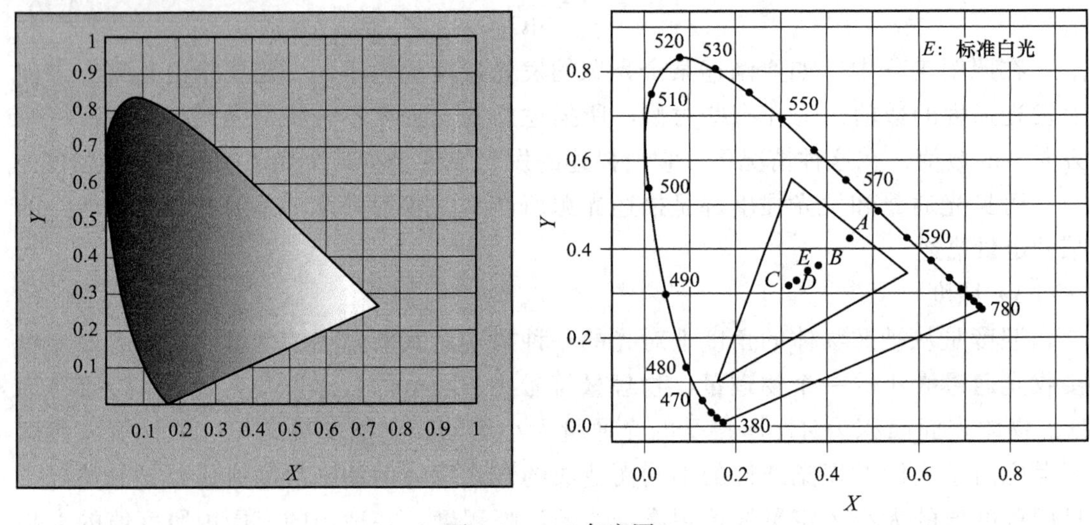

图 3.2　CIE 色度图

表 3.1　特征点对应的坐标值和色温

光源点	X 坐标	Y 坐标	色温 /K
A	0.4476	0.4074	2854
B	0.3484	0.3516	4800
C	0.3101	0.3162	6800
D	0.3130	0.3290	6500
E	0.3333	0.3333	5500

X 表示红色分量，Y 表示绿色分量，E 点代表白光，它的坐标为（0.3333，0.3333）。环绕在颜色空间边沿的颜色是光谱色，边界代表光谱色的最大饱和度，边界上的数字表示光谱色的波长，其轮廓包含所有的感知色调。所有单色光都位于舌形曲线上，这条曲线就是单色轨迹，曲线旁标注的数字是单色光的波长。自然界中各种实际颜色都位于这条闭合曲线内。RGB 系统中选用的物理三基色在色度图的舌形曲线上。

2．相对视敏度函数

人眼对 380 ～ 780nm 之间不同波长的光具有不同的敏感程度，称为人眼的视敏特性。衡量人眼视敏特性的物理量为视敏函数和相对视敏函数。1933 年国际照明委员会经过大量实验和统计，给出了人眼对不同波长光亮度感觉的相对灵敏度，称为相对视敏度。图 3.3 是相对视敏函数曲线。由此说明，人眼对各种不同波长的光的亮度感觉灵敏度是不同的。实验表明，人眼对波长为 555nm 的光最敏感，因此，将任意波长光的视敏函数与最大视敏函数值 K（555）相比的比值称为相对视敏函数。例如，波长为 660nm 的红光的相对视敏度 V（660）＝ 0.061，所以，这种红光的辐射功率应是黄绿光（555nm）的 16 倍（1/0.061 ＝ 16），才能给人相同的亮度感觉。

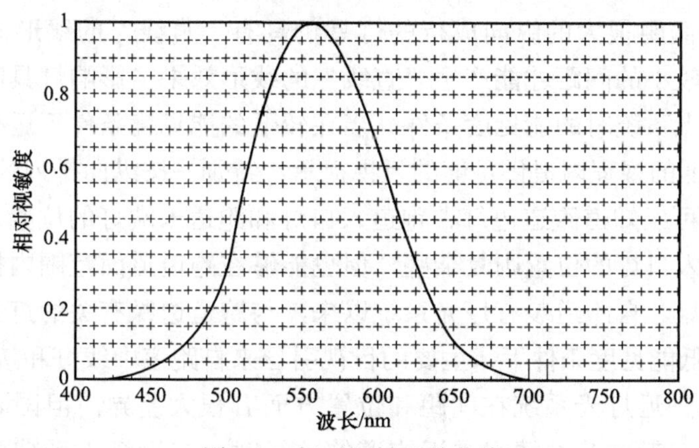

图 3.3　相对视敏函数曲线

当 λ ＜ 380nm 和 λ ＞ 780nm 时，V（λ）＝ 0。这说明紫外线和红外线的辐射功率再大，也不能引起人眼的亮度感觉，所以，紫外线和红外线是不可见光，这也是自然选择的结果。假如人眼对红外线也有反应，那么这种近似光雾的热辐射将会成为人们观察外部世界的一种干扰。

3.3　助航灯光的特性

机场目视助航灯光是机场助航设施之一，它不仅要满足目视助航的要求，同时，还要保障飞行安全。机场附近可能危及航空器安全的非航空地面灯应熄灭、遮蔽或改装，以消除危险源。

3.3.1　助航灯光的 4C 特性

机场助航灯光系统有构形（configuration）、颜色（color）、光强（坎德拉，candela）、有效范围（coverage）四个特性的要求，简称四个“C”，即 4C 特性。

构形和颜色为动态三维定位提供了重要信息。构形提供引导信息，而颜色告诉飞行员他在此系统中的位置。坎德拉代表助航灯光的光强，有效范围是指光的有效范围。合格的飞行员应对系统的构形和颜色非常熟悉，并且应能感觉到光的输出在增加或减少时的坎德拉变化。上述四个特性适用于所有机场的灯光系统。

1．构形

构形是指系统各部分的位置及灯具和标志的间距。灯具是相对跑道轴线纵向和横向布置的，由于在进近坡度上的透视缩小效应使横向的油漆标志不实用，因此油漆的跑道标志则仅在纵向与跑道轴线平行。

灯具的间距主要根据其是纵向还是横向排列而不同。飞行员对目视助航系统的透视作用，使得间距很大的纵向成行的灯具仍具有“直线”的线形效果，而横向排列的灯具则需要较小的间距才能产生“直线”的线形效果。影响灯具间距的另一个因素是准备使用灯光系统时的能见度条件。当在较低的能见度条件下运行时，需要较小的间距才能在较低的视程内提供足够的目视提示，特别是按纵向排列的灯具。

通过名称就可以知道跑道边灯、跑道入口灯和跑道末端灯的位置。在跑道入口内移时，确定跑道入口灯的位置则复杂些，但也能够在跑道道面范围内按标准构形设置内移的跑道入口灯。自跑道装有灯光系统以来，与跑道边缘有关的灯具的间距几乎没有变化，因为在低能见度条件下，主要的目视引导来自跑道中线灯和接地带灯光系统。

不同国家的进近灯光系统在间距和位置方面有很大差异，但国际民用航空组织各成员国均同意在考虑Ⅱ类精密进近跑道的运行时，进近灯光系统至少在跑道入口前的300m处设置一个标准构形，并且在20世纪60年代实现了这一目标。

2．颜色

机场内各种不同灯光系统由规定的有色灯光组成，有色灯光有助于传递指示信息和增强明显度。

红色在白色光的衬托下比其他颜色的灯光更容易被看见，表示危险，禁止通过。跑道末端灯、障碍灯、跑道中线灯（距离末端900m交替发红、白光；距离末端300m内发红光）、跑道边灯（跑道入口内移段）、停止排灯，以及精密进近航道指示器（光中心下半部）都是红色光。

黄色表示危险的程度没有红色强，具有一定的警示作用。跑道边灯（距离跑道末端600m或跑道全长最后三分之一，取两者中的较小值）、滑行道中线灯（出口滑行道交替发黄光、绿光）、中间位置等待灯和跑道警戒灯都为黄色光。

绿色表示安全，允许通过。跑道入口灯、跑道入口翼排灯、滑行道中线灯（出口滑行道位置处为交替发黄光、绿光）等都为绿色光。

蓝色表示平静，提示“身处港湾”。滑行道边灯为蓝色。

白色表示明快，突出显眼。如进近灯、跑道边灯、接地带灯、跑道中线灯（着陆区、着陆滑行段）、精密进近航道指示器（光中心上半部）等都为白色光。

飞行员通过观察灯光构形及颜色的变化，可以判断飞机在系统中所处的位置，并采取措施控制飞行的姿态。

目视助航灯必须用测量的方法来验证它的灯光颜色在图 3.4 规定的界限以内。在额定电压或电流下，通过测量最里层的等光强曲线所围区域上的五个点的颜色来进行。对椭圆或圆形等光强曲线，颜色测量必须在中心点和水平、垂直界限上进行。对矩形等光强曲线，颜色测量必须在中心点和四个角点上进行。另外，还必须检查最外侧等光强曲线上的光的颜色，以保证没有出现色移，从而不会使飞行员感到信号混淆。

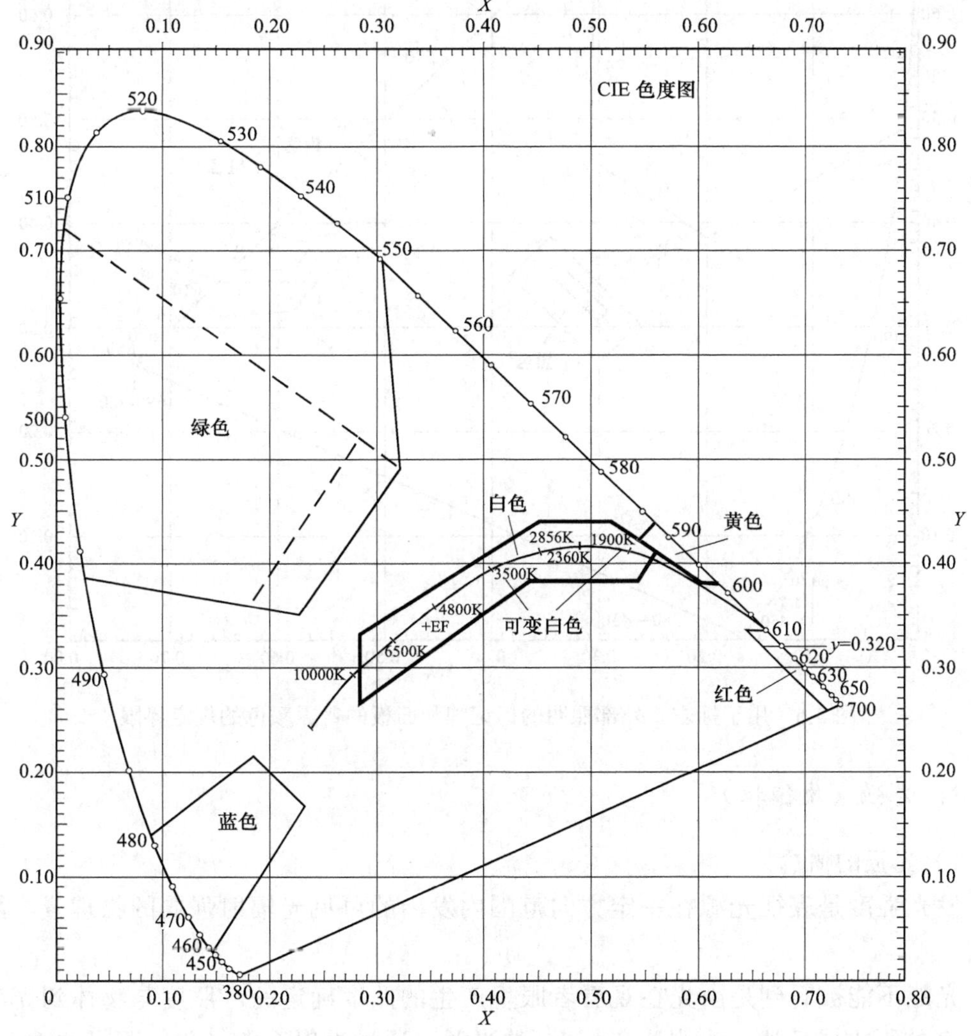

图 3.4　助航灯光的颜色

注：其中绿色在以下界限之内：白色界限 $x=0.650y-0.041$，蓝色界限 $y=0.390-0.171x$，黄色界限 $y=0.726-0.726x$。

用于标志、外部照明的标记牌和面板的普通颜色的色度和亮度因数，当在标准条件下确定时，应在图 3.5 规定的界限之内。

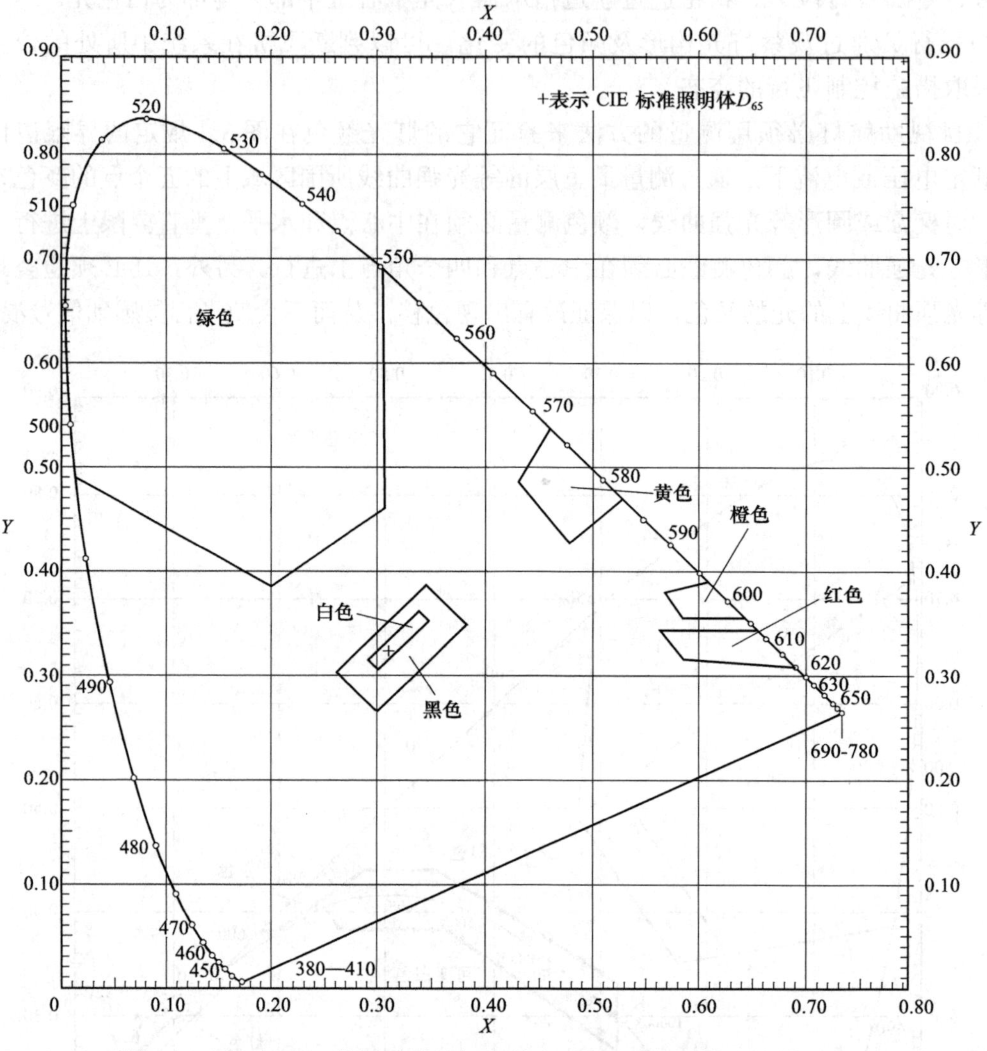

图 3.5　用于标志、外部照明的标记牌和面板的普通颜色的规定界限

3．光强（坎德拉）

1）光强的概念

发光强度是表征光源在一定方向范围内发出的可见光辐射强弱的物理量，简称光强。

光能不能被看到是由光在观看者眼里产生的照度确定的。照度与物体到光源的距离 D 的平方成反比。光强为 I（cd）的光源，通过透射系数（单位距离的透射比）

为 T 的大气后，在距离 D（km）处产生照度 E，由式（3.3）可知，E 与距离 D 的平方成反比，与灯具发光强度成正比，与大气的透射系数成正比。

当照度 E 等于最小可感照度 E_c 时，表示该光刚好能被看到，故称此时与光源的距离 D 为该光源的视程。

2）透射系数的影响

用于机场灯光的光强范围为 10 ～（2×10^6）cd。大气的透射系数变化范围极大，天气非常晴朗时，透射系数大于 0.95/km；有浓雾时，透射系数不足 10^{-50}/km。透射系数 T、距离 D 和光强 / 照度（I/E）之间的关系如图 3.6 所示。

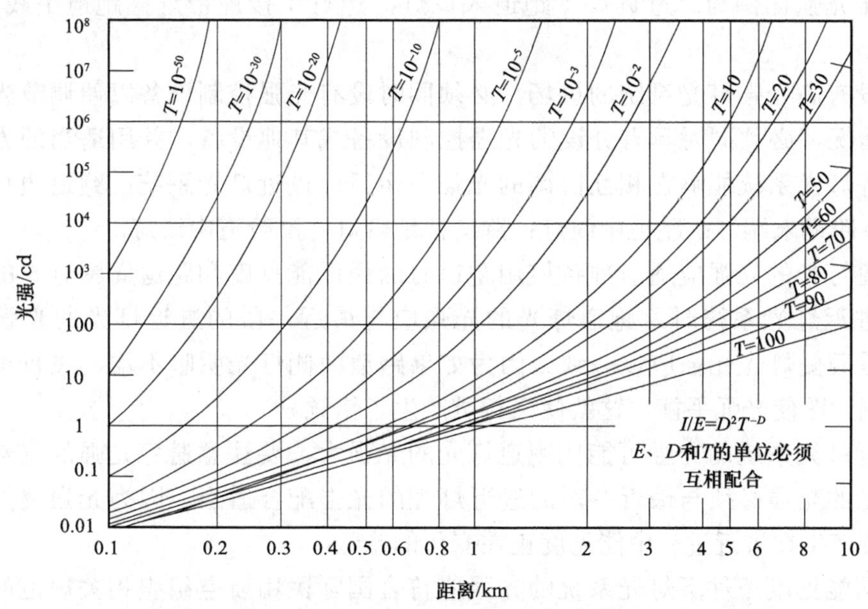

图 3.6　在各种大气透射系数条件下产生单位照度所需的光强和距离的关系

在晴朗的天气中，光强比较低的灯光在很远处就能被看到。例如，夜间的透射系数为 0.90/km 时，对于光强 80cd 的光，I/E 为 80/0.8=100，从图 3.6 中可见，视程约为 7km。如果透射系数为 10^{-20}/km（浓雾情况），则 80cd 光强的光将在约 170m 处被看到，而 80000cd 的光将在 300m 处被看到。因此，在Ⅱ类和Ⅲ类进近灯光系统运行中，通常不采用增加用于晴朗天气下使用的灯具光强来获得足够的引导，而采用改变构形和缩小间距的方法。为了减少看得见灯光所需要的距离，跑道灯光系统内增加了接地带灯和间距很小的跑道中线灯。

另外，还必须考虑大气的透射系数对灯具的外特性所造成的显著差异。例如，在透射系数为 10^{-20}/km 时，80000cd 的光在 300m 处刚好能被看到，但它所产生的照度是在完全晴朗的空气里刚好能被看到所需照度的 100 万倍。因此，在不同的能见度情况下，必须进行光强调置。

3）光强设置

在低能见度条件下，灯光比标志更为有效。因此，在夜间和低能见度时灯具必须有足够的光强才能有效，同时，光强与环境条件的匹配也非常重要。

根据现场实际条件调节机场灯光系统的光强时，应注意以下几项。

（1）背景亮度高（如白天）时，选用光强值也要高。

（2）能见度条件高（如碧空）时，选用光强值就低。

（3）飞行员感到眩目时说明光强值过高，应减小光强。

（4）不同用途的助航灯光组合在一起，应注意系统光强的平衡。一般情况下，各类灯光光强比例为：进近灯：跑道入口灯、边灯：接地带灯、跑道中线灯 =2：1：0.33。

在设有高光强灯光系统的机场，必须同时设有光强控制设备以便调节光强去适应现场情况，必须同时具有分设的光强控制设备或其他设备，并用适当的方法来保证下列各灯光系统能够在相互协调的光强下运行：进近灯光系统；跑道边灯；跑道入口灯；跑道末端灯；跑道中线灯；跑道接地带灯；滑行道中线灯。

跑道灯光的光强应适应准备使用跑道时的最低能见度和跑道周围灯光的情况。当设有进近灯光系统时，跑道灯光的光强应与最近一段的进近灯光的光强配合适当。跑道两侧灯光光强应该一致。因为如果跑道两侧灯光明暗不均，飞行员会偏向暗的一侧力图使光强平衡，这就使飞行员产生了错觉。

进近灯光系统的光强可能比跑道灯光的光强大，要注意避免光强的突然变化，跑道灯光的光强必须与最近一段的进近灯光的光强配合适当。因为光强突然变化会使飞行员产生在进近过程中能见度正在变化的错觉。

不同能见度条件下灯光系统的光强应符合国际民用航空组织相关规范的要求。另外，只要条件允许，应尽可能采用较低的光强以延长灯泡的寿命。

4. 光的有效范围

早期的航空地面灯由裸灯泡或有透明玻璃罩的裸灯泡组成，发光强度在所有方向上基本相同。随着航空事业对光强要求的不断提高，带有反射镜、透镜或棱镜的灯具被投入运行。通过将不需要的方向上的光改变到需要方向上的方法，既能增加需要光的方向上的光强又不增加功率消耗。为了减少近处灯具发出的眩光，要将仅在很近距离观察灯光的方向上的一部分光改变到在较好能见度时从较远距离观察灯光的方向上。

在功率消耗为给定值的情况下，由光学系统产生的光束越窄，光束中的光强就越高。

在理论上，设计一个灯具的光学系统，使它发出的光在任何一条确定的进近路线和任何一个给定的大气透射系数条件下，光束的峰值光强朝向灯光首先被看见的那一点是可以实现的。随着飞机与灯具之间距离的缩短，朝飞机方向的光强逐渐减小，从而使得光的亮度保持不变（直接飞向灯具的航线除外）。但飞机在一种能见度情况下并不是仅飞一条航线，因此，航空地面灯的光束分布设计必须满足一定范围内的航线和一定范围的大气透射条件。

另外，需要注意的是，在地面目视助航设备使用中的人的因素，即在进近中对观察到的引导和信息的各种因素如何感受、理解和行动。

3.3.2　灯具的易折性

选择目视助航灯具，必须考虑许多因素以保证灯光系统的可靠性，同时，要求灯具无论是对飞行中还是在地面活动中的飞机造成的危害最小。因此，规定并公布适当的适用于所有目视助航设备的易折特性是很重要的问题。

在机场中，各种各样的目视和非目视助航设施都设在靠近跑道、滑行道和机坪处，在这些地方它们对着陆、起飞或地面操作中偶然碰撞上的飞机可能形成一种危险。因此，所有的设备及其支柱必须是易折的，并且安装应尽可能低，以保证与设备的碰撞不会导致飞机的失控。

1．灯具易折性的定义

灯具易折性是指灯具受到界定程度的冲击而打破或保持结构整体性和刚度的特性。当冲击超过界定范围时灯具就会破损、扭曲或弯曲到对飞机危害最小的形态。

2．立式灯具的易折性

立式跑道边灯、跑道入口灯、跑道末端灯、停止道灯和滑行道边灯等的高度应该足够低且易折，以保证螺旋桨和发动机吊舱的净距。机翼的挠曲和支撑在动荷载下的压缩能使有些飞机的发动机吊舱接近地平面，因此，只允许灯具最大高度不超过 0.36m。

立式灯具应安装在易折的器件上，如图 3.7（a）和（b）所示。在折断点造成折断所需要的碰撞弯矩应不超过 50N · m，施加在安装器件的折断点以上 0.3m 处造成折断所需要的水平静荷载应不超过 2.3kN。要求灯具和易折接头的总高度只高出地面 0.36m。此外，要求易折安装器件具有较高的折断特性，即保证灯具如果被飞机撞击，碰撞对飞机造成的损坏应最小。

在对灯具易折性进行检测时，一般易折点高出地面不超过 38mm，能承受

204N · m 的弯矩而不损坏，当弯矩达到 680N · m 以前应能彻底地从安装系统脱开，如图 3.7（c）所示。

在地形要求灯具及其支承结构高于约 1.8m 时，如果飞机与它们碰撞，它们有可能成为关键性的危害，这时要求易折性安装器件设在结构底部是不实际的，可以要求灯具易折部分仅限于 1.8m 的结构顶部，或者结构本身是易折的。虽然对于安装在距跑道入口 300m 以外的进近灯是否要求易折这个问题有不同看法（因为这些灯要求低于进近面，应不会有飞机相撞），但从保护那些可能飞得低于进近面或起飞爬升面的飞机考虑，还是应加以易折装置，如图 3.7（a）和（b）所示。1.8m 的易折顶部是最低要求，在可能时应设较长的易折顶部。在任何情况下，进近灯光系统的灯具和支架应在弯矩不大于 50N · m 的碰撞荷载下或在支架折断点以上 0.3m 处水平施加的不大于 2.3kN 的静荷载下折断。

(a) 立式易折灯具（一）

(b) 立式易折灯具（二）

(c) 易折实验

图 3.7 立式灯具及其易折效果

如果必须在停止道上安装进近灯，若停止道是铺筑的，进近灯应为嵌入式灯；若停止道未铺筑，嵌入式灯或满足在跑道端外安装的符合易折要求的立式灯均可以使用。总之，目视助航设备应在不降低它们功能的条件下，尽可能设置在跑道、滑行道和机坪边缘地方，并应尽一切努力保持设备结构的完整性。一旦受到飞机碰撞时，目视助航设备应当能够折断或变形，从而使飞机所受损坏最小。在活动区安装目视助航设备时，应注意保证灯的支架基础不突出地面以上，但易折接头应该总是在地面以上。

3．嵌入式灯具的易折性

嵌入跑道、停止道、滑行道和机坪表面的灯具必须设计和安装得能够承受航空器轮子的压力，以防航空器或灯具本身受到损坏。

3.4 进近灯光

3.4.1 进近灯光的概念和原则

进近灯光主要是指设置在跑道灯光系统之前的区域内，辅助飞机进近和着陆的灯光。进近灯光系统可分为简易进近灯光系统、Ⅰ类精密进近灯光系统和Ⅱ类、Ⅲ类精密进近灯光系统。进近灯光系统构形示意图如图 3.8 和图 3.9 所示，进近灯具如图 3.10 所示。进近灯的设置原则归纳如下。

（1）拟在夜间使用的飞行区指标Ⅰ为 3 或 4 的非仪表跑道，应设 A 型简易进近灯光系统。

（2）拟在夜间使用的非精密进近跑道，应设 B 型简易进近灯光系统；在实际可行的情况下，宜设置Ⅰ类精密进近灯光系统。

（3）Ⅰ类精密进近跑道应设Ⅰ类精密进近灯光系统，Ⅱ类或Ⅲ类精密进近跑道应设Ⅱ类、Ⅲ类精密进近灯光系统。

（4）进近灯光的设置构形与跑道入口的位置无关，即无论跑道入口在跑道端头还是在内移的情况下，进近灯光系统都应延伸到跑道入口，但在跑道入口内移的情况下，从跑道端到跑道入口之间要用嵌入式灯具以获得规定的构形。

（5）当没有物体突出于进近平面之上，从进近中的航空器看去没有灯光被遮挡时，进近灯光系统必须实际可行地与跑道入口处于同一水平面上。

（6）立式进近灯及其支柱必须是易折的。进近灯光系统距离跑道入口 300m 以外的灯具，在支柱高度超过 12m 时，只要求其顶端的 12m 部分必须是易折的；在支柱周围被非易折的物体围绕时，只有高出周围物体的支柱部分必须是易折的。当进近灯具或其支柱本身不够明显时，应涂上黄色或橙色油漆。

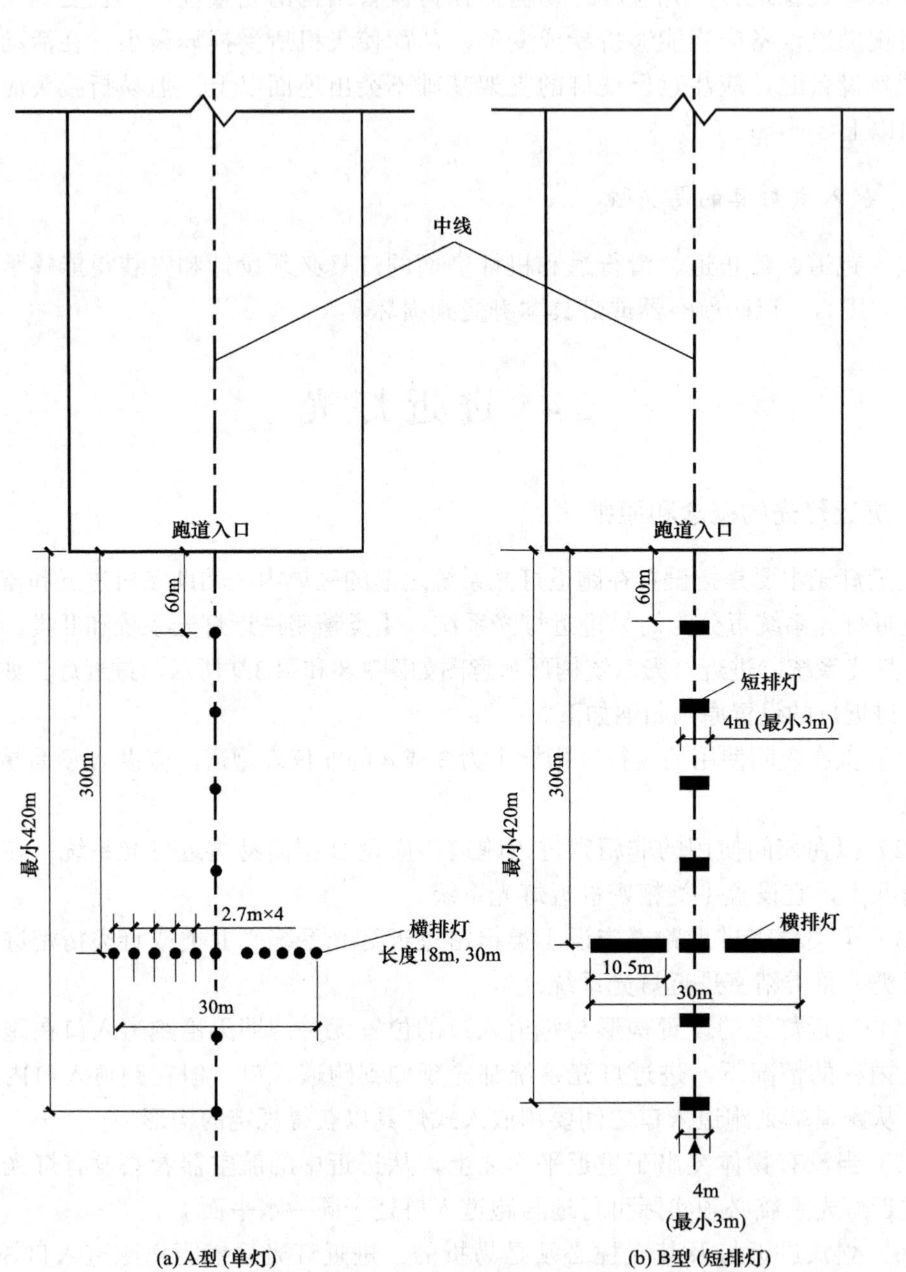

图 3.8 简易进近灯光系统（中线灯间距为 60mm 的情况）

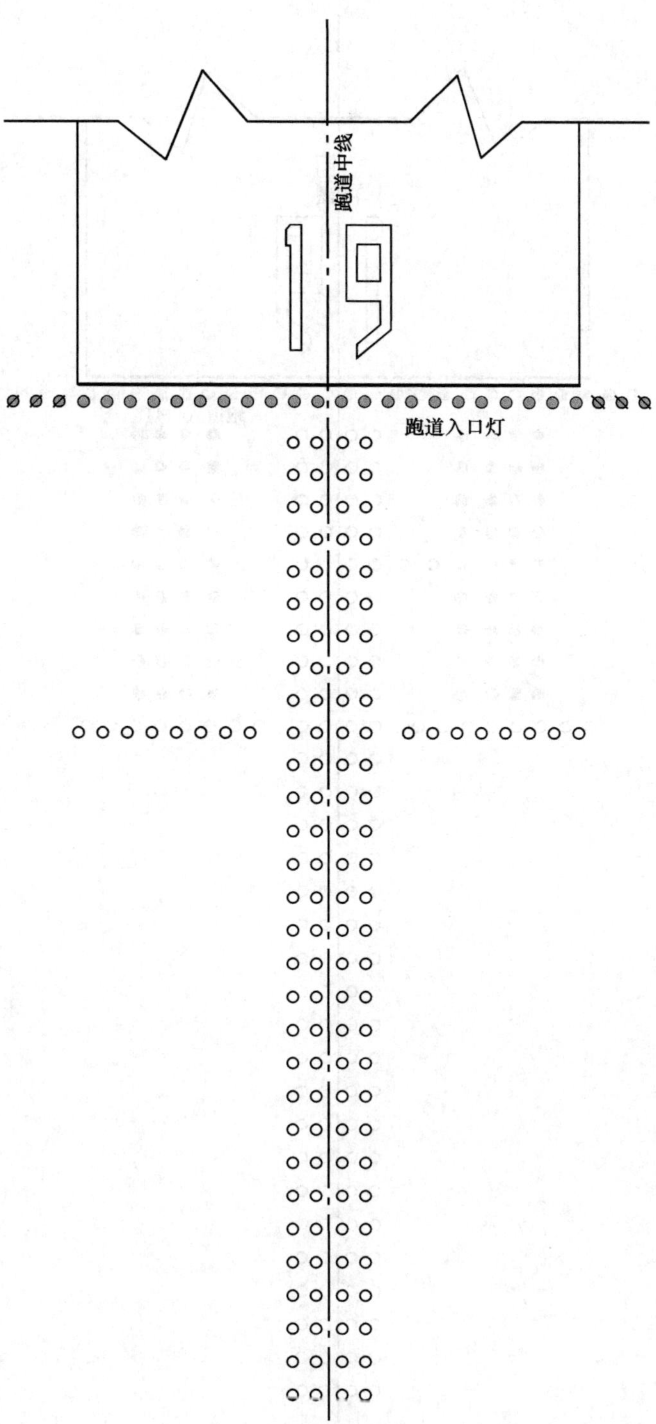

(a) Ⅰ类精密进近灯光系统

图 3.9　Ⅰ类和Ⅱ类、Ⅲ类精密进近灯光系统构形示意图

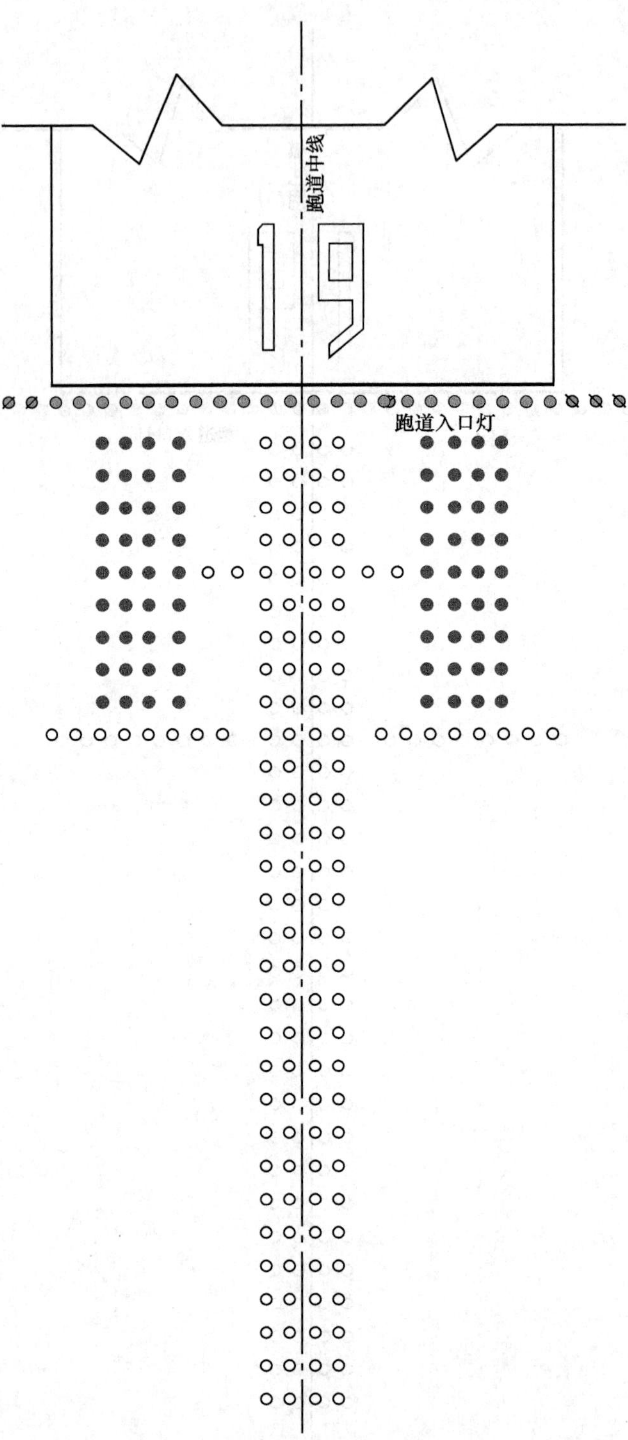

(b) Ⅱ类、Ⅲ类精密进近灯光系统 (B型)

图 3.9（续）

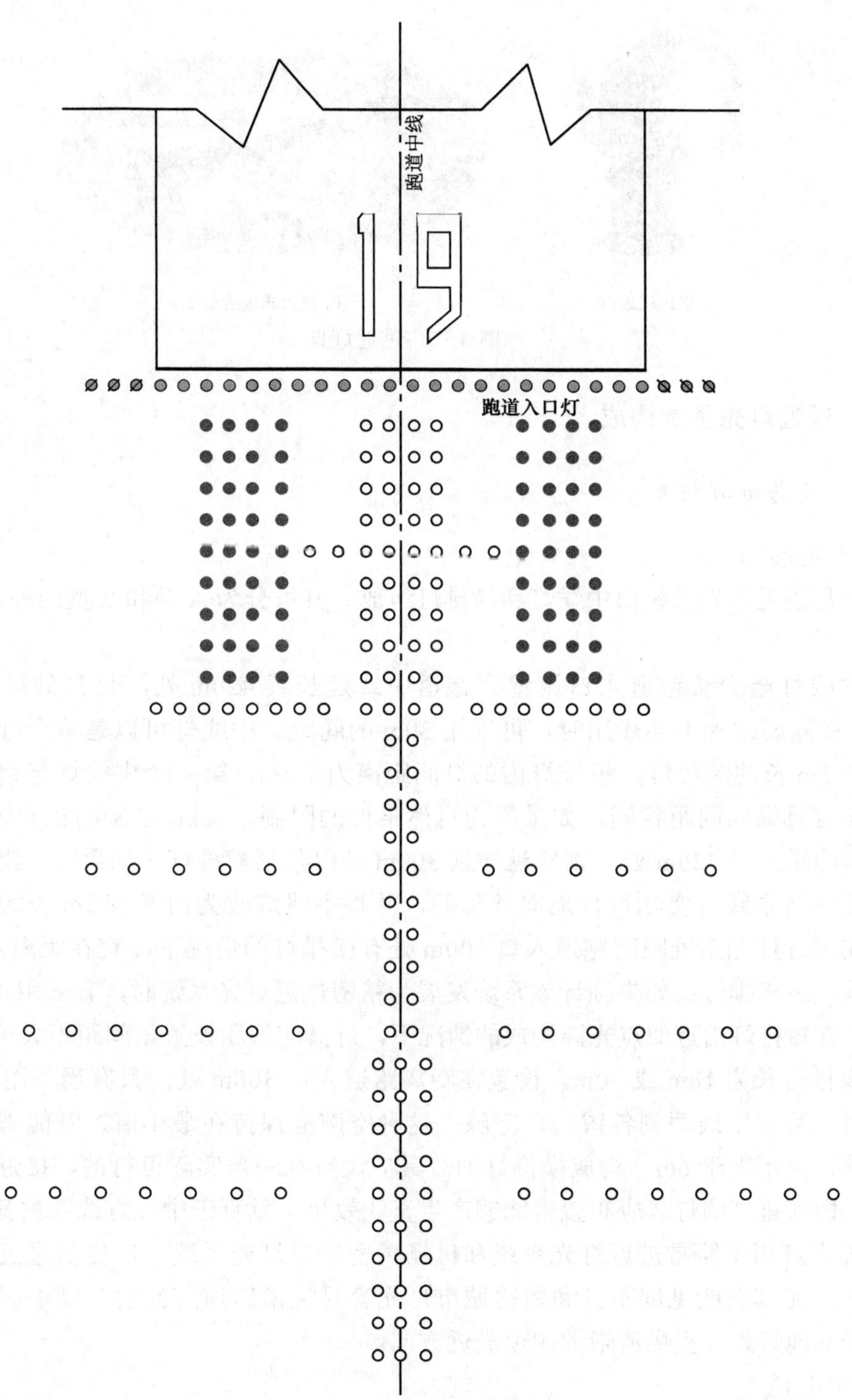

(c) Ⅱ类、Ⅲ类精密进近灯光系统 (A型)

图 3.9（续）

(a) 立式进近灯

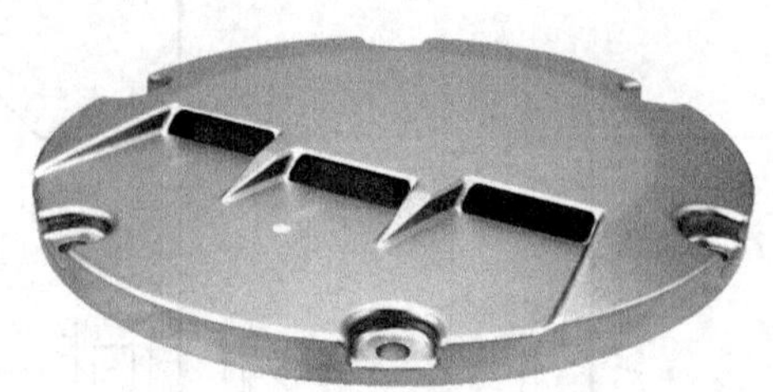

(b) 嵌入式进近灯

图 3.10 进近灯具

3.4.2 进近灯光基本构成

1. 简易进近灯光

1）构形

简易进近灯光系统由中线灯和横排灯组成。其可分为 A 型和 B 型两种，如图 3.8 所示。

中线灯至少从跑道入口设置到跑道中线延长线 420m 处，灯具的纵向间距为 60m，在需要改善引导作用时，可采用 30m 的间距。中线灯可以是单个灯，也可以是至少 3m 长的短排灯，短排灯内的灯间距离为 1.5m；第一个中线灯与跑道入口的距离和灯具纵向间距相同。如果因为自然条件的限制，实际上不可能将中线灯延伸到距离跑道入口 420m 处，则应延伸到 300m 处以包括横排灯。如果这一距离也不可能，则应将中线灯实际可行地向外延伸，并将中线灯改为由至少 3m 长的短排灯组成；在进近灯光系统距离跑道入口 300m 处有横排灯的情况下，宜在距离入口 150m 处增设一组横排灯；如果预计该系统发展为精密进近灯光系统时，宜采用 4m 长的短排灯。在短排灯由近似点光源构成的情况下，灯具应等距设置，间距不大于 1.5m。

横排灯长为 18m 或 30m，设置在距离跑道入口 300m 处，只有当采用 30m 的横排灯时，可在中线两侧各留一个空隙。这种空隙应保持在最小值，既能满足运行维护要求，又不大于 6m。构成横排灯的灯具应设置在一条实际可行的、接近水平的直线上，即横排灯的灯具应布置得能够产生直线效果，垂直于中线灯线并被其平分。

闪光灯用于简易进近灯光系统和机场精密进近灯光系统，以提供进近跑道的目视引导。尤其在能见度不良和周边城市灯光容易混淆跑道灯光时，顺序闪光灯却能区别于其他灯光，提供清晰的跑道进近方向。

2）颜色

A 型简易进近灯光系统应采用低光强发红色光的全向灯具；B 型简易进近灯光系统的中线灯和横排灯应是发可变白光的恒定发光灯。灯光颜色必须易于与其他地面灯及可能存在的外界灯光区分。

在因周围灯光影响导致使用简易进近灯光系统难于在夜间识别的地方，可在该系统的靠外部分加装顺序闪光灯来解决，顺序闪光灯每秒闪光两次，从最外端的灯向入口逐个顺序闪光。

3）光强和有效范围

简易进近灯光系统的灯具的光中心应尽量与跑道入口灯的光中心保持在同一个水平面上，但在距离跑道入口 150m 范围内，灯具应尽可能接近地面安装。若地形变化，可在距离跑道入口 150m 以外有一段不大于 1 ： 66 的升坡或不大于 1 ： 40 的降坡，但光中心的变坡不应多于一个。光中心的每一个水平段或升坡、降坡段应包含至少三个单灯或三个短排灯。距离跑道入口 300m 处的横排灯和各中线短排灯应分别位于一个水平面上。

A 型简易进近灯光系统各灯具的对称轴线应调置为垂直于水平面，灯具在水平面以上 0° ～ 50° 范围内均应发光，其中 6° ～ 10° 范围内的光强应不小于 10cd（红光）。

B 型简易进近灯光系统中，横排灯及其与跑道入口之间的所有短排灯的仰角应调置为 5.5° ，其余短排灯的仰角为 6.0° ，所有灯具的光束的对称轴线在水平面上的投影应与跑道方向平行。

2．I 类精密进近灯光

I 类精密进近跑道应设置 I 类精密进近灯光系统。

1）构形

I 类精密进近灯光系统由中线灯和横排灯组成。中线灯有单灯和短排灯两种形式，如图 3.11 所示。

中线灯从跑道入口设置到跑道延长线 900m 处，灯具及其支柱为易折式的；如果跑道入口内移，则道面上的灯具应为嵌入式的。灯具的纵向间距为 30m，第一个中线灯距离跑道入口为 30m。

中线灯是单灯时，可用于提供距离信息，如图 3.11（a）所示，近跑道入口的 300m 部分为单灯光源，中间的 300m 部分为双灯光源，外侧的 300m 部分为三灯光源；此时，在距跑道入口 300m 处设置横排灯外，还必须在距离跑道入口 150m、450m、600m 和 750m 处增设横排灯。横排灯应布置得能够产生一种直线视觉效果，只有在中线两侧可以各留一个空隙。这种空隙必须保持在最小值，以满足有关位置的要求，每个空隙不得大于 6m。各横排灯的外端必须位于两条平行于中线灯连线或逐渐向内收敛在距离跑道入口 300m 处与跑道中线相交的直线上。

中线灯是短排灯时，短排灯的长度应至少为 4m，且每一短排灯应附加一个顺序闪光灯，每秒闪光两次，从最外端的灯向着入口逐个顺序闪光到系统中最里面的

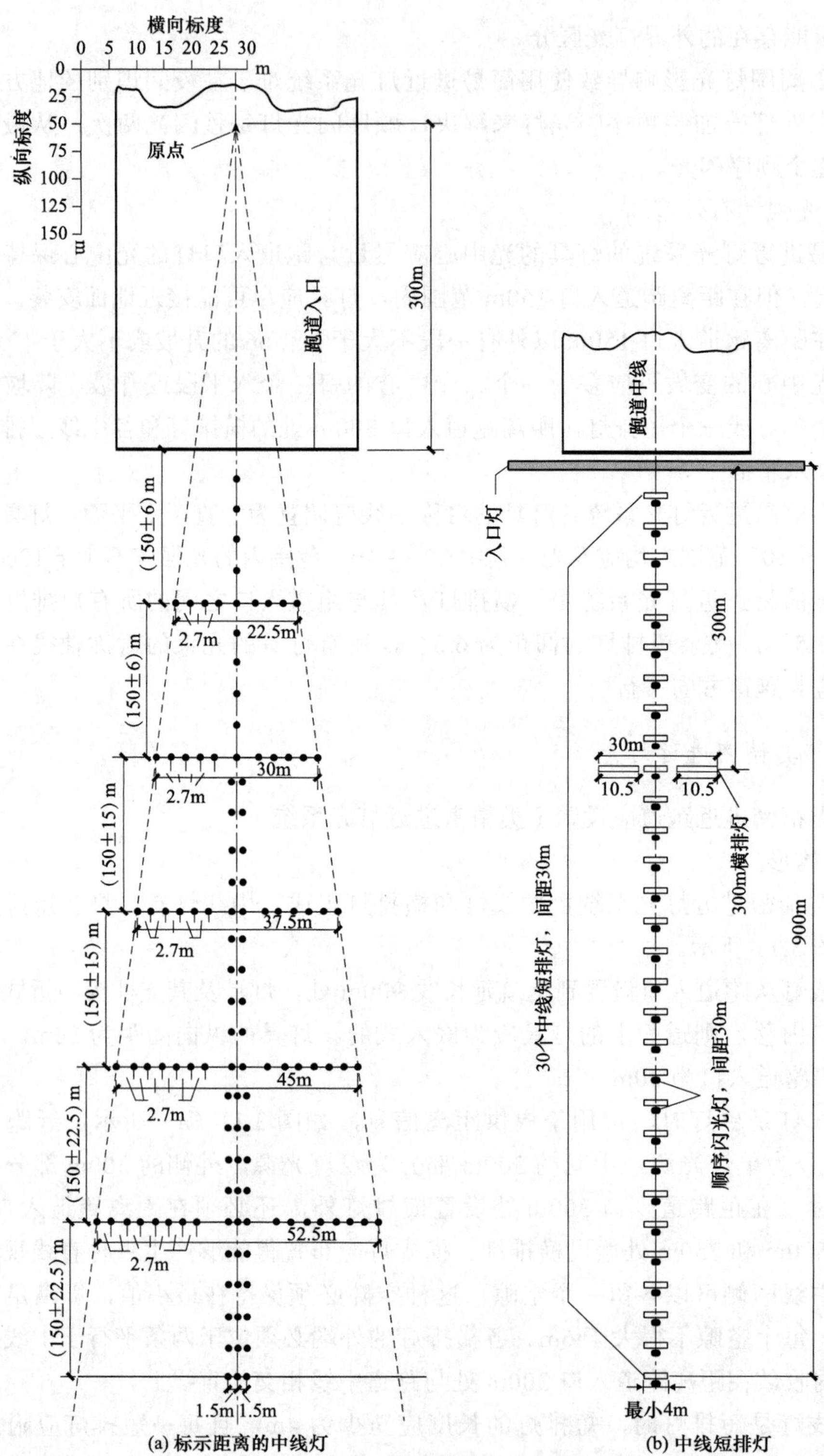

图 3.11 I 类精密进近灯光系统

灯。电路设计必须使得闪光灯能与进近灯光系统中的其他灯独立运作。若在考虑了灯光系统的特性和当地气象条件后认为没有必要安装顺序闪光灯时也可少装或不装。

2）颜色

Ⅰ类精密进近灯光系统灯具为发可变白光的恒定发光灯。

3）光强和有效范围

Ⅰ类精密进近灯光系统的灯具的光中心应尽量与跑道入口灯的光中心保持在同一个水平面上，在距离跑道入口 150m 范围内的灯具应尽可能接近地面安装。由于地形变化，在距离入口 300m 以内，光中心可以有一段不大于 1 ∶ 66 的升坡或降坡；在距离入口 300m 以外，光中心可以有不大于 1 ∶ 66 的升坡或不大于 1 ∶ 40 的降坡。光中心的每一个水平段或升坡、降坡段应包含至少三个短排灯。系统中的横排灯或短排灯应分别成一直线与中线垂直并被其平分，分别位于同一个水平面上。在全长范围内应尽量避免变坡，若有坡度变化应尽可能小。

每一个闪光灯的光学特性在电源电压为额定值时，三个亮度级的有效光强在距光轴水平方向 ±15° 和垂直方向 ±5° 形成的锥体范围内应符合表 3.2 的规定。灯具的光学特性和仰角调置应符合图 3.12 的规定。将图 3.12 中代表主光束的椭圆上和椭圆以内的各网格点上的光强值相加，求出其算术平均值即得到主光束的平均光强。

表 3.2　有效光强　单位：cd

亮度级别	最大有效光强	最小有效光强
高亮度	20000	8000
中亮度	2000	800
低亮度	450	150

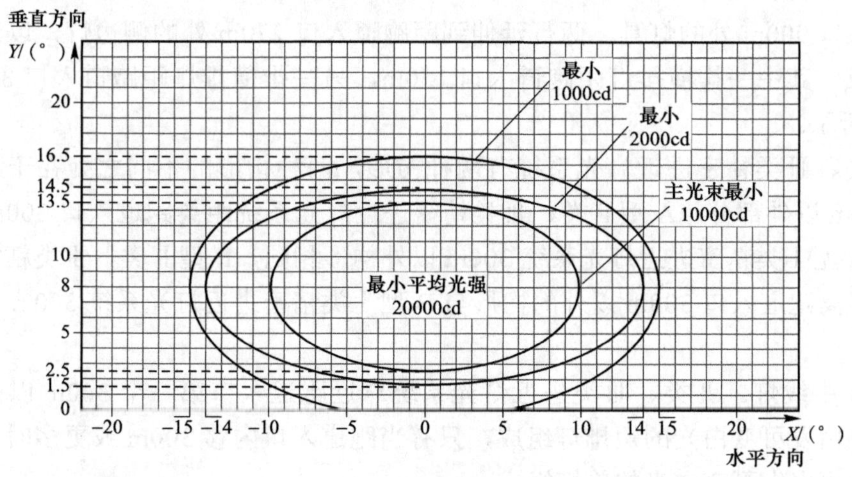

图 3.12　进近灯光系统的中线灯和横排灯（白光）等光强图

图 3.12 中曲线按公式$\frac{x^2}{a^2}+\frac{y^2}{b^2}=1$计算得出，$a$ 和 b 可参考表 3.3。

表 3.3 曲线公式中 a 和 b 的值 单位：m

a	10	14	15
b	5.5	6.5	8.5

中线灯和横排灯的灯具垂直调置角应满足表 3.4 的主光束垂直覆盖范围要求。

表 3.4 主光束垂直覆盖范围

至跑道入口的距离	主光束垂直覆盖范围
入口至 315m	0° ～ 11°
316 ～ 475m	0.5° ～ 11.5°
476 ～ 640m	1.5° ～ 12.5°
641m 及以上	2.5° ～ 13.5°

距离中线大于 22.5m 的横排灯的灯具应内倾 2°，其他所有灯具轴线应平行于跑道中线。

3．II 类、III 类精密进近灯光

Ⅱ类或Ⅲ类精密进近跑道应设Ⅱ类、Ⅲ类精密进近灯光系统。Ⅱ类、Ⅲ类精密进近灯光系统由中线灯、侧边短排灯和横排灯组成，如图 3.13 所示。

1）构形

Ⅱ类、Ⅲ类精密进近灯光系统全长宜为 900m，因场地条件限制无法满足上述要求时可以适当缩短，但总长度不得低于 720m。其应由一行位于跑道中线延长线上到距跑道入口 900m 处的灯具，两行延伸到距跑道入口 270m 处的侧边灯，以及两排横排灯构成，其中一排横排灯距跑道入口 150m，另一排横排灯距跑道入口 300m，如图 3.13 所示。

Ⅱ类、Ⅲ类精密进近灯光系统有两种构形，两种构形的不同之处在于距离跑道入口 300m 以外部分。A 型Ⅱ类、Ⅲ类精密进近灯光系统距离跑道入口 300m 以外的构形与 A 型Ⅰ类精密进近灯光系统 300m 以外构形相同，B 型Ⅱ类、Ⅲ类精密进近灯光系统距离跑道入口 300m 以外的构形与 B 型Ⅰ类精密进近灯光系统 300m 以外构形相同。

（1）中线灯。Ⅱ类、Ⅲ类进近灯光系统靠近跑道入口第一个 300m 以内部分的中线灯应由发可变白光的短排灯组成，只有当跑道入口内移 300m 或更多时，这部分中线灯才可由发可变白光的单灯组成。

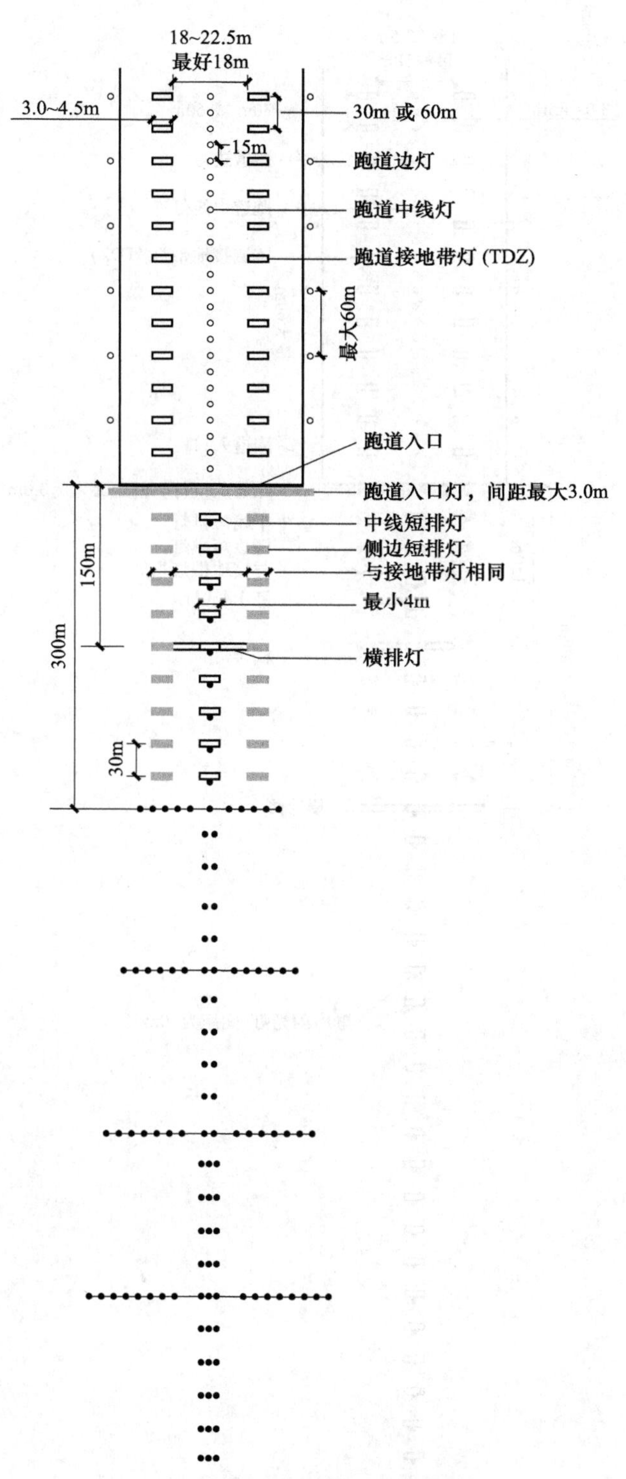

(a) A型Ⅱ类、Ⅲ类精密进近灯光系统

图 3.13　Ⅱ类、Ⅲ类精密进近灯光系统

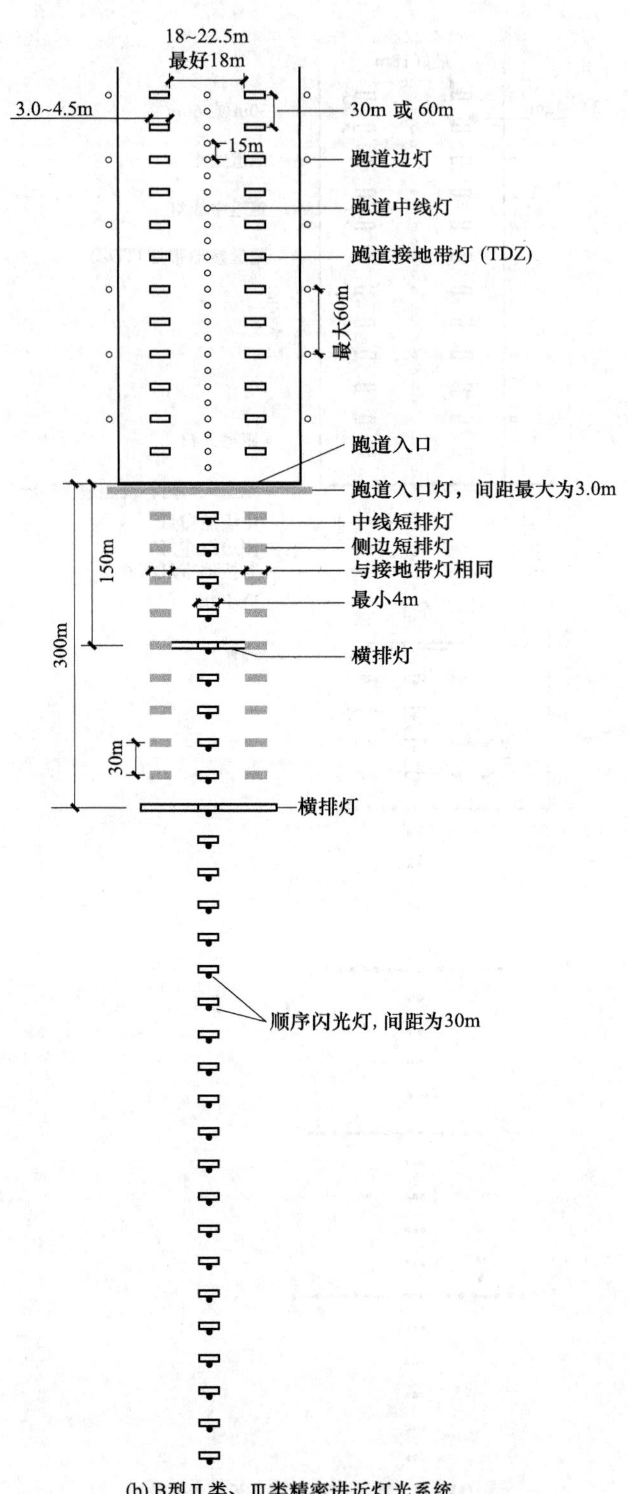

(b) B型Ⅱ类、Ⅲ类精密进近灯光系统

图 3.13（续）

如果距跑道入口 300m 以外的中线灯由短排灯构成，则靠近跑道入口 300m 以内中线灯为短排灯；如果距跑道入口 300m 以外的中线灯由单灯构成，则靠近跑道入口 300m 以内的中线灯为短排灯与单灯相间，最靠近跑道入口的单灯位于距跑道入口 30m 处，最靠近跑道入口的短排灯位于距跑道入口 60m 处。

距跑道入口 300m 以外的中线灯应为与内端 300m 部分相同的短排灯或在中线的中间 300m 部分为双灯光源，在中线的外端 300m 部分为三灯光源。

如果中线灯由短排灯组成，在Ⅱ类、Ⅲ类精密进近灯光系统距跑道入口 300m 处的横排灯及 300m 以外的短排灯上，应各附加一个顺序闪光灯。顺序闪光灯应每秒闪光两次，从最外端的灯向入口逐个顺序闪光，直到距入口 300m 处的横排灯为止。

（2）侧边短排灯。距跑道入口 270m 以内的侧边短排灯应对称于跑道中线延长线并发红光。单个侧边短排灯的组成、长度和至中线延长线另一侧与其对称的侧边短排灯的横向距离均应与接地带灯相同。

短排灯的长度应至少为 4m；当短排灯由近似点光源组成时，灯具应等距设置，间距应不大于 1.5m。

（3）横排灯。构成横排灯的灯具应为发可变白光的恒定发光灯。灯具应以不大于 2.7m 的间距均匀布置。横排灯有两排，一排距离跑道入口 150m，此时横排灯必须填满中线灯与侧边灯之间的空隙；另一排距离跑道入口 300m，此时横排灯必须自中线向两侧各伸出 15m。

如果距跑道入口 300m 以外的中线灯是由单灯组成的，应在距跑道入口 450m、600m 和 750m 处增设横排灯。

Ⅱ类、Ⅲ类精密进近灯光系统的全部灯具的光中心应尽量与跑道入口灯的光中心保持在同一个水平面上，距跑道入口 150m 范围内的灯具应在当地情况许可条件下尽量安装得接近地面，不应有降坡。由于地形变化，在距入口 450m 以内可以有一段不大于 1 ：66 的升坡，但不应有降坡；在距入口 450m 以外可以有不大于 1 ：66 的升坡或不大于 1 ：40 的降坡。全长范围内变坡的次数应尽可能少，而且每次坡度的变化应尽可能小。每一段升坡、降坡或水平段上至少应包含三个短排灯。除侧边短排灯外，系统中的横排灯和短排灯均应垂直于中线并被中线平分，分别位于同一水平线上，侧边短排灯应与相邻的中线短排灯位于同一水平面上。

2）颜色

Ⅱ类、Ⅲ类精密进近灯光系统由能发可变白光的中线灯、横排灯和发红光的侧边短排灯构成。

3）光强和有效范围

Ⅱ类、Ⅲ类精密进近灯光系统中闪光灯的光学特性应符合表 3.2 的规定。进近灯光系统的中线灯和横排灯（白光）、侧边灯（红光）的光学特性应符合《机场——机场设计和运行》（《国际民用航空公约》附件 14 第Ⅰ卷，第八版）中附录 2 的规定。

3.4.3 目视进近坡度指示系统

有进近引导要求的航空器使用的跑道，无论跑道是否设有其他目视助航设备或非目视助航设备，均应设置目视进近坡度指示系统。

1．目视进近坡度指示系统的种类

为进近着陆中的飞机提供正确下滑航道的助航灯光系统，称为目视进近坡度指示系统。标准的目视进近坡度指示系统有两种，即精密进近坡度指示器（precision approach path indicator，PAPI）和简易精密进近坡度指示器（abbreviated precision approach path indicator，APAPI），如图 3.14 所示。

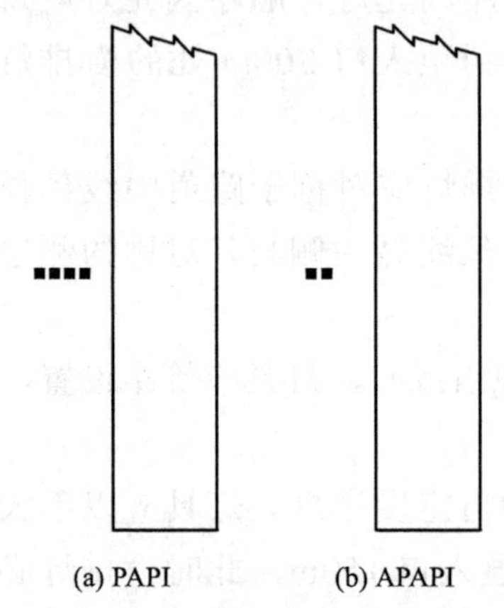

图 3.14 两种目视进近坡度指示系统

在需要设置目视进近坡度指示系统时，当飞行区指标Ⅰ为 3 或 4 时，应设置 PAPI；当飞行区指标Ⅰ为 1 或 2 时，应设置 PAPI 或 APAPI。

2．精密进近坡度指示器

1）PAPI 坡度指示原理

PAPI 的功能是在机场跑道的进近坡度确定的情况下，向实施着陆作业的驾驶员提供一个正确的进近航道指示和四个不同的偏离指示。不按照 PAPI 灯的指示降落会有安全隐患。

PAPI 坡度指示原理如下。将位于跑道边线外、距离跑道入口为一个特定距离且在与跑道垂直方向上的四个灯具以不同的角度朝向进近着陆的飞机，利用光的折射原理，使沿着不同下滑坡度进近的飞行员所观察到的四个灯具呈现不同的颜色组合。进近中的飞行员正在或接近进近坡时，看到离跑道最近的两个灯具为红色，离跑道最远的两个灯具为白色；高于进近坡时，看到离跑道最近的一个灯具为红色，离跑道最远的三个灯具为白色；在高于进近坡更多时，看到全部灯具均为白色；低于进近坡时，看到离跑道最近的三个灯具为红色，离跑道最远的一个灯具为白色；在低于进近坡更多时，看到全部灯具均为红色，如图 3.15 所示。

更换灯具零件、飞机尾气、大风、大雨等因素及灯具箱体的记忆效应等都可能导致 PAPI 指示角度产生误差，地面维护人员如果不能及时发现，对飞行是非常危险的。首次投入运行时，要求 PAPI 的亮灯率为 100%；投入运行后，每台灯具不多于一个灯泡失效。

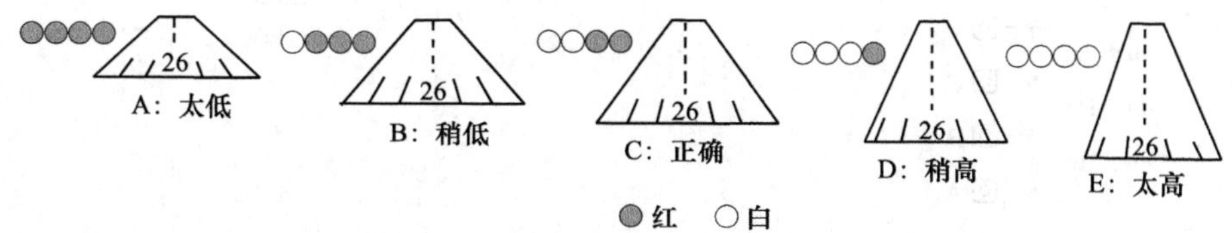

图 3.15　PAPI 系统指示的灯光信号

2）PAPI 的变光原理

PAPI 利用了光的折射与球面反射原理，其光学原理如图 3.16 所示。

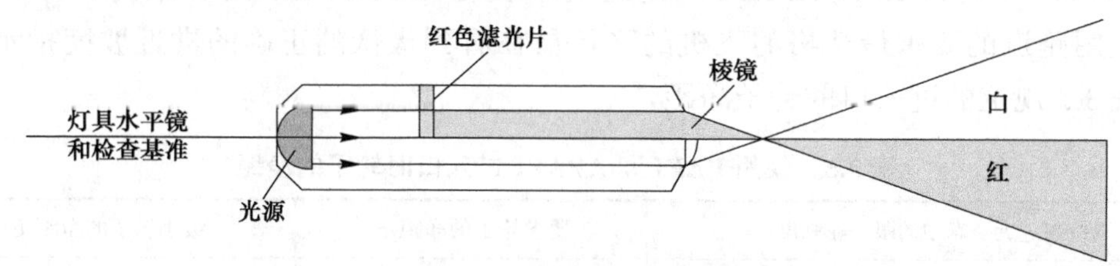

图 3.16　PAPI 的光学原理

PAPI 由卤光源发出的光经反射成平行光后，穿过上半部红色滤光片只剩下红光，下半部的白光继续传播，经挡光口遮挡住一部分散射的杂光，留下最均匀的平行光穿过透镜；经透镜会聚后，红白光翻转，白光在上部，红光在下部。通过微调滤光片轴向和纵向的位移，即可得到符合标准的光学特性。

3）PAPI 的布置

PAPI 系统应由四个灯具组成，并应设在跑道的左侧（对进近中的飞行员而言），具体位置如图 3.17（a）所示。但在实际不可行时可设在跑道的右侧。在使用跑道的航空器需要未能由其他外部方式提供的目视侧滚引导时，可在跑道的另一侧设置另一组灯具，使两组灯具的信号同时对称变化。

APAPI 系统由两个灯具组成，除非实际不可行，该系统必须设在跑道的左侧，具体位置如图 3.17（b）所示。进近中的飞行员正在或接近进近坡时，看到距离跑道较近的灯具为红色，距离跑道较远的灯具为白色；高于进近坡时，看到两个灯具均为白色；低于进近坡时，看到两个灯具均为红色。

如果是 PAPI，最靠近跑道的灯具内边距跑道道边为 15m±1m，灯具间隔为 9m±1m；飞行区指标Ⅰ为 1 或 2 时最靠近跑道的灯具内边距跑道道边不小于 10m±1m，灯具间距为 6m±1m。如果是 APAPI，灯具最靠近跑道的一边应距离跑道边 10m±1m，灯具间距是 6m±1m。

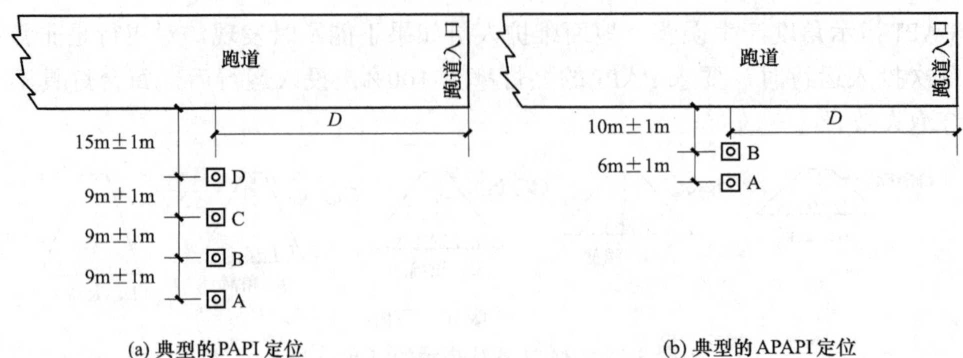

图 3.17 典型 PAPI 和 APAPI 的安装

PAPI 翼排灯距跑道入口距离 D 的确定，应综合考虑以下因素。

（1）在安装 PAPI 或 APAPI 的跑道上未装有 ILS 或 MLS 时，距离 D 必须保证经常使用跑道的要求最严格的飞机的飞行员在看到最低的正确的进近坡度指示时，能有表 3.5 规定的过入口的轮子净距。

表 3.5 使用 PAPI 和 APAPI 过入口时轮子的净距

飞机在进近姿态中的眼—轮高度/m	要求轮子的净距/m	最小轮子的净距/m
＜3	6	3
3～5（不含）	9	4
5～8（不含）	9	5
8～14（不含）	9	6

（2）PAPI 灯与跑道入口的距离 D 应满足使用跑道要求最高的（大型）飞机在进近姿态中眼—轮高度与所需要的轮子（主起落架最低处轮子）在跑道入口上方的净距（图 3.18），以及 PAPI 灯给出的“正确航道”信号下边界的灯具仰角之间的关系。

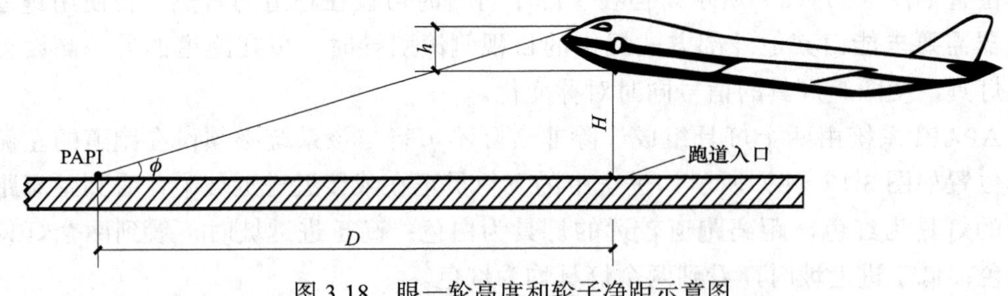

图 3.18 眼—轮高度和轮子净距示意图

图 3.18 中，ϕ 是 PAPI 给出的“正确航道”信号下边界的灯具仰角（2 号灯 2° 50′）下调 2′，即 2° 48′；H 是机轮在跑道入口上方的净距，大型飞机选 9m，小型飞机选 6m；h 是飞机在进近姿态中眼—轮高度，大型飞机为 8～14m，小型飞机在 3m 以

下；D 是 PAPI 灯与跑道入口的距离：

$$D=\frac{h+H}{\tan\phi} \tag{3.4}$$

（3）按式（3.4）计算距离 D 时将 PAPI 看作质点，并没有考虑灯具自身高度。

（4）在安装 PAPI 或 APAPI 的跑道上设有 ILS 和（或）MLS 时，距离 D 必须能在经常使用的各种飞机的眼—天线高度范围内提供两种助航信号的最佳协调。此距离必须等于 ILS 下滑道有效起端到入口的距离再加上一个为补偿各种有关的飞机眼—天线高度变化的校正因数。此校正因数为该飞机的眼—天线高度的平均值与进近角的余切的乘积。但距离 D 在任何情况下不得使过入口的轮子净距低于表 3.5 中规定的最小轮子净距。

（5）如果由于某种飞机要求有大于表 3.5 中规定的轮子净距时，可增大距离 D。

（6）必须调整距离 D 以补偿灯具透镜中心与跑道入口之间的高差。

（7）为了保证灯具安装得尽可能低和为了容许一些横坡，灯具之间不大于 5cm 的小量高度调整是许可的。在灯具之间统一采用一个不大于 1.25% 的横坡也是许可的。

部分机场由于其地理位置的原因，飞机进近需以高角度下滑时，机场会调节灯具透镜的角度和距离 D，以便使飞机在高下滑角度时，仍能看到两红两白灯信号，不需要另外修正航角。国外一些无人管制的机场可以由飞行员在机场沟通频道上按下无线电发话键开启 PAPI 灯光。

4）光强和有效范围

APAPI 和 PAPI 灯具的光学特性应符合《民用机场飞行区技术标准》（MH 5001—2021）中的要求。

PAPI 灯光系统必须适用于日间和夜间运行，须设置合适的光强调节设备，以便调节光强来适应当时的情况并避免使飞行员在进近和着陆中感到眩目。每个灯具必须能调节仰角，使光束的白光部分的下限可以固定在水平以上 1°30′ 至 4°30′ 之间任何要求的角度上。

PAPI 和 APAPI 的光束和仰角调置如图 3.19 所示。

5）PAPI 灯具结构

PAPI 灯系统由四个灯具组成。每个灯具生成一个光束，该光束又被分成上部的白色区和下部的红色区。老式 PAPI 灯每个灯具由三个小灯具组成，三个小灯具生成一个光束，保障灯的光强和可视距离。随着新技术的发展，新式 PAPI 灯每部分只有一个灯具，由两个透镜和一个滤光片组成光学通道，在整个光束宽度上都可以迅速地实现由红光到白光的转变，具有小尺寸外形，在飞机降落方向上有较强的抗风性，并且两个安装腿结构便于灯具水平的调整。因此，受到众多机场的欢迎，应用越来越广泛。PAPI 灯实物如图 3.20 所示。

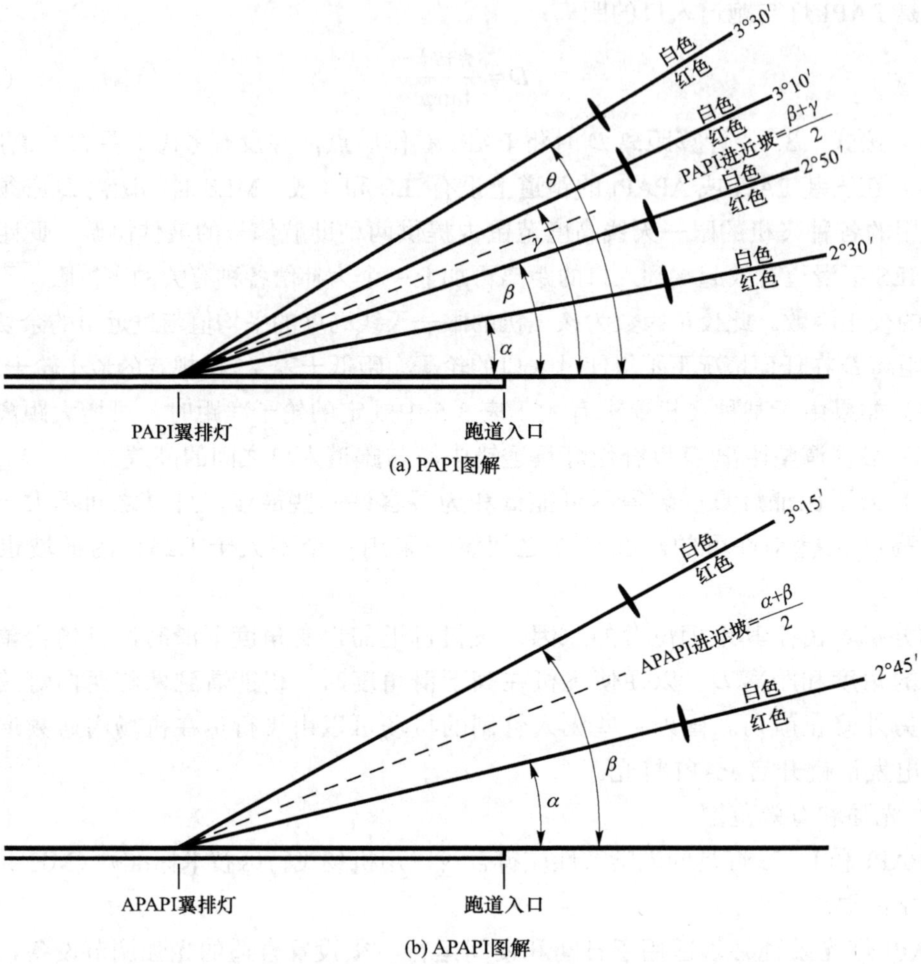

3°30′ 白色 红色
3°10′ 白色 红色
PAPI进近坡 $=\frac{\beta+\gamma}{2}$
2°50′ 白色 红色
2°30′ 白色 红色
θ γ β α
PAPI翼排灯 跑道入口

(a) PAPI图解

3°15′ 白色 红色
APAPI进近坡 $=\frac{\alpha+\beta}{2}$
2°45′ 白色 红色
β α
APAPI翼排灯 跑道入口

(b) APAPI图解

图 3.19 PAPI 和 APAPI 的光束和仰角调置

图 3.20 PAPI 灯实物图

新式 PAPI 灯具有更为合理和优越的结构与外观，增强了灯具的实用性和可靠性。长焦距透镜使高度调整更容易，更精确，更稳定；坚硬的前玻璃保护透镜不受风沙破坏，无失真；全铝制结构，装配易折安装腿；整个单元采用垫圈保持内部清洁，减少维护量；更换灯具和透镜不需要任何工具。PAPI 灯结构如图 3.21 所示。

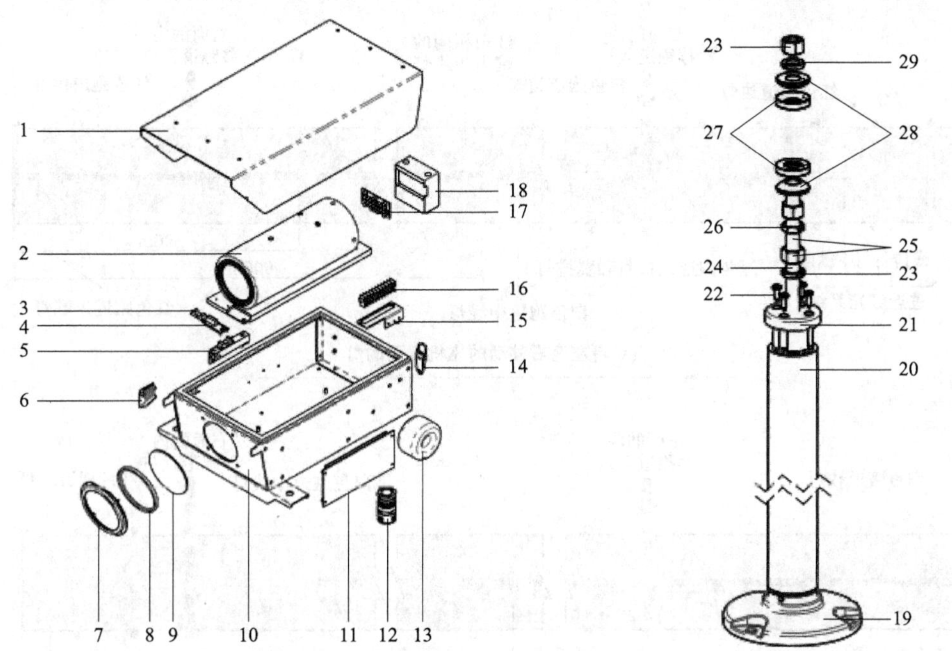

1——上盖板；2——光学透镜组；3——横向水平器；4——数码显示板；5——纵向水平模块；6——制冷模块；7——密封压圈；8——玻璃密封圈；9——前玻璃；10——箱体组件；11——驱动；12——软管接头；13——变压器；14——搭扣；15——支架；16——端子排；17——光源组件；18——光源固定座；19——法兰盘；20——支腿；21——支腿端盖；22——自攻螺钉；23——弹簧垫圈；24——螺杆；25——六角螺母；26——六角薄螺母；27——球面下垫圈；28——球面上垫圈；29——波形弹簧垫圈。

图 3.21　PAPI 灯结构图

3.5　跑道灯光

3.5.1　跑道灯光引导原理

跑道灯包括跑道入口灯、跑道入口翼排灯和跑道入口识别灯、跑道接地带灯、跑道中线灯、跑道边灯、跑道末端灯、跑道状态灯，如图 3.22 所示。主要跑道灯的运行标准和允许误差见表 3.6。

跑道灯光系统在飞机最后进近阶段和着陆后为飞机驾驶员提供定位和引导作用。跑道入口灯、跑道入口翼排灯和跑道中线灯对于飞机对准跑道降落意义重大。跑道入口灯、跑道边灯和跑道末端灯共同显示了跑道的轮廓。跑道接地带灯显示了飞机着陆的合适位置。飞机在跑道上着陆后减速滑行，前方跑道中线灯的颜色由全白、红白相间最后变成全红，驾驶员按照塔台的指示选择合适的滑行道脱离跑道。

飞机若进入跑道中线灯全红的区域，说明飞机距离跑道末端已经不足300m。

表3.6为跑道和滑行道灯光系统的运行标准和允许误差。

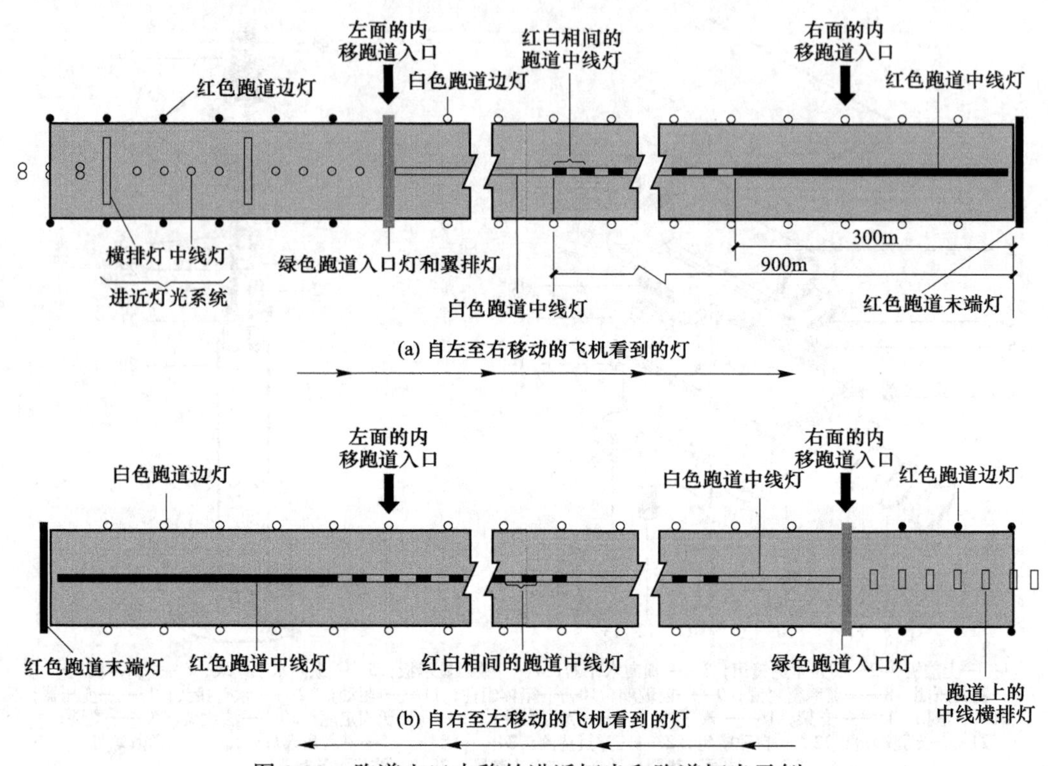

图3.22 跑道入口内移的进近灯光和跑道灯光示例

表3.6 跑道和滑行道灯光系统的运行标准和允许误差

运行参数		标准	参数要求及允许误差	
			首次投入运行时	投入运行后
跑道灯具亮灯率	跑道入口灯	100%	100%	允许1个灯不亮
	跑道末端灯	100%	100%	允许1个灯不亮
	跑道边灯	100%	100%	90%（不允许有2个相邻的灯具不亮）
	跑道中线灯	100%	100%	95%（不允许有2个相邻的灯具不亮）
	跑道接地带灯	100%	100%	95%（不允许有2个相邻的灯具不亮）
滑行道灯具亮灯率	滑行道边灯	100%	100%	90%（不允许有2个相邻的灯具不亮）
	滑行道中线灯	100%	100%	95%（不允许有2个相邻的灯具不亮）
	停止排灯	100%	100%	95%（不允许有2个相邻的灯具不亮）
	跑道警戒灯	100%	100%	100%
跑道警戒灯交替频率		40～60次	40～60次	40～60次
输入电压		220～380V	10%	10%

3.5.2　跑道入口灯

1. 跑道入口灯的设置

跑道中供飞机着陆部分的起始处为跑道入口。设有跑道边灯的跑道必须设置跑道入口灯，只有跑道入口内移并设有跑道入口翼排灯的非仪表跑道和非精密进近跑道才可以不设。跑道入口灯如图 3.23 所示。

(a) 立式跑道入口灯、翼排灯

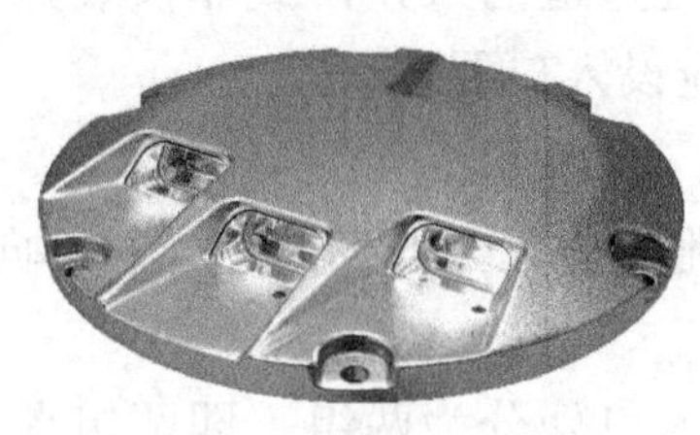
(b) 嵌入式跑道入口灯

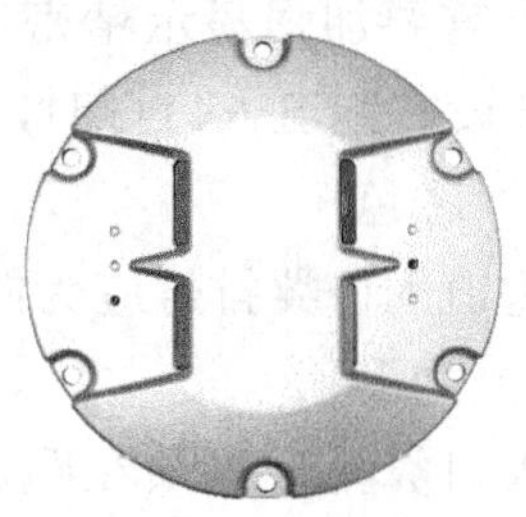
(c) 组合式跑道入口和末端灯

图 3.23　各类跑道入口灯

2. 跑道入口灯的性质

1）构形

当跑道入口位于跑道端时，跑道入口灯必须设在垂直于跑道轴线的一条直线上并且尽可能地靠近跑道端，距离应不大于 3m。当跑道入口自跑道端内移时，跑道入口灯应设在跑道入口处的一条垂直于跑道轴线的直线上。

跑道入口灯设置的数量和间距如下。

（1）非仪表跑道或非精密进近跑道，至少 6 个灯。

（2）Ⅰ类精密进近跑道，跑道入口灯的数量至少为在跑道边灯线之间以 3m 间距等距设置时所需的灯数。

（3）Ⅱ类、Ⅲ类精密进近跑道，跑道入口灯应在跑道边灯线之间以不大于 3m 的间距等距设置。

（4）（1）和（2）项规定的跑道入口灯可均匀布置，也可分为两组均匀布置。两组均匀布置时中间应留一缺口，缺口对称于跑道中线，其宽度应等于接地带标志的间距。若跑道上未设置接地带标志，则两组灯之间的缺口宽度应为 18m 或不大于两行跑道边灯之间距离的 1/2。

2）颜色

跑道入口灯应为向跑道进近方向发绿色光的单向恒定发光灯。组合式跑道入口和末端灯向两个方向分别发出绿色光和红色光，可作为跑道一端的入口灯和跑道另一端的末端灯。

3）光强和有效范围

非精密进近跑道和精密进近跑道的入口灯的光学特性应符合《机场——机场设计和运行》（《国际民用航空公约》附件 14 第 I 卷，第八版）中附录 2 的规定。

3.5.3 跑道入口翼排灯和跑道入口识别灯

1．跑道入口翼排灯

当需要加强显示精密进近跑道的入口，或非仪表跑道和非精密进近跑道因入口内移未设有跑道入口灯时，应设入口翼排灯。

1）颜色

跑道入口翼排灯应为向跑道进近方向发绿色光的单向恒定发光灯。

2）构形

入口翼排灯必须在跑道入口处分为两组，即两组翼排灯对称于跑道中线设置。每组翼排灯至少由 5 个灯组成，垂直于跑道边灯线并伸出该线至少 10m，并将最里面的灯位于跑道边灯线上。

3）光强和有效范围

非精密进近跑道和精密进近跑道入口翼排灯的光学特性应符合《机场——机场设计和运行》（《国际民用航空公约》附件 14 第 I 卷，第八版）中附录 2 的规定。非仪表跑道入口翼排灯在水平方向 ±15° 和垂直角 2° ～ 10° 范围内的平均光强应不小于 50cd（绿色），其光强和光束扩散角必须足以适应跑道准备使用时的能见度和周围灯光条件的需要。

2．跑道入口识别灯

当跑道入口永久位移或从正常位置临时位移，并需要使跑道入口更加明显时，或需要使非精密进近跑道的入口更加明显或设置其他进近灯光不可行时，应设置跑道入口识别灯。

跑道入口识别灯必须对称地设在跑道中线两侧，与跑道入口在同一条直线上，在跑道两侧边灯线以外约 10m 处。跑道入口识别灯为白色闪光灯，闪光频率为每分钟 60 次至 120 次，灯光必须只能在向跑道进近的方向才能看到。

3.5.4 跑道接地带灯

1．跑道接地带灯的设置

接地带是指供着陆飞机越过跑道入口后，最早接触跑道的那部分跑道。Ⅱ类、

Ⅲ类精密进近跑道的接地带应设置跑道接地带灯。

2．跑道接地带灯的性质

1）颜色

跑道接地带灯为朝向进近方向发可变白光的嵌入式恒定发光灯，如图 3.24 所示。

2）构形

跑道接地带灯由许多对称于跑道中线的短排灯组成，短排灯至少由三个灯组成，灯间距不大于 1.5m。短排灯的长度不小于 3m，不大于 4.5m。

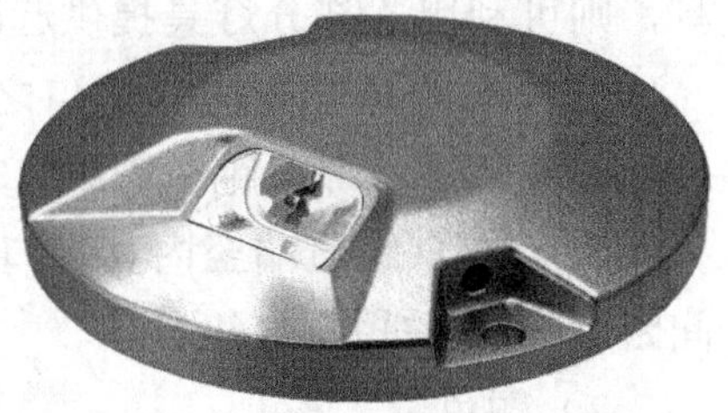

图 3.24　跑道接地带灯

跑道接地带灯从跑道入口开始设置，纵向延伸 900m；当跑道长度小于 1800m 时，跑道接地带灯的设置不超过跑道中点。该系统应以多对对称于跑道中线的短排灯组成，每对短排灯最里面两个灯的横向间距必须等于接地带标志所选用的横向间距，两对短排灯之间的纵向距离必须为 30m 或 60m。为了能在尽可能低的能见度条件下运行，以采用 30m 的短排灯纵向间距为宜。

3）光强和有效范围

跑道接地带灯（白光）的光学特性应符合《机场——机场设计和运行》（《国际民用航空公约》附件 14 第Ⅰ卷，第八版）中附录 2 的规定。跑道接地带灯必须对准方向使朝跑道方向进近的着陆飞机的驾驶员能够看到。

3.5.5　跑道中线灯

1．跑道中线灯的设置

跑道中线灯用于向飞机提供当其在进近着陆、起飞或在跑道上滑跑时所需要的跑道中线位置的信息。精密进近跑道及起飞跑道应设置跑道中线灯，Ⅱ类、Ⅲ类精密进近跑道必须设置跑道中线灯，如图 3.25 所示。

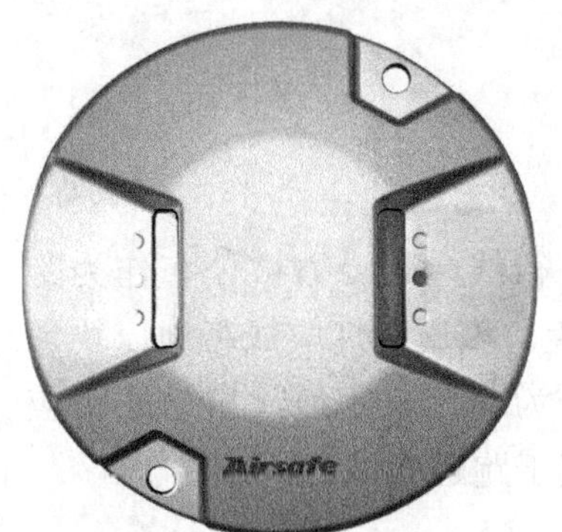

图 3.25　跑道中线灯

2．跑道中线灯的性质

1）构形

跑道中线灯采用嵌入式灯具，在跑道入口至末端之间以约 15m 的纵向间距沿跑道中线布置，在出口滑行道较少的一侧，允许偏离跑道中线至多 0.6m。仅在跑道中线灯的维护能够保证灯具的完好率达到 95% 以上，同时没有两个相邻的灯具失效，而且跑道是计划在跑道视程等于或大于 350m 时运行的情况下，灯具的纵向间距才可改为大致 30m。

当跑道入口内移时，为了向从入口内移的跑道端起飞的航空器提供引导，可以用下列方法之一标出自跑道端至内移入口之间的跑道中线。

（1）如果自跑道端至内移入口之间的跑道上设有进近灯光系统的最末一部分灯具，则可利用这部分灯具提供起飞引导。

（2）在跑道端与内移入口之间设置跑道中线灯，并能在飞机向此内移入口进近着陆时关闭这一部分跑道中线灯。

（3）在自跑道端至内移入口的跑道中线上设置发白色光的长度不小于 3m、纵向间距为 30m 的短排灯组。

2）颜色

跑道中线灯灯光自跑道入口至距离跑道末端 900m 范围内为白色；从距离跑道末端 900m 处开始至距离跑道末端 300m 的范围内为红色与白色相间；从距离跑道末端 300m 开始至跑道末端为红色。若跑道长度不足 1800m，则从跑道中点起至距离跑道末端 300m 处范围内为红色与白色相间。

3）光强和有效范围

跑道中线灯的光学特性应符合《机场——机场设计和运行》(《国际民用航空公约》附件 14 第Ⅰ卷，第八版）中附录 2 的规定。应调节光强以适应起飞的需要，同时避免飞行员感到眩目。

3.5.6 跑道边灯

1．跑道边灯的设置

夜间使用的跑道、日夜使用的精密进近跑道和准备在跑道视程低于 800m 左右的最低标准起飞的跑道，应设跑道边灯。

2．跑道边灯的性质

1）构形

跑道边灯应沿跑道全长在与跑道中线等距的两条平行线上，沿着被公布作为跑道使用的地区的边缘或沿边缘以外距离不大于 3m 处设置。跑道边灯应成行地以均匀间隔布置，若为仪表跑道，灯的间距应不大于 60m，若为非仪表跑道，灯的间距应不大于 100m。跑道两侧的灯应一一对应，形成一条垂直于跑道中线的直线。

2）颜色

跑道边灯的颜色有白色、黄色和红色三种。在跑道入口内移的情况下，从跑道端至内移跑道入口之间的灯应对进近方向显示红色；跑道末端600m范围内的跑道边灯朝向进近方向的灯光应为黄色。若跑道长度不足1800m，则发黄色光的跑道边灯所占长度应为跑道长度的1/3，其余情况跑道边灯为白色。

3）光强和有效范围

跑道边灯可以是立式灯具，也可以是嵌入式灯具，如图3.26所示。跑道边灯的光学特性应符合《机场——机场设计和运行》(《国际民用航空公约》附件14第Ⅰ卷，第八版）中附录2的规定。在任何情况下，光强至少应为50cd，只有在周围灯光较暗的机场可将光强降低至不小于25cd。红色光和黄色光的光强应分别为白色光光强的15%和40%。

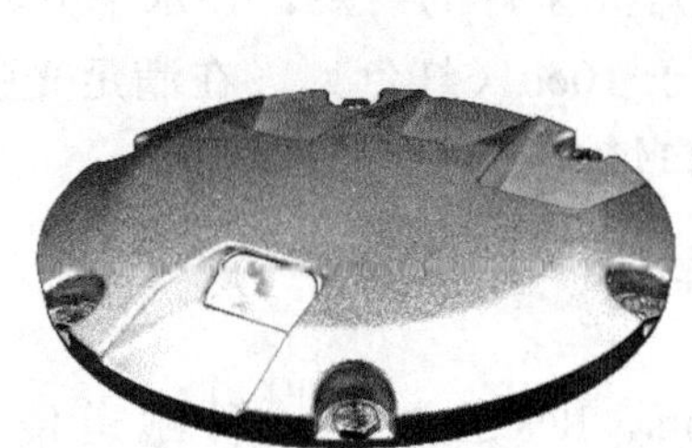

(a) 嵌入式跑道边灯

(b) 立式跑道边灯

图3.26　跑道边灯

非仪表跑道的跑道边灯应在所有方位角上都发光。在所有方位角上自水平以上至仰角15°范围内的光强应足以适应跑道拟供起飞或着陆时的能见度和（或）周围灯光条件的需要。

3.5.7　跑道末端灯

1．跑道末端灯的设置

设有跑道边灯的跑道必须设置跑道末端灯。非精密进近跑道和精密进近跑道的跑道末端灯应为轻型易折的立式灯具或是嵌入式灯具，非仪表跑道的跑道末端灯应为轻型易折的立式灯具，如图3.27所示。

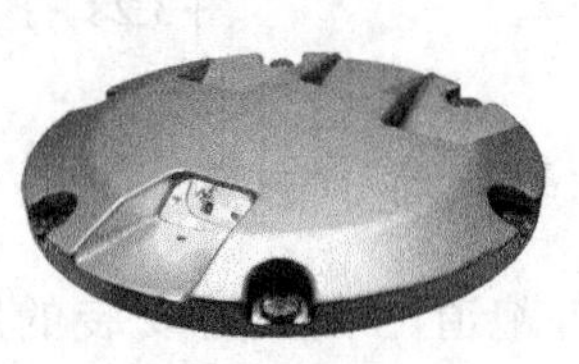

(a) 嵌入式跑道末端灯

(b) 立式跑道末端灯

图3.27　跑道末端灯

2．跑道末端灯的性质

1）构形

跑道末端灯至少应由6个灯组成，并设置在一条垂直于跑道中线并尽可能靠近跑道端的直线上，距离跑道端不大于3m；可以在两行跑道边灯线之间等距设置，也可分为两组对称于跑道中线设置，每一组灯都应等距布置，并在两组之间留一个不大于两行跑道边灯之间距离一半的空隙。Ⅲ类精密进近跑道的跑道末端灯的间距除两组灯之间的空隙处外（如设缺口），不应超过6m。

2）颜色

跑道末端灯应为向跑道方向发红色光的单向恒定发光灯。

3）光强和有效范围

跑道末端灯的光学特性应符合《机场——机场设计和运行》（《国际民用航空公约》附件14第Ⅰ卷，第八版）中附录2的规定。其光强和光束扩散角必须足以适应跑道准备使用时的能见度和周围灯光条件的需要。在水平方向±10°和垂直角2°～10°范围内的平均光强应不小于10cd（红色），在满足光强要求的条件下，跑道末端灯可与同一位置上的跑道入口灯合用一个灯具。

3.5.8 跑道状态灯

跑道状态灯（runway status lights，RWSL）是一种跑道侵入自主警告系统（autonomous runway incursion warning system，ARIWS）。其由跑道进入灯（runway entrance lights，RELs）和起飞等待灯（take-off hold lights，THLs）组成。两者都可以单独安装，但在设计上要彼此互为补充，如图3.28所示。

图3.28 跑道状态灯

1. 跑道状态灯的设置

在每个滑行道与跑道的交叉处安装的跑道进入灯具组、跑道上的起飞等待灯具组都须在该系统确定需要发出警告后2s内开亮。跑道进入灯和起飞等待灯的自动化程度为：对每套系统的唯一控制将是断开一套或两套系统。

2. 跑道状态灯的性质

1）构形

跑道进入灯至少包括5个灯具，并根据所设滑行道的长度，保持最小3.8m及最大 15.2m 的纵向间隔，但安装在跑道中线附近的灯具除外。跑道进入灯安装在偏离滑行道中线 0.6m，位于滑行道中线灯的对面一侧，并在跑道等待位置前面 0.6m 处开始，一直延伸至跑道边线处；必须在跑道上距离跑道中线 0.6m 处额外安装一个灯具，并与滑行道上最后两个跑道进入灯对准。如果提供两个或两个以上跑道等待位置，则所指的跑道等待位置为距离跑道最近的那个。

起飞等待灯安装在跑道中线灯两侧偏离中线灯 1.8m 处，并从距离跑道开始处 115m 的一个点开始，向后成对延伸，每 30m 一对，至少延伸 450m。可能会在起飞滑跑开始点额外安装起飞等待灯。

2）颜色

跑道进入灯应由一行沿航空器朝跑道进近的方向发红色光的嵌入式恒定发光灯组成，起飞等待灯应由两排朝起飞航空器方向发红色光的嵌入式恒定发光灯组成。

3）光强和有效范围

跑道进入灯和起飞等待灯的光强和光束扩散角应符合《机场——机场设计和运行》（《国际民用航空公约》附件 14 第Ⅰ卷，第八版）中附录 2 的规定。可能要求考虑降低在呈锐角交叉的跑道与滑行道的交叉处安装的某些跑道进入灯的光束宽度，以确保跑道上的航空器看不见跑道进入灯。

3.6　滑行道灯光

滑行道灯光系统包括滑行道中线灯、滑行道边灯、快速出口滑行道指示灯、停止排灯、中间等待位置灯和跑道警戒灯等，如图 3.29 所示。

飞机从廊桥或机位出发，沿滑行路径一路前行，滑行到最后一段滑行道时，前方的滑行道中线灯在停止排灯处将熄灭。飞机需要在此处停止并等待塔台放行，在飞行员得到塔台许可后，停止排灯熄灭，停止排前方的滑行道中线灯开启，引导飞机继续滑行，飞机滑行一定距离后，停止排灯重新开启，同时，停止排灯前方滑行道中线灯熄灭。

飞机在跑道上着陆后将按照塔台的指示从指定滑行道脱离跑道，快速出口滑行道指示灯和跑道上的滑行道中线灯对于飞行员找到指定的滑行道有积极作用。飞机进入滑行道后，滑行道中线灯和滑行道边灯给飞行员提供了良好的路径引导和边界提示。中间位置等待灯会提示飞行员前方是复杂的滑行道交口，要注意观察滑行道的交通状况。飞行员在滑行道灯光及其他目视助航设施的共同引导下最终到达机位或廊桥。

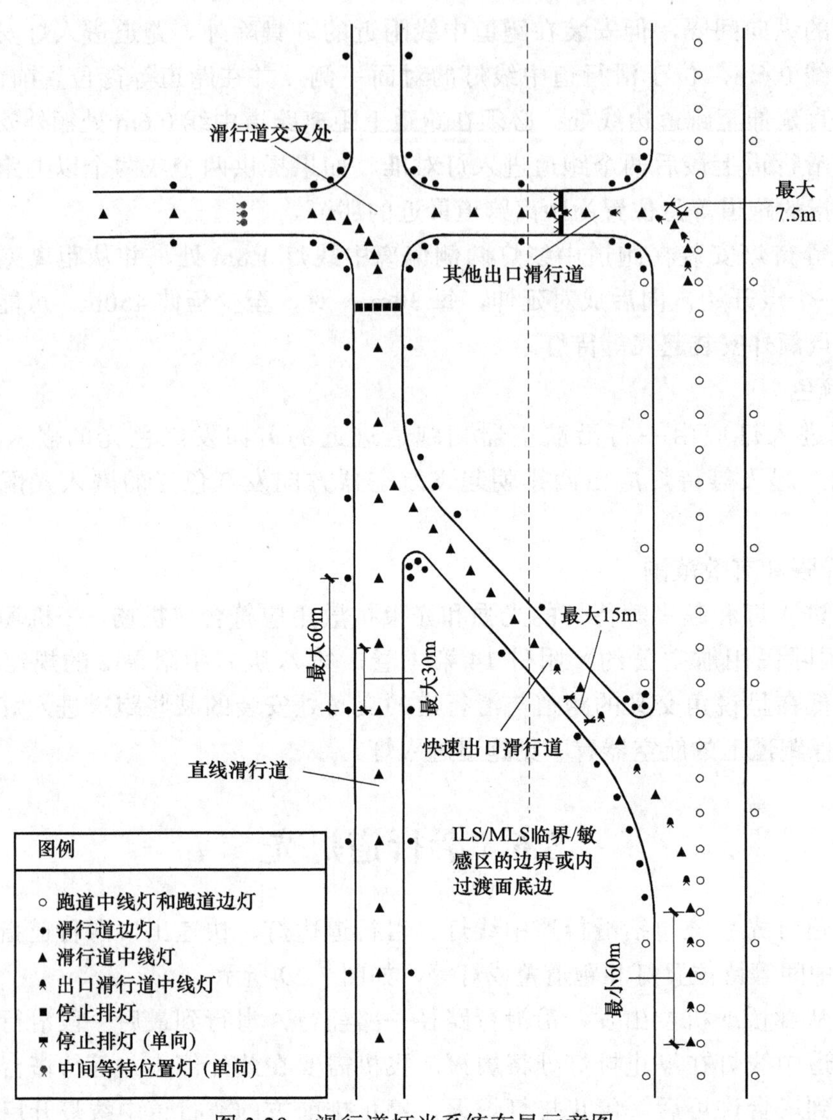

图 3.29 滑行道灯光系统布局示意图

3.6.1 滑行道中线灯

1. 滑行道中线灯的设置

拟在跑道视程小于 350m 的情况下使用的出口滑行道、滑行道、除冰防冰设施和停机坪必须设置滑行道中线灯，设置方式必须能从跑道中线和机位之间提供连续的引导，只有在低交通密度和滑行道边灯及中线标志能提供足够引导的情况下才无须设置。拟在跑道视程小于 350m 或更大的夜间情况下使用的滑行道上，特别是在复杂的滑行道相交处和出口滑行道上，应设置滑行道中线灯，只有在低交通密度和滑行道边灯及中线标志已能提供足够引导的情况下才可不设置。在可能需要勾画出滑行道边之处（如快速出口滑行道、窄滑行道），或在有积雪的情况下，可设置滑行道边灯或标志物。

作为高级地面活动引导和控制系统的一部分的出口滑行道、滑行道、除冰防冰设施、机位滑行通道和作为标准滑行路线的一部分的跑道上，无论拟在何种能见度条件下使用，均应设置滑行道中线灯。

2．滑行道中线灯的性质

1）构形

滑行道中线灯通常应设置在滑行道中线标志上，仅当设在标志上实际不可行时才可将灯具偏离中线标志不大于 0.3m。

（1）滑行道上的滑行道中线灯。滑行道上的滑行道中线灯分为直线段中线灯和转弯中线灯。

一般情况下，直线段中线灯的纵向间距应该不大于 30m；但是在经常的气象条件下，采用较大的间距仍能提供足够的引导信息时，可用不大于 60m 的较大间距；在短的直线段上应采用小于 30m 的间距；在跑道视程小于 350m 时使用的滑行道上或作为标准滑行路线的一部分跑道上，应采用大于 15m 的间距。

滑行道弯道部分的滑行道中线灯应与滑行道直线部分的滑行道中线灯衔接，并从衔接处起保持中线灯至弯道外侧边缘的距离不变，其间距仍能清晰地显示出弯道来。准备在跑道视程小于 350m 情况下使用的滑行道上，弯道的灯间距不超过 15m；在半径小于 400m 的弯道上，灯间距不大于 7.5m；弯道间距保持到弯道前后各 60m。在准备用于跑道视程为 350m 或更大情况下的滑行道弯道上，下列灯距是适合的：弯道半径为 400m 以下，灯间距离是 7.5m；弯道半径为 401 ～ 899m，灯间距离是 15m；弯道半径为 900m 或更大，灯间距离是 30m。

（2）快速出口滑行道上的滑行道中线灯和其他出口滑行道上的滑行道中线灯。快速出口滑行道上的滑行道中线灯应该从滑行道中线曲线起始点以前至少 60m 处的一点开始，一直延续到曲线终点以后滑行道中线上预期飞机将降速至正常滑行速度的一点为止，灯具纵向间距应不大于 15m，在未设跑道中线灯之处，应采用不大于 30m 的纵向间距。平行于跑道中线的滑行道中线灯应始终离开跑道中线的任何一排灯（如果设有）至少 0.6m，跑道中线与跑道中线灯及跑道中线灯和滑行道中线灯的物理中心保持 60cm 的间距，如图 3.30 所示。

快速出口滑行道以外的出口滑行道上的滑行道中线灯，应从滑行道中线标志从跑道开始弯出的那一点开始，沿着弯曲的滑行道中线标志，至少到该标志离开跑道的地点为止。第一个灯应该距离跑道中线灯的任何一排灯（如果设有）至少 0.6m，灯具的纵向间距应不大于 7.5m。

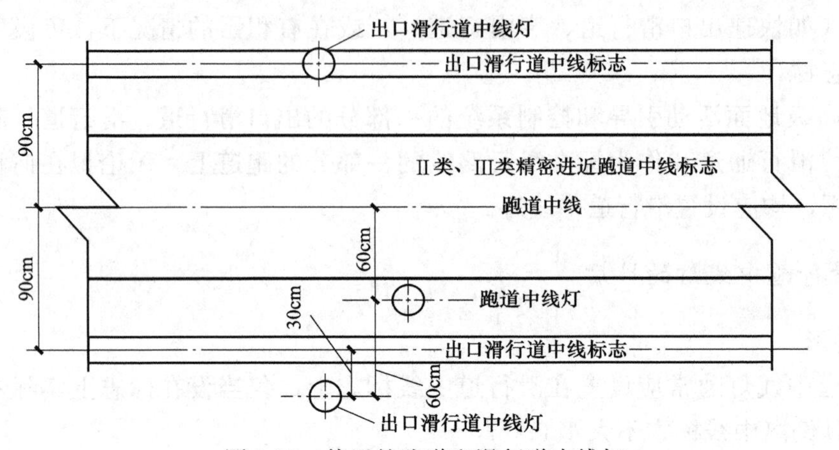

图 3.30 偏置的跑道和滑行道中线灯

（3）跑道上的滑行道中线灯。跑道上作为标准滑行路线的部分及在拟供跑道视程小于 350m 的情况下滑行时，滑行道中线灯的纵向间距不应超过 15m。

2）颜色

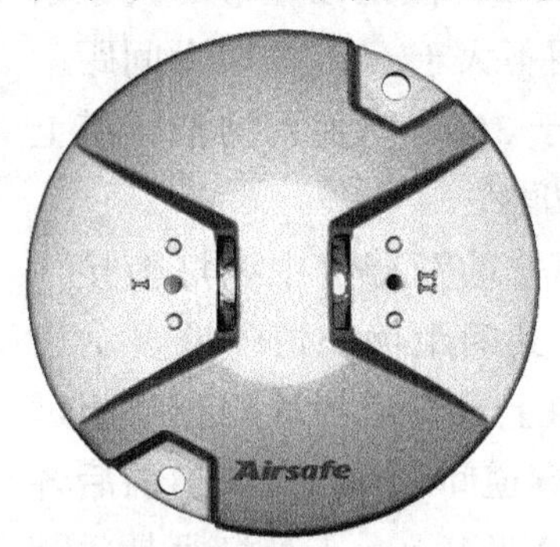

图 3.31 滑行道中线灯

滑行道中线灯为恒定发光灯，如图 3.31 所示。根据飞机滑行方向为双向或单向来确定灯具是双向发光或单向发光。颜色组合有双向显示绿色，单向显示绿色，单向显示黄色和一面绿色、一面黄色的双向显色三种。

双向运行滑行道的中线灯应为双向恒定绿色灯，单向运行滑行道的中线灯应为单向恒定绿色灯，但以下两种情况除外。

（1）双向运行滑行道，从航空器脱离跑道方向看，其靠近跑道中线的第一个滑行道中线灯应为绿色，之后应为绿色与黄色交替出现，与停止排灯的连线平行于跑道的灯应为黄色，该位置之后的所有滑行道中线灯应为绿色；从航空器进入跑道方向看，与停止排灯的连线平行于跑道的灯应为黄色，之后应为绿色与黄色交替出现，最远的灯应为绿色。

（2）单向运行滑行道，从航空器脱离跑道方向看，靠近跑道中线的第一个滑行道中线灯应为绿色，之后应为绿色与黄色交替出现，与停止排灯的连线平行于跑道的灯应为黄色，该位置之后的所有滑行道中线灯应为绿色；从航空器进入跑道方向看，与停止排灯的连线平行于跑道的灯应为黄色，之后应为绿色与黄色交替出现，最远的灯应为绿色。

3）光强和有效范围

不同跑道视程、不同位置和不同间距时滑行道中线灯的等光强图详见《民用机场飞行区技术标准》（MH 5001—2021）附录 E。

3.6.2　滑行道边灯

1．滑行道边灯的设置

准备在夜间使用的跑道机坪、等待坪、除冰防冰设施和跑道掉头坪的边缘任何部分，应设置滑行道边灯，只有在考虑到运行的性质，确认地面照明或其他方法已能提供足够的引导时才不必设置。跑道上作为标准滑行路线的一部分，拟供在夜间滑行而没有滑行道中线灯时，必须设置滑行道边灯。只有当跑道长度不足 1200m 时，才可用滑行道边逆向反光标志物代替全部滑行道边灯。

2．滑行道边灯的性质

1）构形

滑行道直线部分和在跑道上作为标准滑行路线的滑行道边灯应以不大于 60m 的纵向间距均匀设置，弯道部分的灯应能清晰地显示出该弯道，灯间距应小于 60m；跑道掉头坪上的滑行道边灯应按不大于 30m 的纵向间距均匀设置，如用滑行道边逆向反光标志物代替滑行道边灯，纵向间距宜为 30m。

灯具位置应实际可行地靠近滑行道、跑道掉头坪、等待坪、除冰防冰设施、机坪或跑道等的边缘，或在边缘以外距离不大于 3m 处。如用滑行道边逆向反光标志物代替滑行道边灯，布置方式应同滑行道边灯一样。

2）颜色

滑行道边灯为发蓝色恒定光的立式灯具或嵌入式灯具，如图 3.32 所示。

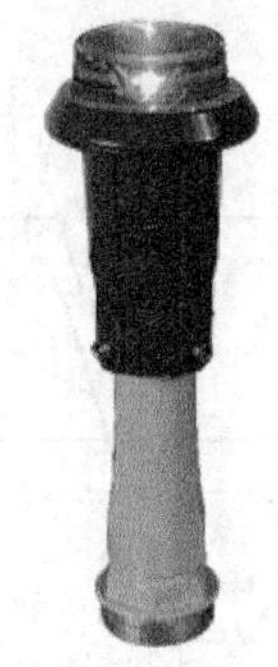

(a) 立式滑行道边灯

(b) 嵌入式滑行道边灯

图 3.32　各类滑行道边灯

3）光强和有效范围

滑行道边灯应采用全向发蓝色光的轻型易折的立式灯具或嵌入式灯具。灯具应在自水平到水平以上至少 75° 的范围内发光。光强在 0° ～ 6° 仰角范围之间应至少为 2cd，6° ～ 75° 仰角范围之间应至少为 0.2cd。在相交、出口或弯道等处的灯具应对可能与其他灯光混淆的方位加以遮挡。

3.6.3 快速出口滑行道指示灯

快速出口滑行道指示灯的用途是为飞行员提供跑道上与最近的快速出口滑行道的距离方面的信息，以便在能见度低的条件下更好地了解飞机所在的位置，使飞行员能够刹车减速，获得更高效的着陆滑跑和脱离跑道速度，如图 3.33 所示。

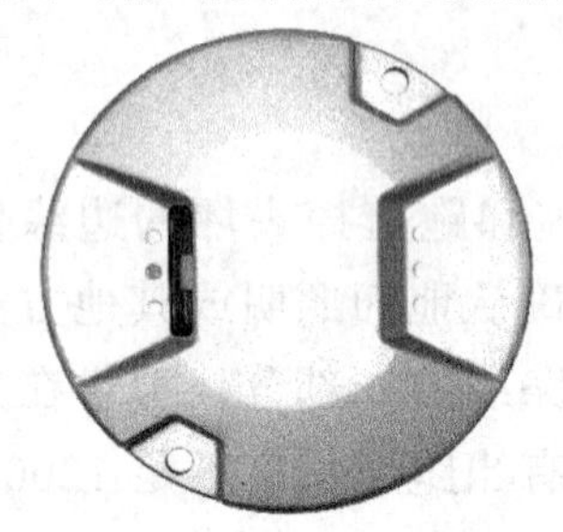

图 3.33 快速出口滑行道指示灯

1．快速出口滑行道指示灯的设置

拟在跑道视程低于 350m 或高交通密度的情况下使用的跑道，应设置快速出口滑行道指示灯。

2．快速出口滑行道指示灯的性质

1）构形

快速出口滑行道指示灯在其运行的任何时间内应按全图形展示，否则应关闭。一组快速出口滑行道指示灯应与相关的快速出口滑行道设在跑道中线的同一侧，如图 3.34 所示。在每一组灯中，灯间距离应为 2m，最靠近跑道中线的灯距离跑道中线应为 2m。如果一条跑道上设置的快速出口滑行道多于一条，则为每一个出口设置的快速出口滑行道指示灯在打开时灯光不应重叠。

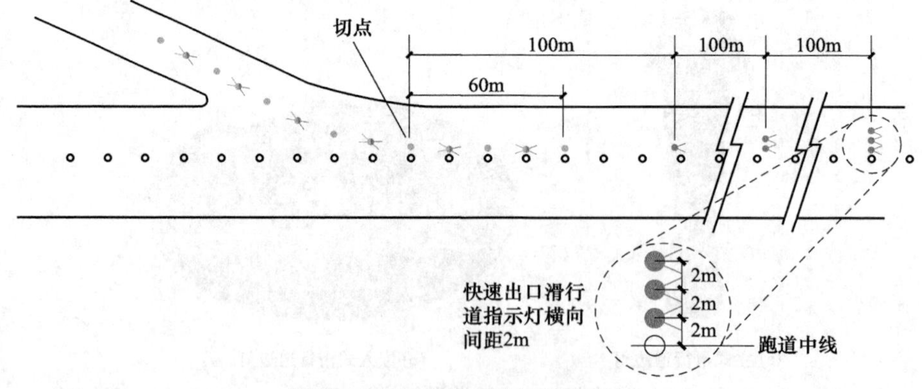

图 3.34 快速出口滑行道指示灯

快速出口滑行道指示灯在其运行的任何时间内应按全图形展示，如果有一个灯失效或出现其他故障以致不能按全图形开亮时，六个灯必须全部关灭。

2）颜色

快速出口滑行道指示灯应为单向黄色恒定发光灯，朝向趋近跑道着陆的航空器。

3）光强和有效范围

快速出口滑行道指示灯的光学特性应符合《机场——机场设计和运行》（《国际民用航空公约》附件 14 第Ⅰ卷，第八版）中附录 2 的规定。

3.6.4　停止排灯

1．停止排灯的应用

在每一个通向拟在跑道视程小于 550m 情况下使用的跑道，在跑道等待位置及打算实行停止或放行控制的中间等待位置上应设置停止排灯，如图 3.35 所示。停止排灯由空中交通服务部门进行人工或自动化控制。

(a) 嵌入式停止排灯

(b) 立式停止排灯

图 3.35　停止排灯

在跑道等待位置设置停止排灯，并在夜间和跑道视程大于 550m 的能见度条件下使用它们，可以构成防止跑道侵入有效措施的一部分。

在常规的停止排灯由于雨雪原因使得飞行员看不清楚时，或在要求飞行员停住飞机的位置离该灯光太近以致被飞机挡住灯光的情况下，应在停止排灯两端（滑行道边界外不小于 3m 处）增设一对立式灯具。立式灯具必须一直都能被趋近的飞机看见，直到到达停止排灯位置。

2．停止排灯的电气特性

对有选择地进行开关控制的停止排灯的电路设计应使在停止排灯开亮时，其前方应有不小于 3 个滑行道中线灯（从停止排灯延伸至少 90m）熄灭。

停止排灯的灯光电路设计必须满足以下要求。

（1）横贯入口滑行道的停止排灯能够有选择地进行开关控制。

（2）横贯只准备作为出口滑行道的停止排灯，能够有选择地或成组地进行开关控制。

（3）停止排灯开亮时，安装在停止排灯以外至少 90m 距离内的任何滑行道中线灯必须熄灭。

（4）停止排灯必须与滑行道中线灯相联锁，即当停止排灯以外的中线灯开亮时，停止排灯熄灭；反之亦然。

（5）电气系统的设计需要注意保证一组停止排灯不会同时全部失效。

3．停止排灯的性质

1）构形

停止排灯应横贯滑行道均匀分布，灯间距不大于 3m。停止排灯应由横贯滑行道、朝着预计的向相交点或跑道等待位置趋近的方向发红色光的灯组成。

2）颜色

停止排灯为发单向红色光的嵌入式灯，应设在滑行道上要求航空器停住等待放行之处，朝着趋近跑道方向。

3）光强和有效范围

不同条件下使用的停止排灯的光学特性可查阅《民用机场飞行区技术标准》（MH 5001—2021）附录 E 中的相关规定。

4．停止排灯系统实例

滑行等待位置处均可根据运行需要设置停止排灯，停止排灯由传感器进行控制。每个停止排灯设有三个传感器回路，如图 3.36 所示。回路 1 设在横跨滑行道并在停止排灯前 70m 的地方；回路 2 设在横跨滑行道并紧接在停止排灯之后的地方；回路 3 设在横跨跑道并在跑道入口以后约 120m 的地方。当一架飞机获得起飞放行许可而进行滑行时，飞行员沿着仅开亮到滑行等待位置处的停止排灯为止的滑行道中线灯滑行。当飞机跨过回路 1 时，管制塔台里的一个专用控制板上将有相应的灯发光，这个灯是通知管制员有一架飞机正接近停止排灯，飞行员希望获得放行进入跑道。为允许该飞机跨过停止排灯，管制员不仅需通过无线电话发出放行指令，还要按下按钮关掉停止排灯，这将自动地开亮停止排灯前面的滑行道中线灯。当飞机通过停止排灯并跨越回路 2 时，停止排灯又会自动开亮以保护跑道。当飞机开始起飞滑跑并跨越回路 3 后，停止排灯到回路 3 之间的滑行道中线灯将自动关闭。如果飞机没有获得管制员的批准就跨过停止排灯，回路 2 将起安全栅栏的作用，系统将用目视（控制板上的灯光）和报警音响来提醒管制员。

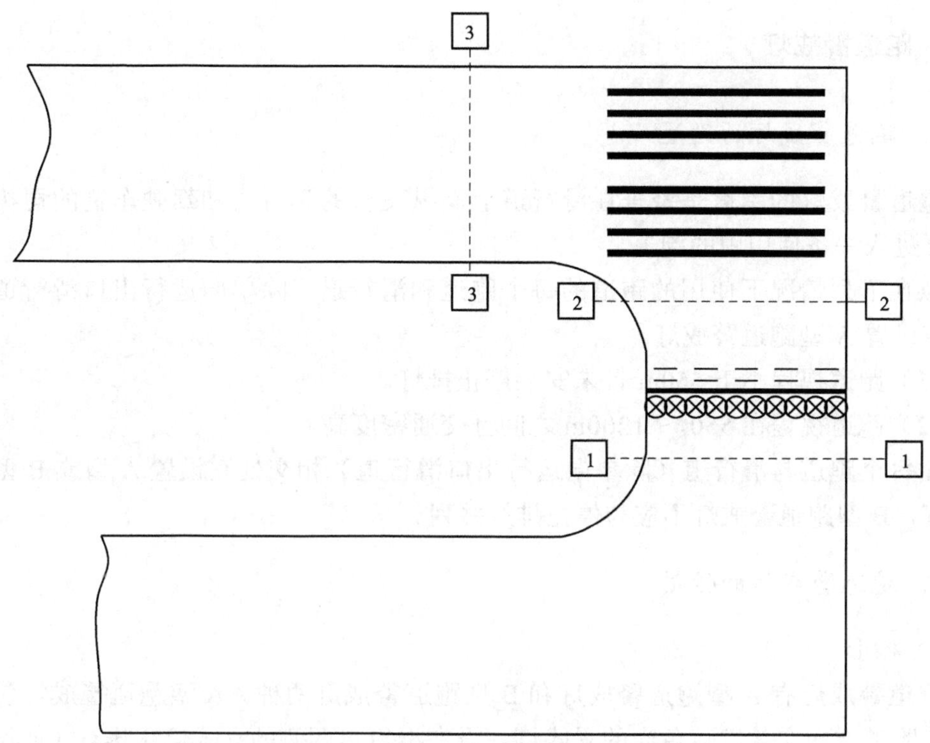

图 3.36　停止排灯传感器设置示意图

3.6.5　中间等待位置灯

拟在跑道视程小于 350m 的情况下使用的中间等待位置标志处，除非已设有停止排灯，否则应设置中间等待位置灯；在不需要像停止排灯那样提供停止或通行信号的中间等待位置上宜设中间等待位置灯，如图 3.37 所示。

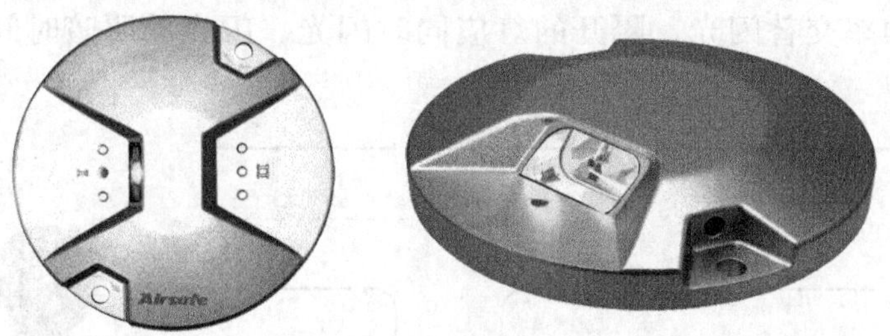

图 3.37　中间等待位置灯

中间等待位置灯应沿中间等待位置标志设置，并位于等待侧距离标志 0.3m 处，由至少二个具有类似滑行道中线灯的光分布特性的、朝向趋向中间等待位置的航空器发黄色光的单向恒定发光灯组成。灯具应垂直于滑行道中线设置，间距为 1.5m。中间等待位置灯宜由所在滑行道的中线灯或边灯的供电电路一并供电。

3.6.6 跑道警戒灯

1. 跑道警戒灯的设置

跑道警戒灯的用途是警告在滑行道上操纵飞机的飞行员和驾驶车辆的司机，他们将要进入一条使用中的跑道。

拟在下列情况下使用的跑道的每个跑道和滑行道（除单向运行出口滑行道）相交处应设置 A 型跑道警戒灯。

（1）跑道视程小于 550m 且未安装停止排灯。

（2）跑道视程在 550 ～ 1200m 之间且交通密度高。

在每个跑道与滑行道（除单向运行出口滑行道）相交处宜设置 A 型或 B 型跑道警戒灯，B 型跑道警戒灯不应与停止排灯并列。

2. 跑道警戒灯的性质

1）构形

跑道警戒灯有 A 型跑道警戒灯和 B 型跑道警戒灯两种。A 型跑道警戒灯包括两对背离跑道方向交替发黄色光的立式灯，设在滑行道两侧的立式停止排灯（如设有）的外侧或距离滑行道边约 3m 处（如未设立式停止排灯）；B 型跑道警戒灯应为背离跑道方向发黄色闪光的嵌入式灯，横跨滑行道全宽设置，间距为 3m，如图 3.38 所示。跑道警戒灯距跑道中线不小于表 2.11 中对起飞跑道的规定。

2）颜色

跑道警戒灯为黄色闪光灯。每一对 A 型跑道警戒灯（图 3.39）中的两个灯应以每分钟 30 ～ 60 次的频率交替闪光，B 型跑道警戒灯中相邻的灯以每分钟 30 ～ 60 次的频率交替闪光，隔开的灯应同时闪光。闪光的明暗时间应相同，彼此相反。

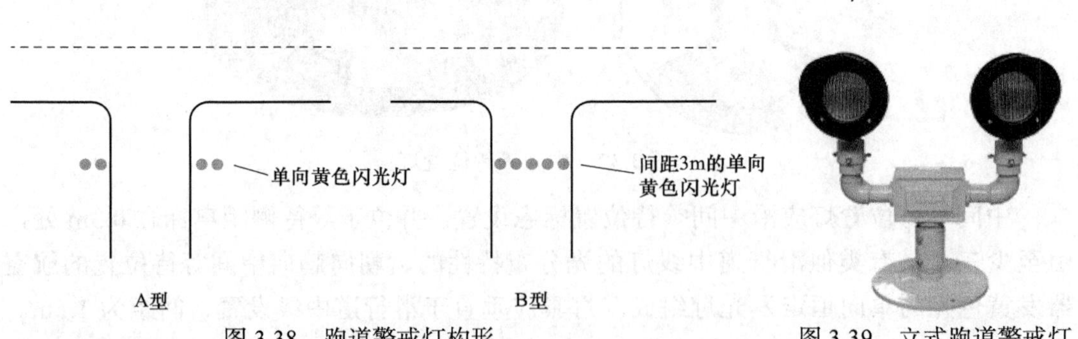

图 3.38 跑道警戒灯构形

图 3.39 立式跑道警戒灯

3）光强和有效范围

跑道警戒灯光束是单向的，所以应对准方向使滑向等待位置的飞行员能看得见。低光强和高光强的 A 型跑道警戒灯的单个灯具的光学特性和低光强和高光强的 B 型跑道警戒灯的单个灯具的光学特性应符合《民用机场飞行区技术标准》（MH 5001—2021）附录 E 中的规定。

准备在昼间使用的和作为高级地面活动引导与控制系统的一部分的跑道警戒灯应为高光强灯。在需要加强 A 型跑道警戒灯在昼间使用时的明暗对比度时，应在每一个灯泡之上加装一个足够大小的遮阳罩，以防阳光进入透镜，干扰灯具功能。

3.7　目视泊位引导系统

3.7.1　目视泊位引导作用与原理

1．目视泊位引导系统的应用与特性

1）应用

当准备用一种目视方法指示航空器在机位上准确定位而其他替代方法（如由指挥员引导）不可行时，应设置目视泊位引导系统。

在评价是否需要目视泊位引导系统时，特别需要考虑的因素是：使用机位的航空器数量和机型、天气条件、机坪面积和由于航空器服务设施、旅客登机桥等对操纵航空器到停放位置的精确度要求。关于适当系统选择的指导材料，见《机场设计手册》（Doc 9157 号文件）第 4 部分——目视助航设施。

2）特性

目视泊位引导系统必须提供方位和停止位置的引导。无论昼夜在准备使用该系统的各种天气、能见度、背景灯光和道面情况下，方位引导设备和停止位置指示器提供的引导必须足够明确，但不得使驾驶员感到眩目。

在目视泊位引导系统的设计和现场安装中要求小心仔细，以保证阳光的反射或周围的其他灯光不降低由该系统提供的目视信号的清晰度和明显性。

方位引导设备和停止位置指示器设计必须满足以下要求。

（1）在二者或其中之一发生故障时，能给驾驶员一个明确的故障信号。

（2）它们能被关掉。

方位引导设备和停止位置指示器的位置必须选择得使机位标志、机位操作引导灯（如果设有）与目视泊位引导系统三者提供的引导有连续性。目视泊位引导系统的准确度应能适应配套使用的登机桥的形式和为航空器服务的各种固定设施。

（1）方位引导单元的位置。方位引导单元应位于或靠近航空器前方的机位中线延长线上并对准方向，使其信号在整个泊位操作过程中都能从驾驶舱内看到，至少应对准左座驾驶员以供其使用。

（2）停止位置指示器的位置。停止位置指示器应与方位引导设备安装在一起或者足够接近，确保驾驶员无须转头就能既观察到方位信号又能观察到停住信号。

2．高级目视泊位引导系统

在泊位操作的各相关阶段，高级目视泊位引导系统必须至少提供下述引导信息。

（1）紧急停住指示。

（2）所引导的航空器型号和机型。

（3）指示航空器相对于机位中线的侧向偏离。

（4）用以修正与机位中线偏离方向的修正方向。

（5）指示距停止位置的距离。

（6）指示航空器已到达正确的停止位置。

（7）警告指示，如果航空器越过正确的停止位置。

高级目视泊位引导系统建议的偏离精确度见表 3.7。

表 3.7　高级目视泊位引导系统建议的偏离精确度　　单位：mm

引导信息	停机位置（停机区域）的最大偏离	离停机位置 9m 时的最大偏离	离停机位置 15m 时的最大偏离	离停机位置 25m 时的最大偏离
方位	±250	±340	±400	±500
距离	±500	±1000	±1300	未规定

3.7.2　基于埋地线圈的飞机泊位引导系统

在各类自动引导系统中，最初采用埋地感应线圈检测飞机位置并计算与停泊位置的距离和飞机行进速度，进而实现自动引导。停机坪线圈与电子线圈感应器配合，用于探测是否有金属物体（飞机前轮）经过或停留在线圈的上方。

基于电磁感应的埋地线圈感应原理：通常在同一道路路基下埋设环形线圈，通以一定工作电流作为传感器。当飞机通过该线圈或者停在该线圈上方时，飞机本身的铁质将会改变线圈内的磁通，引起线圈回路电感量的变化，检测器通过检测该电感量的变化来判断通行飞机的状态。电感变化量的检测方法一般有两种：一种是利用相位锁存器和相位比较器，对相位的变化进行检测；另一种是利用环形线圈构成的耦合电路对其振荡频率进行检测。

以某公司生产的泊位引导系统为例进行说明。控制箱安装在登机桥固定桥的立柱处或其他结构物上，操作人员在安装位置可以目视到灯箱正面和飞机停泊位置。灯箱竖直安装于飞机正前方（灯箱上方有遮阳保护罩），位于飞机滑行线偏左 530mm 的位置，该位置正对着左侧飞行员座位的中心线（也可按机场要求调整位置），易于飞行员和操作人员目视，如图 3.40 所示。

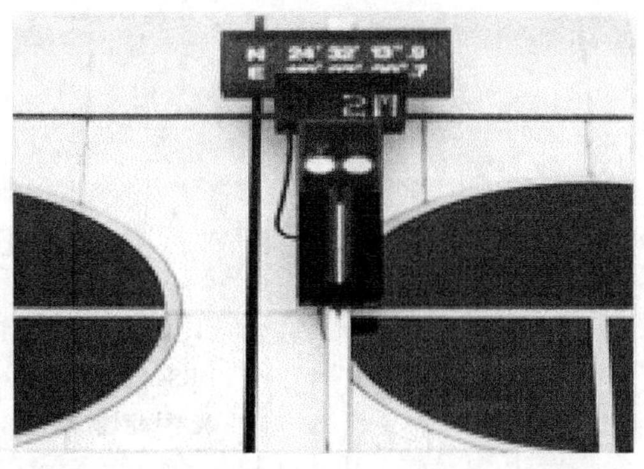

图 3.40　线圈感应式飞机泊位引导系统灯箱

灯箱的下部装有 3 排方位指示灯，中间一条为绿灯，两侧各一条为红灯。绿灯安装在挡板中间，红灯安装在挡板外缘的后面，使得从正中间的位置看不到红灯。若飞机滑入时飞行员只能看到绿灯，说明飞机在正确的中心线位置；如果能看到一条红线，则说明飞机偏向红线的一侧。灯箱的上部装有数字式机型显示器，系统启动后，首先推出飞机机型显示，如显示“B757”等。当飞机距离停机位置最后 10m 以内时，它将显示飞机与停机位置的动态剩余距离（如显示 10m、5m、2m 等）；当飞机到达预定的停靠位置时，显示为“STOP”，此时飞行员应立即将飞机停住。灯箱的中部有 3 组通告信号灯：上为红色，中间为黄色，下为绿色。它们的功能分别为：绿灯闪烁，表示机位处于待机状态；绿灯保持亮，表示机位空，飞机可进入，引导系统已设定好准备引导机型显示器所显示型号的飞机；黄灯，表示飞机距离机位已较近（10m 以内），需要逐步减速并准备停住飞机；红灯，表示停住飞机。

埋地感应线圈法的优点是响应速度快，成本低，对天气和照度无要求，但误差较大，埋在地下的引线和电子元件容易被压坏，导致系统的可靠性不高，可调试、可维修性差，现正逐步退出使用。

3.7.3　基于视觉的飞机泊位引导系统

基于视觉的飞机泊位引导系统，即目视泊位引导系统，其使用摄像机实时监控飞机泊位区的图像，利用图像处理技术和模式识别技术对获得的图像进行快速检测处理，对处理后的数据与系统内的飞机参数数据库进行匹配，从而获得飞机的机型、位姿和速度信息。

基于视觉的目视泊位引导系统的总体结构框图如图 3.41 所示。该结构允许机场泊位引导系统既可以作为独立的本地系统进行手动控制，又可以与中央控制单元联结成全自动系统进行远程控制。一些与机场相关的数据如泊位就位时间（onblock）和泊位离位时间（offblock）等都自动进行记录，并通过运行控制站到机场管理系统做进一步的处理。

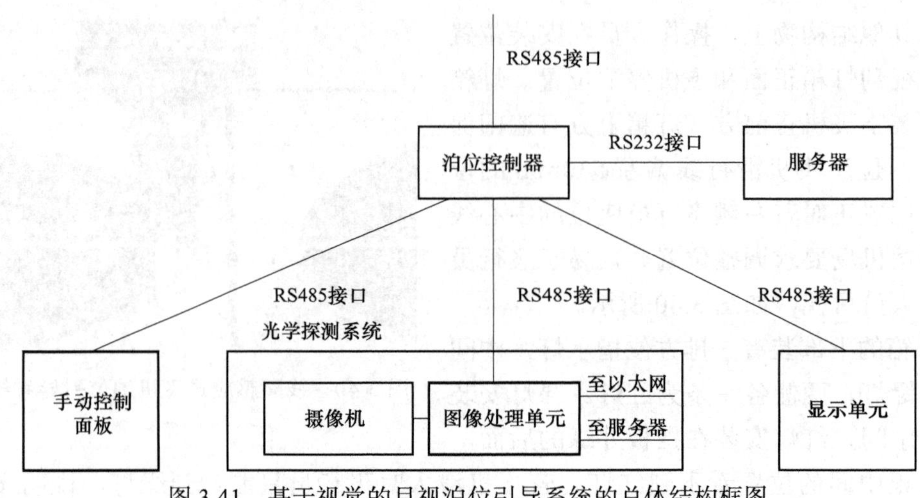

图 3.41 基于视觉的目视泊位引导系统的总体结构框图

1．摄像机

摄像机可以摄取飞机的图像。为准确校验飞机型号，采用三维模板，如图 3.42 所示。这些模板描述了每种型号飞机的所有相关标准，保证了对飞机不仅从正面位置，而且从其他角度位置的正确识别。

2．飞行员显示单元（pilot display unit，PDU）

飞行员显示单元如图 3.43 所示。首先在飞行员显示单元的上方显示的是飞机型号。在接近泊位的途中，飞行员知道该系统已处于工作状态中，并为他驾驶的型号的飞机做好了准备。

图 3.42 泊位飞机三维模板匹配过程

图 3.43 飞行员显示单元

当对选中的飞机进行了识别并向飞行员确认系统已进入控制状态之后，显示单元的上方开始交替显示飞机型号和通道号。一个飞机的标志出现在显示单元的下方，指示出飞机相对于引导中心线和停止点的相对位置，该时期飞行员可以在缓慢接近停止点的同时，修正飞机的横向偏差。在这个过程中，显示单元一直随时更新着当前状况的显示。

在至停止点的剩余距离为30m时，显示单元的顶行不再显示“飞机型号/通道号”，取而代之的是显示至停止点的剩余距离数值。这些数值的变化情况是：在到达最后20m之前，以5m为单位递减；最后20m至10m时，以2m为单位递减；最后10m至2m时，以1m为单位递减。为保证飞机到达停止点时的刹车平滑且准确，最后1m的递减显示单位是0.2m（即0.8m、0.6m、0.4m、0.2m）。飞机滑行到达最后停泊位置，飞行员收到“STOP”指令，为了提高飞行员的注意，在指令的下方有红色下划线，同时进行闪烁显示。如果飞机停靠泊位没有超过允许误差，显示器上方将显示“OK”字样。如果飞机滑行超过了停泊位置，显示器则提醒飞行员停靠位置过远，显示“STOP TOO FAR”字样。飞机停稳之后，显示单元内置的泊位控制器便将“就位”（onblock）时间传送到中央控制单元，泊位位置切换到“停泊”状态。

为得到准确的“离位”（offblock）时间，系统须在对飞机进行牵引之前一直保持离位探测状态。在此期间，探测器一直对飞机进行着监视。如果飞机被牵引离开泊位，“离位”时间会立即被传送到中央控制单元，然后系统切换到“空闲”（free）状态。这样就保证了准确的泊位空闲时间的计算。

3．本地控制终端

就地控制终端主要包括以下两部分。

（1）手动控制面板：在非中央控制状态下，本地系统可以使用手动控制面板对飞机型号进行预选，并进入操作状态。

（2）急停按钮：当自动引导系统出现故障时，切换到人工引导。

4．控制器

对来自图像处理单元和手动控制面板的信号进行处理，并向飞行员显示单元提供显示图像。图像的生成来源于滑行引导中心线对于这个泊位的特定协调数据，以及图像处理单元提供的飞机的协调数据。

最近的泊位引导操作处理的相应数据，如时间、日期、故障报告、飞机在滑行引导中心线的位置和至泊位的距离等，都被存储在系统中，以便一旦发生意外，泊位引导处理可以重新进行。

泊位位置在“本地”和“远程”操作状态下，在手动控制面板上及每个系统上的每个手动干预动作，以及本地系统的通信故障，都会就地存储并报告到数据存储服务器（SDBServer）、工程师站及运行控制站。

控制器内需要存储模板等数据的存储设备、高速图像处理卡、网卡等板卡。

5．服务器

服务器主要实现接收数据中心的航班调度数据，向数据中心提供实时数据（停靠时间、离港时间等）和整体调度等功能。

6．运行控制站

飞机泊位引导系统在全自动操作状态时，服务器向所有的泊位引导操作提供从航班信息系统获得的航班信息，如飞机型号、停泊时间和门号等。然后服务器将本地泊位系统激活，并自动管理全部的数据通信。

只有当航班信息系统和服务器之间的通信发生问题时，才需要操作人员通过视觉的（光学的）人机界面，对中央控制单元进行人工控制。该界面提供了本地泊位位置的全部控制，并可显示实际操作状况、故障状况和警报提示等。

基于视觉的飞机泊位引导系统成本低、误差小，但事先要预置大量的飞机图像参数数据库，响应速度较慢，调试性较差，可维修性一般，而且对天气和照度有一定要求，适应性较差。

3.7.4 基于激光的飞机泊位引导系统

基于激光的飞机泊位引导系统是指利用激光扫描测距方法，对即将停靠的飞机距停泊位置的距离直接进行测量，从而引导飞机准确泊位的系统。智能激光型飞机泊位引导系统是其网络升级版，除具有激光型泊位引导系统的功能外，通过网络技术和机场的航班信息系统连接，还可实现航班机型的自动分配，并能通过网络实现各机位引导的监控、运行管理和智能分析控制。

1．系统组成

基于激光三维扫描技术的泊位引导技术与传统的视频图像识别技术有根本的区别，如图 3.44 所示，系统主要包括激光扫描单元、显示板装置、本地操作装置、PC 处理控制单元、供电系统及通信网络接口等。

1）显示单元

显示单元组合了三个不同的指示器，用于展示字母、数字、方位和剩余距离信息，所有这些信息从飞机上的两个飞行员坐席都能清楚地看见。显示单元由 LED 指示灯阵列、黄色和红色指示灯板组成，每一个都装有一个处理器板，用带形电缆以串行方式连接到控制单元。控制单元与 LED 模块之间的通信使用一种串行通信协议。上面两行用于显示字母数字信息，第三行用于显示方位信息，中间的垂直条用于显示剩余距离信息。

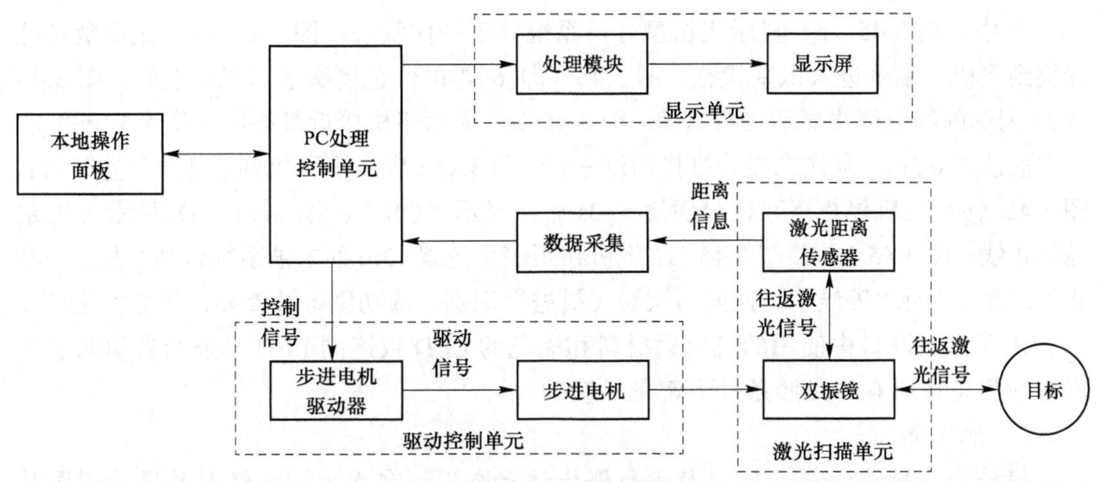

图 3.44　泊位引导系统结构框图

如图 3.45 所示，黄色的字母数字显示将提供诸如飞机型号缩写、机场代码和航班号等信息。引导使用专门的文本信息也展示给停靠阶段中的飞行员。方位引导指示器用一个红色箭头向飞行员发出如何操纵飞机前进路线的信息。一个垂直的黄色箭头指示出相对于飞机机位中线的飞机的实际位置。系统支持多条会聚的中线，同样支持弯曲的中线。发黄色光的剩余距离指示器由 32 个水平单元组成，显示成一个象征机位中线的垂直条。每一水平单元代表 0.5m 的距离。

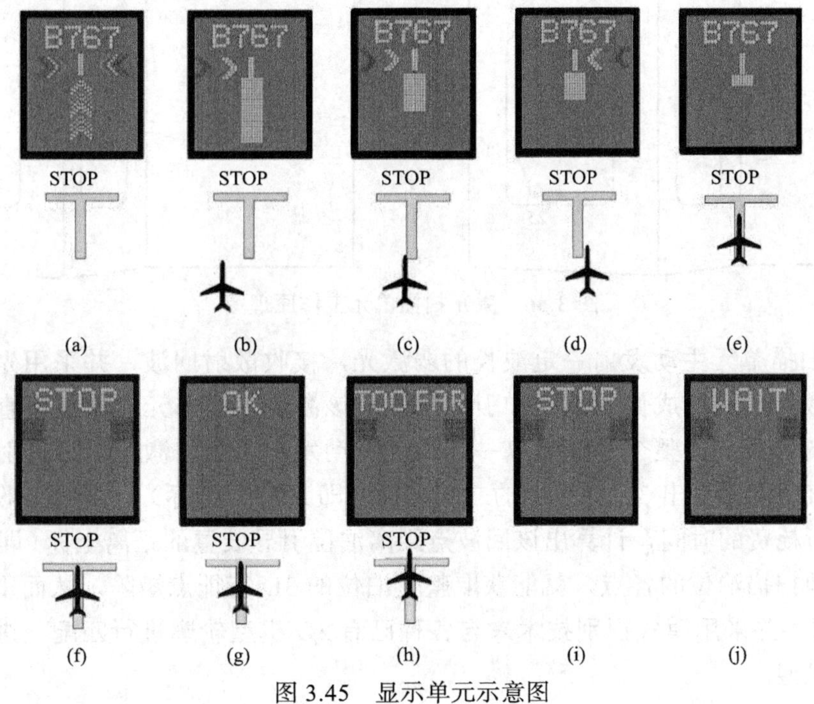

图 3.45　显示单元示意图

其中，图 3.45（a）显示飞机型号，系统处于动作状态；图 3.45（b）显示激光已捕捉到飞机，系统进入识别状态；图 3.45（c）闪烁的红色箭头显示飞机左偏；图 3.45（d）闪烁的红色箭头显示飞机右偏；图 3.45（e）显示飞机接近最终停止位置 12m 处，每向前前进 0.5m，发光二极管灯排消灯一行；图 3.45（f）显示飞机到达适当停止位置；图 3.45（g）飞机停止于正确位置 2 ～ 3s 后，显示“OK”；图 3.45（h）显示飞机超越停止线；图 3.45（i）、图 3.45（j）飞机在距停止位置 12m 处未被系统识别，显示“停止”，然后显示“等候”，此间再次对飞机进行识别，成功则继续停靠，反之“停止”。

由于显示窗口中使用的抗反射材料和深色的 LED 板连同 LED 光强的自动调节，展示的信息在所有的光照条件下都是易读的。

2）操作屏

操作屏主要在停靠开始时及紧急停止时起作用。在表示特殊情况及显示谬误时也适用该装置。

3）激光扫描单元

激光扫描单元安装在显示单元箱体的下半部。这个单元基于三维技术，由一个激光距离探测器和一些扫描反射镜组成，同时，还组合了一个在系统自检过程中使用的固定反射镜，如图 3.46 所示。

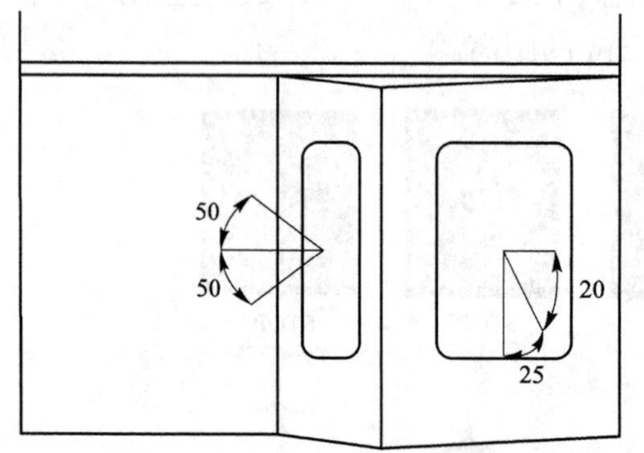

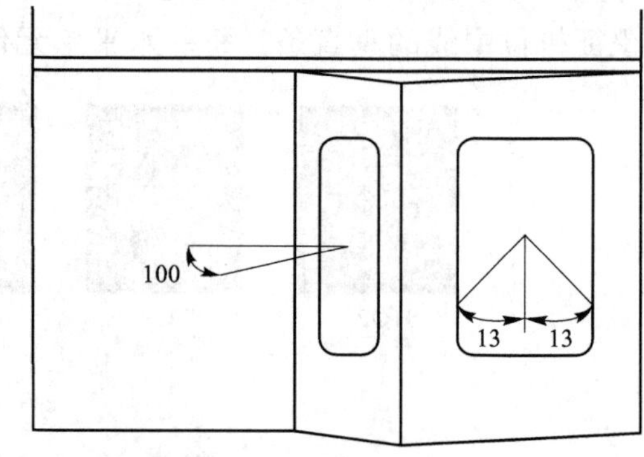

图 3.46　激光扫描单元工作原理图

激光扫描单元主动发射一定波长的弱激光，接收散射回波，并采用先进的多路径回波合成技术进行成像并识别和引导飞机。该激光扫描单元能通过垂直和水平两个扫描镜的作用，在整个平面上以一定角度主动发出 I 类弱激光，通过射出激光的水平和垂直角度计算出 3D 立体中的二维坐标（即 X 和 Z 坐标）；通过接收到该弱激光的回波所耗费的时间，计算出该回波点距离泊位引导装置的距离坐标（即 Y 坐标）；通过顺序地扫描泊位的各点，就能获取整个泊位的 3D 特征点矩阵，从而重构出飞机的 3D 轮廓，并采用模式识别技术来与各种已有 3D 机型轮廓进行匹配，进而识别出机型和子机型。

4）中央控制计算机

中央控制计算机能够实时监视各引导单元状态；接收或创建航班信息，制订飞机停泊引导计划；传送给机场管理系统准确的上机轮挡时间和下机轮挡时间，为机场收费提供可靠的依据；进行实时视频录像，对飞机停泊过程录像和回放。

2．工作过程

在任何停靠程序能够启动以前，系统将完成一次自检。如果自检成功，在 LED 显示单元和操作员控制屏上将显示出飞机的机型。在方位和剩余距离部位上浮动的箭头将指示系统已为运行做好准备。激光扫描单元这时已被启动，操作员控制屏上将显示出飞机机型和激光扫描单元的状态为“扫描在运行中”。

在飞机（通常是在停住位置以前 50m 以外）被激光距离探测器发现以后，剩余距离 LED 显示单元将被启动。方位显示的黄色箭头将指示出飞机相对于飞机机位中线的横向位置，红色闪光箭头将指示任何可能需要的路线调整的方向。操作员控制屏上将显示“正在跟踪”。

在飞机趋近停住位置的过程中，将由系统对获取的飞机的机型数据与为选定的飞机编入程序的数据进行比较后加以证实。如果飞机机型的数据不能在飞机距离停住位置 12m 的时间以内确定，LED 显示单元将显示出“停住／识别失败”。如果获取的数据将证实飞机的机型，操作员控制屏上将显示“识别正确”。

在飞机已经到达距离停住位置一个规定的距离（12m 或 16m）后，剩余距离指示器将随着飞机接近停住位置逐渐地缩短（黄色垂直条的水平单元将逐个地关灭）。在飞机到达停住位置时，字母数字显示将展示“停止”连同两个红色停止符号。在经过一段预置的时段后仍探测不到飞机的移动时，字母数字显示将视情况从“停止”改变成“OK”或“太远”，这也将显示在操作员控制屏上。在经过另一段预置的时段后操作员控制屏的状态将变成“已停放”。基于激光的泊位引导过程如图 3.47 所示。

图 3.47　基于激光的泊位引导过程示意图

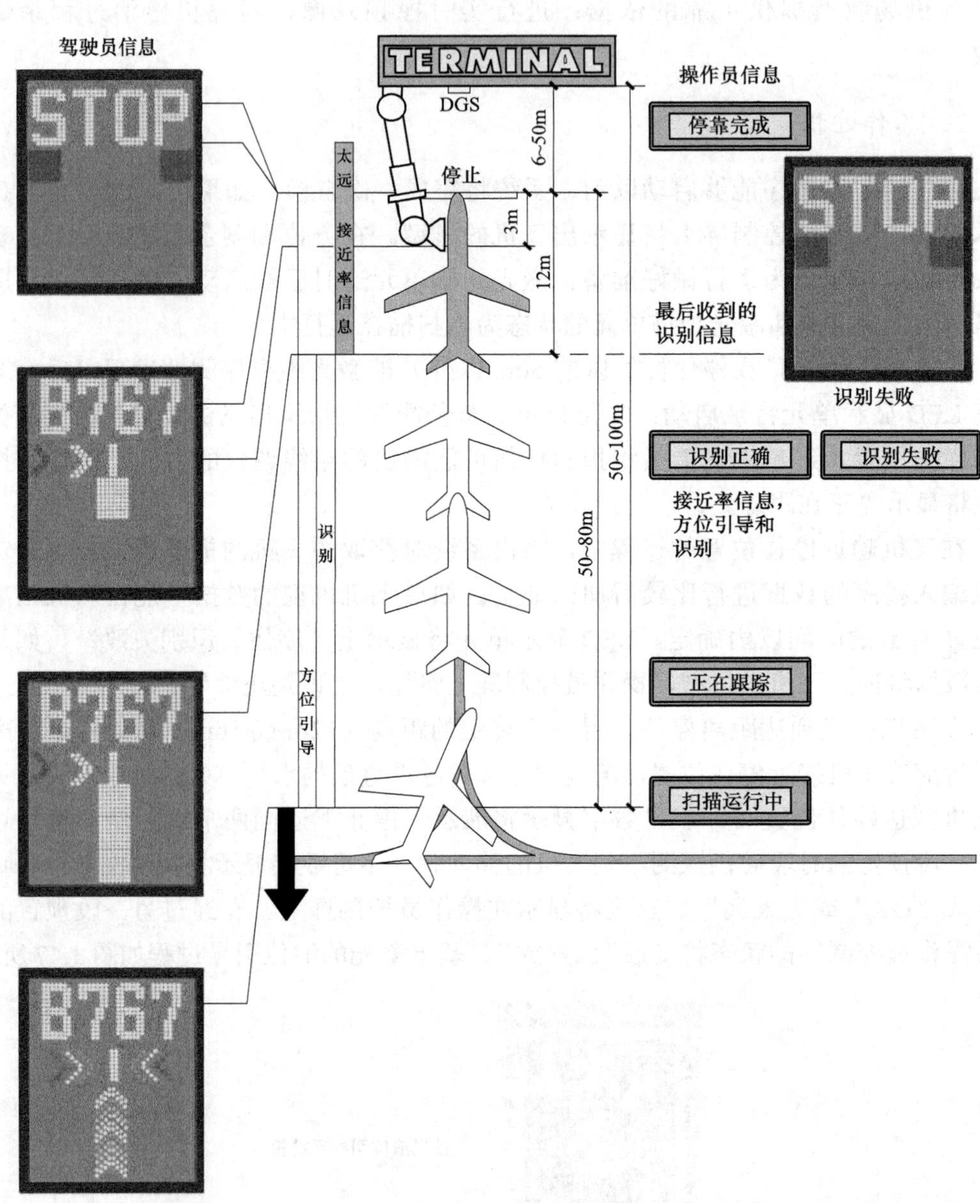

驾驶员信息
STOP
B767
B767
B767
TERMINAL
DGS
太远
接近率信息
停止
6~50m
3m
12m
识别
方位引导
50~80m
50~100m
操作员信息
停靠完成
STOP
最后收到的识别信息
识别失败
识别正确
识别失败
接近率信息，方位引导和识别
正在跟踪
扫描运行中

图 3.47（续）

3.8　机坪泛光照明

1．机坪泛光照明概述

1）机坪泛光照明的应用

机坪是陆地机场里准备用于飞机上下旅客、装卸邮件或货物、加油、停放或维护的特定场所。为保障飞机频繁地进出港，保证飞机在夜间及低能见度条件下安全、有序地行驶，机坪工作区的夜间泛光照明起着重要的作用。

泛光照明通常是指用投光灯照亮一个面积较大的场地或景物，使其被照面照度比其周围环境照度明显提高的照明方式。机坪泛光照明的要求为安全适用、技术先进、经济合理。

准备在夜间使用的机坪、除冰防冰设施和指定的隔离航空器的停放位置应设置机坪泛光照明。机坪泛光灯的光源显色性应使工作人员能够正确辨认与例行服务、维修有关的飞机标志、道面标志和障碍物标志的颜色，并使对在飞行中的和地面上的飞行员、机场和机坪管制员和在机坪上的其他人员的眩光降至最低。若除冰防冰设施靠近跑道或永久性的泛光照明可能使飞行员感到干扰之处，可采用其他照明方式，如采用移动式低杆灯的泛光照明。设有飞机机位的那一部分机坪需要较高的照度。每个机位的大小在很大程度上由飞机的大小和安全操纵飞机出入这个机位所需要的面积确定。

2）机坪泛光照明的作用

机坪泛光照明的主要作用是帮助飞行员滑行飞机进出最终停放位置，提供适宜于旅客登机、下机，装卸货物，加油和完成其他机坪作业人员所需要的照明，并维护机场安全。

（1）飞机滑行。飞行员在机坪上滑行主要依靠机坪泛光照明。飞机机位道面上的均匀照度和消除眩光是主要的要求。在靠近飞机机位的滑行道上的照度最好低一些，以便逐步过渡到机位的较高照度。

（2）机坪的服务工作。机坪的服务工作要求飞机机位区的照度均匀并具有足够的水平照度来进行绝大多数的工作。如果有不可避免的阴影，有些工作还需要辅助照明。

（3）机场安全。照度应足以察觉机坪上的未经许可的人员，并能认出在飞机机位上或其附近的人员。

3）机坪泛光照明的位置

机坪泛光灯的位置和高度应综合机坪工作区的大小、机位的布局、飞机活动区、滑行道布局和交通方案、附近的建筑物和跑道的位置，以及照度均匀度和眩光限制等因素决定，要对机坪的所有工作地区提供足够的照明，使得每个机位能从两个或更多方向受光以尽量减少阴影，并将飞行中的和地面上的飞行员、机场和机坪管制员与在机坪上的其他人员的眩光降至最低。

泛光灯杆的位置和高度应避免遮挡塔台管制员的视线。

4）机坪泛光照明的光学特性

机坪泛光灯的光谱分布必须能够让例行勤务、检修有关的航空器标志、地面标志和障碍物标志的颜色可以正确地加以辨认。采用LED作为光源时应加装透镜控制眩光，色温应不大于4000K。

平均照度至少应满足以下要求。

（1）机位上。水平照度不低于20lx，均匀比（平均值比最小值）不大于4 ：1；垂直照度在有关方向上高出机坪2m处不低于20lx。

（2）其他机坪地区。水平照度不低于机位上平均照度的50%，均匀比（平均值比最小值）不大于4 ：1。

5）机坪泛光照明的控制

机坪泛光照明主要有以下两种控制方式。

（1）时钟经纬仪的控制：机坪照明灯按照时钟经纬仪所设定的时间自动开启和关闭。

（2）按照机坪运行管理部的指令，操作人员通过手工操作方式独立开启和关闭机坪泛光照明灯。

6）灯具的要求

机坪泛光照明对灯具有以下要求。

（1）应采用效率高的灯具，并应装设配套的补偿装置，补偿后的功率因数不小于0.9。

（2）不同背光的灯具可组合使用，以提高照明区域的照度均匀度。

（3）灯具应有良好的散热条件和一定的防护等级。

（4）灯具应安装在升降式高杆照明装置上，灯具可根据需要调整主光强的透射方向。

图3.48　高杆灯

2．机坪高杆灯

高杆灯，尤其是升降式高杆灯广泛应用于机场大面积照明，如图3.48所示。升降式高杆灯带有可以升降的灯盘。装有灯具及其附件的灯盘具有坚固的金属构架，用以支持灯具、光源，可能还有镇流器、触发器和接线盒等部件。

高杆灯按其升降方式可分为灯盘升降式高杆灯和灯杆升降式高杆灯两类；按其标称高度可分为15m、20m、25m、30m、35m和40m 6种；按其固定方式可分为法兰盘安装和直接埋地安装两种。

高杆灯应能在《民用机场灯具一般要求》（GB/T 7256—2015）规定的环境中长期运行。其设计应充分考虑安全、可靠、经久耐用和维护方便，并适当地考虑美观。高杆灯所有内外金属表面均应涂有防腐蚀保护层或由具有耐腐蚀性能的材料制成。制造高杆灯的钢材、水泥、电器和灯具，应符合现行国家标准规定并有合格证件，钢材和灯具还应有试验报告，包括灯具光度测试报告。

高杆灯应至少能承受风速为150km/h的风力荷载。相同高度的高杆灯可制成多种品种以适应不同风力和顶部荷载的需要。制造厂应向用户提供正确选用高杆灯的指南。

灯盘的大小应与高杆灯的安装高度相协调，最小的应能安装8个投光灯。灯盘的设计应允许不经机械加工即能增减灯具数量和改变灯具的位置和方向。

3.9　标志障碍物的目视助航设施

障碍物指的是位于供飞机地面活动的地区上，或凸出于为保护飞行中的航空器而规定的限制面之上，或位于上述规定限制面之外，但评定为对空中航行有危险的，一切固定的（无论是临时的还是永久的）和移动的物体，或是这些物体的一部分。

对障碍物的标志、照明用以表示障碍物的存在，以减少对航空器的危害。

3.9.1　需予以标志或照明的物体

下列物体均应作为障碍物加以标志（涂漆或加标志物），在夜间或低能见度下需要加以照明。

（1）距离起飞爬升面内边3000m以内，凸出于该面之上的固定障碍物。

（2）邻近起飞爬升面的物体，虽然尚未构成障碍物，但是当认为有必要保证航空器能够避开的情况下。

（3）凸出于距离进近面内边3000m以内或凸出该面或内过渡面之上的固定障碍物。

（4）凸出于水平面之上的固定障碍物。

（5）凸出于障碍物保护面之上的固定物体。

（6）在飞机活动地区内，除飞机外的所有车辆和移动物体，机坪上使用的航空器维修设备和车帘可以例外。

（7）在飞机活动地区内的立式航空地面灯必须予以标志，使其在昼间鲜明醒目，但立式灯具和标记牌上不得设置障碍灯。

（8）在障碍物限制面范围以外的地区内，超出周围地面高度大于150m，经专门的航行研究认为已构成对飞机有危害的障碍物。

（9）经航行研究认为可能构成对飞机危害的横跨河流、山谷或公路的架空电线或电缆等。

3.9.2 障碍物的标志

所有应予标志的固定物体，只要实际可行，应用颜色标志；如实际不可行，则应在物体上或物体上方展示标志物或旗帜；若该物体的形状、大小和颜色已足够明显，也可不再加标志。所有应予标志的可移动的物体，必须予以涂色或展示旗帜。

表面基本不间断的、在任一垂直面上投影的高度和宽度均等于或超过 4.5m 的物体，应用颜色将其涂成棋盘格式。棋盘格式应由每边不小于 1.5m、不大于 3m 的长方形组成，棋盘角隅处用较深的颜色，棋盘格的颜色应相互反差鲜明，宜采用橙色与白色相间或红色与白色相间的颜色，如图 3.49 所示。

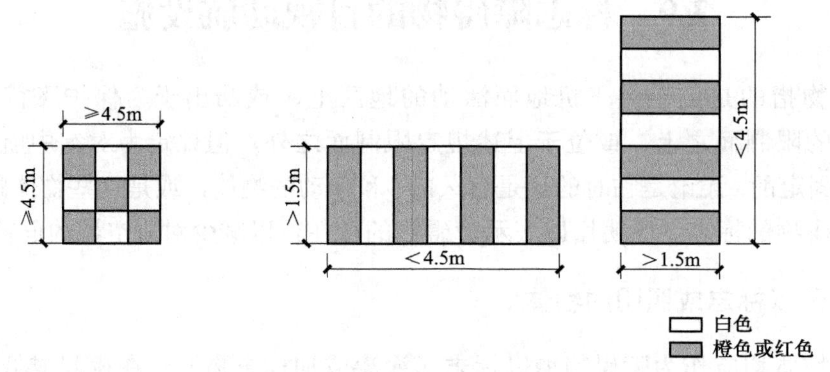

图 3.49 基本标志形式

当用颜色标志可移动的物体时，应采用明显的单色，应急车辆以红色或黄绿色为宜，勤务车辆以黄色为宜。

在物体上或邻近物体上展示的标志物必须位于醒目的位置，以保持物体的一般轮廓，并且在天气晴朗时，在航空器有可能接近它的所有方向上至少从空中 1000m、从地面 300m 的距离上必须能够被识别出来。标志物的形状应醒目且醒目的程度必须保证其不致被误认为是用来传达其他信息的标志物，同时它们必须不增加其所标志物体的危害性。

标志物应为同一种颜色，所选的颜色应与看到时的背景形成反差。安装时，应采用白色与红色或白色与橙色交替相间的标志物。展示于架空的电线、电缆等的标志物，应为直径不小于 60cm 的球形。

用以标志固定物体的旗帜必须展示在物体的顶部或最高边缘的四周。当用旗帜标志大型物体或一组密集的物体时，必须至少每 15m 设置一面标志旗。标志旗应不增大所标志物体的危害。用以标志固定物体的旗帜每边应不小于 0.6m。

用以标志可移动物体的旗帜必须展示在物体的顶部或最高边缘的四周。标志旗必须不增大所标志物体的危害。用以标志可移动物体的旗帜每边必须不小于 0.9m，并且必须为不同颜色的棋盘格式，每个方格的边长不小于 0.3m。棋盘格式标志的颜色必须相互反差鲜明，并与看到它们时的背景反差鲜明；必须采用橙色与白色相间或红色与白色相间的颜色，除非它们与背景颜色相近似。

3.9.3　障碍物的照明

障碍物设置的航空障碍灯必须为闪光，以便在空中俯视时与地面恒定光源有明显区分和能达到规定远的可视距离。

1）障碍灯的种类及特性

障碍灯可分为高、中、低光强障碍灯，如图 3.50 所示。

(a) 中光强A型障碍灯　(b) 中光强B型障碍灯　(c) 太阳能中光强B型障碍灯　(d) LED低光强障碍灯

图 3.50　障碍灯

各类障碍灯的颜色、光强等特性见表 3.8。

表 3.8　障碍灯特性

障碍灯型号	颜色	信号型式（闪光频率）	给定背景亮度[a]下基准光强 /cd			光束分布表
			昼间（＞ 500cd/m^2）	黄昏和黎明（50 ～ 500cd/m^2）	夜间（＜ 50cd/m^2）	
A 型低光强（固定障碍物）	红	恒定光	不适用	不适用	10	参照《民用机场飞行区技术标准》（MH 5001—2021）表 12.2.1-2
B 型低光强（固定障碍物）	红	恒定光	不适用	不适用	32	
C 型低光强（可移动障碍物）	黄、蓝	闪光 60fpm ～ 90fpm	不适用	40	40	
D 型低光强引导车（FOLLOW ME）	黄	闪光 60fpm ～ 90fpm	不适用	200	200	

续表

障碍灯型号	颜色	信号型式（闪光频率）	给定背景亮度[a]下基准光强 /cd			光束分布表
			昼间（> 500cd/m²）	黄昏和黎明（50 ～ 500cd/m²）	夜间（< 50cd/m²）	
A 型中光强	白	闪光 20fpm ～ 60fpm	20000	20000	2000	参照《民用机场飞行区技术标准》（MH 5001—2021）表 12.2.1-3
B 型中光强	红	闪光 20fpm ～ 60fpm	不适用	不适用	2000	
C 型中光强	红	恒定光	不适用	不适用	2000	
A 型高光强	白	闪光 40fpm ～ 60fpm	200000	20000	2000	
B 型高光强	白	闪光 40fpm ～ 60fpm	100000	20000	2000	

a 对于闪光灯，指按 ICAO《机场设计手册》（Doc 9157 号文件）第 4 部分确定的有效光强。

（1）低光强障碍灯特性。

① 在固定物体上的 A 型和 B 型低光强障碍灯必须是红色恒光灯。

② 在应急和安保用的车辆上显示的 C 型低光强障碍灯为蓝色闪光灯，而在其他车辆上显示的 C 型低光强障碍灯为黄色闪光灯。

③ 在引导车辆上显示的 D 型低光强障碍灯为黄色闪光灯。

④ 在诸如旅客登机桥之类的机动性有限的物体上的低光强障碍灯必须是红色恒光灯，其光强在附近灯光的光强和正常观看该物体的一般照明水平的条件下必须足以保证物体的鲜明度，至少符合 A 型低光强障碍灯的性能要求。

（2）中光强障碍灯特性。A 型中光强障碍灯必须是白色闪光灯，B 型中光强障碍灯必须是红色闪光灯，C 型中光强障碍灯必须是红色恒光灯。设在一个物体上的 A 型和 B 型中光强障碍灯必须同时闪光。

（3）高光强障碍灯特性。A 型和 B 型高光强障碍灯必须是白色闪光灯。设在一个物体上的全部 A 型高光强障碍灯必须同时闪光。标明架空电线或电缆等的支撑塔存在的 B 型高光强障碍灯应顺序闪光，即首先是中层灯，然后是顶层灯，最后是底层灯。各层闪光之间的间隔时间比例见表 3.9。

表 3.9 各层闪光之间的间隔时间比例

闪光间隔	周期时间之比
中间灯与顶部灯	1/13
顶部灯与底部灯	2/13
底部灯与中间灯	10/13

2）障碍灯的使用及位置

（1）障碍灯的使用。必须用低光强、中光强或高光强的障碍灯或其组合来标明必须予以照明的物体的存在。除航空器外，在车辆和移动物体上均必须设置 C 型低光强障碍灯。引导车上须设置 D 型低光强障碍灯。

不太大的高出周围地面不到 45m 的物体应用 A 型或 B 型低光强障碍灯予以照明，在使用 A 型或 B 型低光强障碍灯可能不足或需要提前发出特别的警告时，应使用中光强或高光强的障碍灯。

大片的或高出周围地面 45m 以上的物体应用 A 型、B 型或 C 型中光强障碍灯予以照明。A 型和 C 型中光强障碍灯应单独使用，而 B 型中光强障碍灯应单独使用或与 B 型低光强障碍灯组合使用。

高出周围地面 150m 以上的物体经航空研究表明应用高光强障碍灯照明才能在日间认出时，应用 A 型高光强障碍灯标明它的存在；应使用 B 型高光强障碍灯标明架空电线或电缆等的塔架的存在。如果有关当局认为在夜间使用 A 型或 B 型高光强障碍灯或 A 型中光强障碍灯可能造成对机场附近（约 10km 半径范围内）飞行员的眩目或形成影响环境的重大问题，则应采用双障碍灯系统。双障碍灯系统应由在昼间、黄昏和黎明使用的 A 型或 B 型高光强障碍灯或 A 型中光强障碍灯（视情况而定）和在夜间使用的 B 型或 C 型中光强障碍灯组成。

（2）障碍灯的位置。一个或多个低、中光强或高光强障碍灯必须实际可行地靠近物体的顶端设置。顶端的障碍灯必须布置得至少能够显示出物体相对于障碍物限制面的最高点或最高边缘。

对于一个大型物体或一组密集的物体，其顶部灯必须至少显示出其相对于障碍物限制面的最高点或最高边缘，以标示出物体的基本轮廓和范围。如有两个或多个同样高度的边缘，则必须标示出距离着陆区最近的那个边缘。如采用低光强障碍灯，其纵向间距不得大于 45m；如采用中光强障碍灯，其纵向间距不得大于 900m。

由 A 型中光强障碍灯标示的障碍物的顶部比周围地面或附近建筑物（当障碍物被多个建筑物包围时）的顶部标高高出 105m 以上时，必须在中间增设障碍灯。增设的中间层障碍灯必须视情况在顶部障碍灯与地面或附近建筑物顶部标高之间尽可能地以不大于 105m 的等距离设置，如图 3.51 所示。

由 B 型中光强障碍灯标示的障碍物的顶部比周围地面或附近建筑物（当障碍物被多个建筑物包围时）的顶部标高高出 45m 以上时，必须在中间增设障碍灯，增设的中间层障碍灯必须为交替的 B 型低光强障碍灯和 B 型中光强障碍灯。同时，由 C 型中光强障碍灯标示的障碍物的顶部比周围地面或附近建筑物（当障碍物被多个建筑物包围时）的顶部标高高出 45m 以上时，必须在中间增设障碍灯，如图 3.52 所示。

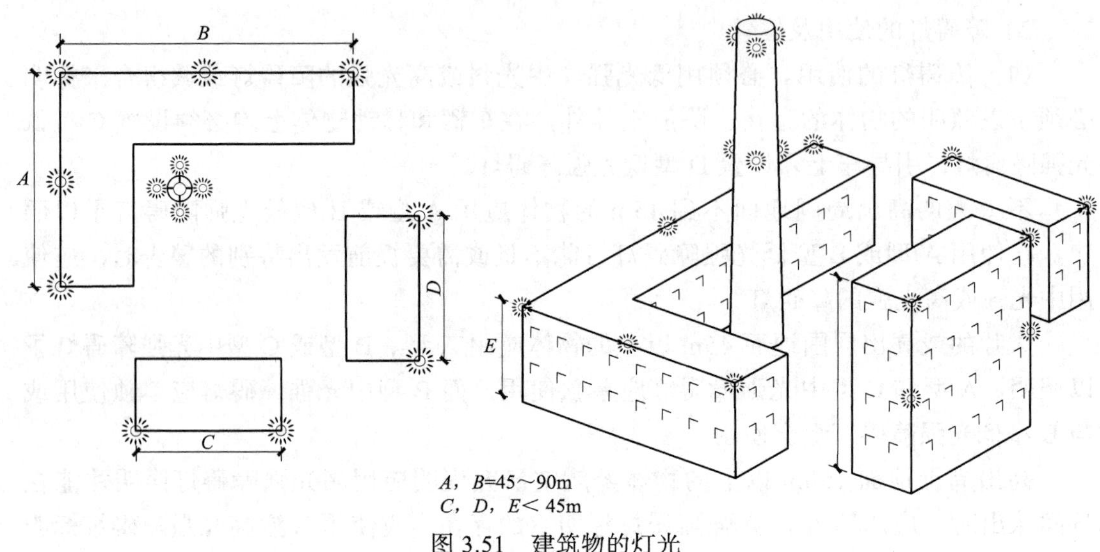

图 3.51 建筑物的灯光

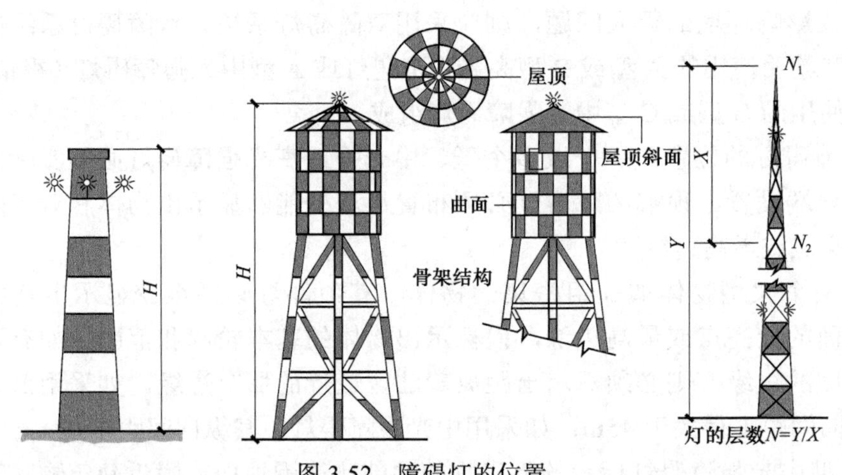

图 3.52 障碍灯的位置

由 C 型中光强障碍灯标示的障碍物的顶部比周围地面或附近建筑物（当障碍物被多个建筑物包围时）的顶部标高高出 45m 以上时，必须在中间增设障碍灯。增设的中间层障碍灯必须视情况在顶部障碍灯与地面或附近建筑物顶部标高之间尽可能地以不大于 52m 的等距离设置。

对于一个要用高光强障碍灯在昼间标明的带有长度超过 12m 的诸如天线或棒体之类的附属物的塔状或天线构筑物，如果无法在附属物顶部设置高光强障碍灯，则必须将高光强障碍灯尽可能装在最高点，如实际可行，在附属物顶部装一个 A 型中光强障碍灯。

3.10　其他灯光系统

1．跑道引入灯光系统

为了避开危险的地形或减少噪声等，需要沿某一特定的进近航道提供目视引导时，应设置跑道引入灯光系统。跑道引入灯光系统可以是曲线、直线或曲线与直线的组合。典型布局如图 3.53 所示。

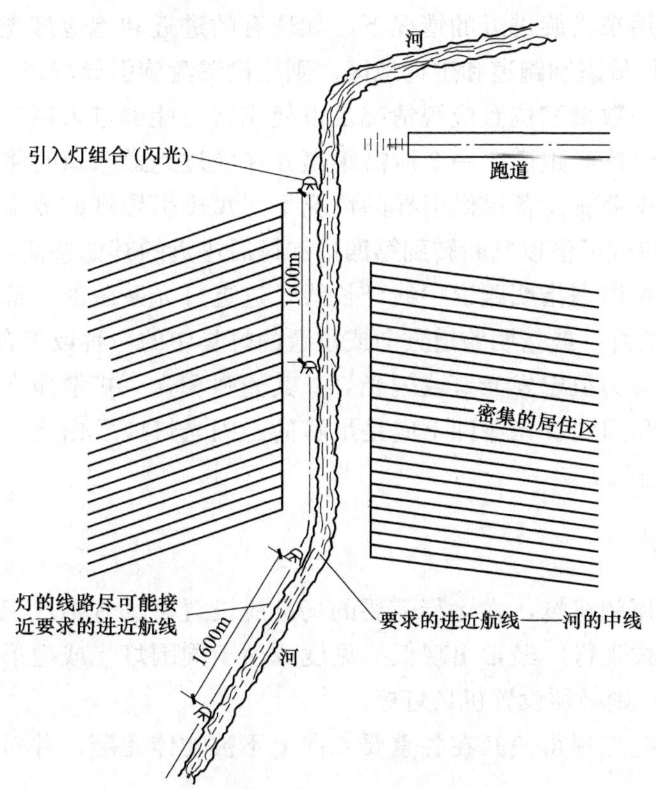

图 3.53　跑道引入灯光系统的典型布局

跑道引入灯光系统应从有关当局确定的位置开始，延伸到能看到进近灯光系统（如设有），或跑道灯光系统的地点为止。

跑道引入灯光系统应由若干灯组组成，每一组灯应由形成一条线或一簇的至少三个闪光灯组成，如加装恒光灯有助于识别跑道引入灯光系统则可加装恒光灯，闪光灯应发白色光，恒光灯应为气体放电灯。只要实际可行，每组闪光灯应朝跑道方向顺序闪光。这些灯组应布置得能够勾画出要求的进近航道，而且能从前一组灯看到后一组灯，相邻灯组的间隔应不超过 1600m。

跑道引入灯光系统最外端的一个或几个闪光灯组和航道转角处的灯组形成的光束水平扩散角应适当扩大到 30° ～ 60°，并根据最低进场天气条件适当增加灯具的数量，其余闪光灯组形成的光束水平扩散角宜较窄，约为 ±15°。在居民区附近应将灯具水平面以下的光线尽可能遮蔽。

每一组的闪光灯应同时以每秒一次的频率闪亮，各组宜由远端开始顺序向近端逐组闪光，每秒一个循环。现跑道引入灯光系统在国内已很少使用。

2．盘旋引导灯

在跑道准备用来盘旋进近的情况下，如现有的进近和跑道灯光系统不能保证盘旋飞行的飞机飞行员识别跑道和进近地区，则应设置盘旋引导灯。

盘旋引导灯的数量和位置应视情况足以使飞行员能够进入第三边或调整航空器对跑道的航迹，保持对跑道有一个所需距离并在经过跑道入口时将跑道入口辨认出来。在有其他目视助航设备提供引导的情况下，盘旋引导灯的数量和位置要保持飞行员看见跑道入口或可借以判断转到第四边和最后进近的其他特征。

盘旋引导灯可以是指明跑道中线延长线、进近灯光系统的一部分的灯具，或指明跑道入口位置的灯，或指明跑道方向或位置的灯具中的一种或组合。

盘旋引导灯应为恒定发光灯或闪光灯，其光强和光束扩散角在预期进行目视盘旋进近的能见度和周围灯光条件下应是足够的。闪光灯应发白光，恒定发光灯应发白光或为气体放电灯。

3．航空灯标

准备夜间使用的机场，在运行需要的场合应设置机场灯标或识别灯标。如果飞机主要以目视方式飞行，经常出现低能见度或由于周围灯光或地形难以从空中确定机场位置的情况，则必须设置机场灯标。

灯标的位置应选择得使其在各重要方向上不被物体遮蔽，并对进近着陆中的飞行员不产生眩光。

1）机场灯标

机场灯标必须设在机场内或机场邻近环境背景亮度低的地方。

机场灯标必须显示有色与白色交替的闪光或仅显示白色的闪光。总的闪光频率为每分钟 20 ～ 30 次。在使用有色闪光的场合，陆地机场灯标发出的有色闪光应为绿色，水上机场灯标发出的有色闪光应为黄色。水陆两用机场若用有色闪光，应根据机场的主要设施来确定闪光的颜色。

机场灯标发出的灯光必须在所有的方位角都能看到。灯光的垂直分布必须从不大于 1° 的仰角向上扩展到由有关当局确定的足以在准备使用灯标的最大仰角上提供引导的仰角，同时，闪光的有效光强必须不小于 2000cd。

2）识别灯标

供夜间使用而且从空中用其他方法不易识别的机场，必须设置识别灯标。识别灯标必须设在机场内的低环境背景亮度的地区。

陆地机场的识别灯标必须在所有方位角上显示。灯光的垂直分布必须从不大于 1° 的仰角向上扩展至由有关当局确定的足以在准备使用灯标的最大仰角上提供引导的仰角。闪光的有效光强应不小于 2000cd。在不能避免高环境背景亮度的地点，闪光灯的有效光强可能需要增大到最多 10 倍。

陆地机场的识别灯标必须显示绿色闪光，而水上机场的识别灯标则必须显示黄色闪光。

识别字母必须以国际莫尔斯电码传送，传送速度应为每分钟 6 ～ 8 个字，相应的莫尔斯电码中“点”的持续时间为每个“点”0.15 ～ 0.2s。

4. 道路等待位置灯

当跑道准备在跑道视程小于 350m 的条件下使用时，服务于跑道的每一个道路等待位置上必须设置道路等待位置灯。

道路等待位置灯必须设置在靠近等待位置标志距离路边 1.5m（±0.5m）处，根据当地相应的交通规则设在道路的左侧或右侧。该灯由一个可控制的红（停止）/ 绿（前进）交通灯或一个闪光的红灯（闪光频率为每分钟 30 ～ 60 次的红色单向灯）构成，并调整方向让接近等待位置的车辆驾驶员能看得见且不眩目。

5. 除冰防冰设施出口灯

在比邻滑行道的远距除冰防冰设施的出口边界处应设除冰设施出口灯。该灯必须沿除冰防冰设施出口边界处的中间等待位置标志内侧设置，距离标志 0.3m。

除冰防冰设施出口灯由若干个光分布特性类似滑行道中线灯、朝趋近出口边界方向发黄色光的单向嵌入式恒定发光灯组成，以 6m 的等间距布置。

6. 航空器机位操作引导灯

除非已有其他方式提供足够的引导，拟在低能见度条件下使用的有铺筑面的机坪或除冰防冰设施上，应设置机位操作引导灯，以便利航空器正确地停放在机位上。

机位操作引导灯必须与机位标志设在一起。标示停止位置的灯为发红色光的单向恒光灯，机位操作引导灯应为发黄色光的恒光灯，灯具的光强应足以适应准备使用机位时的能见度和周围灯光条件的需要。

用以勾画引入线、转弯线和引出线的引导灯在曲线上的间距应不大于 7.5m，在直线段上的间距应不大于 15m。

灯光电路设计应使打开灯表示机位已准备好可供使用，熄灭灯表示机位不供使用。

7．禁止进入排灯

应在拟用作出口专用滑行道末端的滑行道上横向设置禁止进入排灯，以有助于防止交通无意中或从错误方向进入该滑行道，禁止进入排灯由空中交通服务部门进行人工控制。

禁止进入排灯发红光，以不大于 3m 的间距等距分布，朝着向跑道进近的方向。在所有能见度或气象条件下都可能发生跑道入侵事件，在滑行道与跑道交叉处设置禁止进入排灯，可以构成防止跑道入侵有效措施的一部分。

禁止进入排灯的电路设计必须确保其能够有选择地或成组地进行开关控制，当禁止进入排灯开亮时，朝跑道方向看，安装在禁止进入排灯以外至少 90m 距离内的任何滑行道中线灯或禁止进入排灯与跑道之间所安装的任何停止排灯都必须熄灭。

8．应急灯

在设有跑道灯光而没有备用电源的机场内，应备有足够的应急灯光设备，以便在正规灯光系统失效的情况下能够方便地将其至少安装在主要跑道上。

应急灯光安装在跑道上时，至少应与非仪表跑道所需要的构形一致。应急灯光的颜色应符合跑道灯光的颜色要求，除在跑道入口和末端设置颜色灯不实际可行的情况下，全部灯光可用可变白色或尽实际可行地接近可变白色。

另外，应急灯光对于标志障碍物或勾画出滑行道和机坪的轮廓也是有用的。

3.11 助航灯具

机场助航灯具在保证符合标准光学性能的前提下，必须具有适应使用环境要求的结构和特性，其突出表现在安全性和可维护性方面。道面上的灯具按结构可分为嵌入式灯具和立式灯具。嵌入式灯具是指完全或部分嵌入安装表面以下的灯具；立式灯具是指大部分安装在地面以上，至少有一个直立的支柱的灯具。

1．嵌入式灯具

嵌入式灯具的光学结构通常由光源、内部光学部件和透光窗口棱镜组成。由于必须保证较低的凸出道面高度，因此通常采用折射率高的玻璃材质制作窗口棱镜，光损耗一般比较大；同时要求在所有方向都有平缓的坡度。嵌入式灯具还应该具有足够的机械强度，灯具应能承受准备使用的最重机型的飞机的轮胎压力和重量，且不使航空器或灯具本身受到损坏。嵌入式灯具一般采用重力铸造，材料基本上采用的是铝合金，如图 3.54 所示。

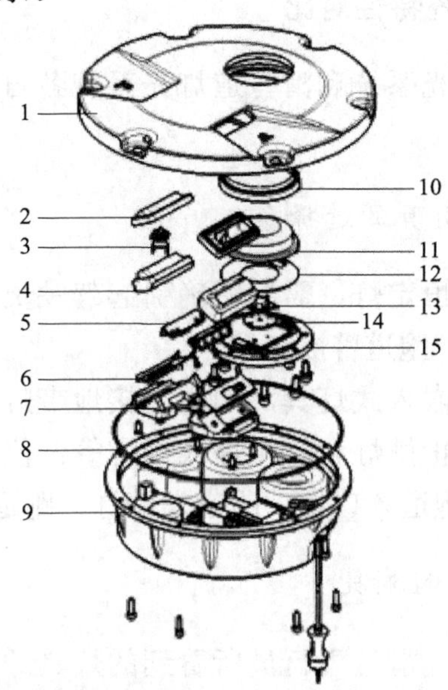

1——上盖；2——棱镜密封套；3——温控开关；4——棱镜；5——LED光源组件；6——棱镜垫片；7——棱镜压板；8——灯体密封圈；9——内盖组件；10——全向棱镜密封套；11——全向棱镜；12——全向棱镜垫片；13——全向LED透镜；14——全向LED光源组件；15——全向棱镜压板。

图 3.54　嵌入式灯具结构

2．立式灯具

立式灯具一般由光源、内部光学部件和外部灯罩组成，能将光束通过散射、折射和反射进行重新分布，不可调节的定位和固定方式保证了光学性能的一致性，也能保证维修后不改变灯具的光学性能。从安全角度上考虑，灯具应满足易折性的要求，质量越轻越好，因此，通常采用的是铝合金高压铸造成型，小巧的灯具体积可以有效降低风压的影响，提高灯具的安装稳定性。另外，灯具应该合理设计角度调整、安装维修、密封和散热等功能性结构，如图 3.55 所示。

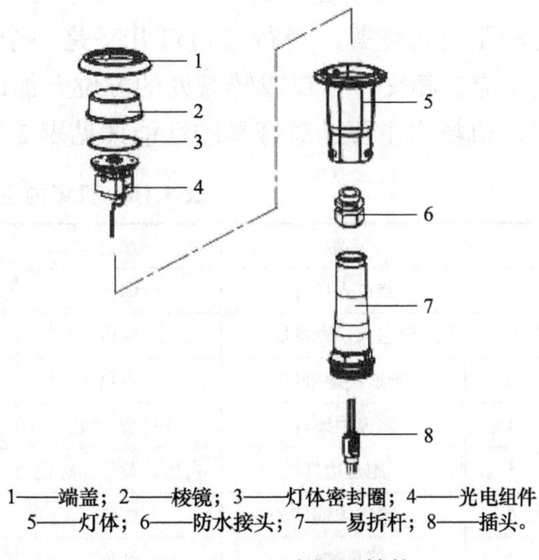

1——端盖；2——棱镜；3——灯体密封圈；4——光电组件；5——灯体；6——防水接头；7——易折杆；8——插头。

图 3.55　立式灯具结构

3.12 助航灯光特点分析

3.12.1 灯具结构选择与系统特性对比

进近灯光系统、跑道灯光系统和滑行道灯光系统各自在飞机起降及滑行的不同阶段发挥作用。

1．立式灯具与嵌入式灯具的选择

助航灯光系统灯具多为恒定灯，需要明确引起驾驶员注意时采用闪光灯，如顺序闪光灯、跑道入口识别灯、跑道警戒灯等。

位于道面上的灯具均为嵌入式灯具，如跑道接地带灯、跑道中线灯、滑行道中线灯、中间等待位置灯、停止排灯和禁止进入排灯等；位于道面边缘的灯具可以是立式灯具或嵌入式灯具，如跑道入口灯、跑道末端灯、跑道边灯和滑行道边灯等。

2．不同灯光系统 4C 特性对比

飞机从最后进近到着陆，滑行飞行员所看到的灯具的光强大体上在逐渐减弱。最早进入飞行员视野的是白色的顺序闪光灯，闪光灯的光强是最大的，能达到上万甚至几万坎德拉；然后是跑道灯光系统，接着是滑行道灯光系统，滑行道边灯的光强最低。

助航灯光系统灯具的有效范围差异较大，为避免眩目和考虑节能，很多灯光只有在进近方向能看清楚。例如，飞行员只有对准下滑航道才会清晰地看到跑道中线灯和跑道边灯等。滑行道边灯几乎是一个全向发光的灯具，为避免与其他灯光相混淆，应在相交、出口或转弯处的方位上加以遮挡。

机场内主要助航灯具的性能详见表 3.10。

表 3.10 机场内主要助航灯具的性能

序号	名称	颜色	方向	灯具形式	备注
1	跑道入口灯	绿色	单向	嵌入式 / 立式	
2	跑道入口翼排灯	绿色	单向	嵌入式 / 立式	
3	跑道接地带灯	白色	单向	嵌入式	
4	跑道中线灯	白色、红色	双向	嵌入式	颜色根据不同位置而定
5	跑道边灯	白色、黄色、红色	双向	嵌入式 / 立式	颜色根据不同位置而定
6	跑道末端灯	红色	单向	嵌入式 / 立式	
7	停止道灯	红色	单向	嵌入式 / 立式	

续表

序号	名称	颜色	方向	灯具形式	备注
8	PAPI灯	白色、红色	单向	立式	
9	顺序闪光灯	白色	单向	立式	
10	滑行道中线灯	绿色、黄色	单向 双向	嵌入式	颜色根据不同位置而定
11	滑行道边灯	蓝色	全向	嵌入式 / 立式	
12	快速出口滑行道指示灯	黄色	单向	嵌入式	
13	停止排灯	红色	单向	嵌入式 / 立式	立式停止排灯很少见
14	中间等待位置灯	黄色	单向	嵌入式	
15	跑道警戒灯	黄色	单向	嵌入式 / 立式	灯具形式根据不同类型而定
16	机位操作引导灯	红色、黄色	单向	嵌入式 / 立式	颜色根据不同位置而定
17	除冰防冰设施出口灯	黄色	单向	嵌入式	
18	盘旋引导灯	白色	全向	立式	
19	跑道状态灯	红色	单向	嵌入式	
20	禁止进入排灯	红色	单向	嵌入式	
21	应急灯	白色	全向	立式	

3.12.2 机场灯具的一般要求

民用机场灯具按安装方式可分为嵌入式灯具和立式灯具。按用途可分为跑道用灯具、跑道中线延长线地区用灯具、滑行道用灯具、停机坪用灯具和高杆照明灯具等。灯具应设计和制造成在正常使用条件下安全工作，并能为滑行、起飞或进近着陆的飞机提供灯光引导信号。

嵌入跑道、停止道、滑行道和机坪表面的灯具的强度应能保证在受到航空器轮胎的压力时，航空器和灯具均不损坏；跑道、停止道和滑行道上的立式灯具应易折。

1．灯具的正常工作条件

灯具的工作条件为海拔高度不超过2500m，环境温度为 −40 ～ 50℃，相对湿度不大于95%，可以暴露于风、雪、冰、积水、腐蚀性的盐雾和太阳辐射中。

2．灯具的主要技术要求

1）结构

灯具应符合《民用机场灯具一般要求》（GB/T 7256—2015）及有关产品规定，并按照经规定程序批准的图纸及文件制造，灯具的质量和外形尺寸应符合场频标准的规定。灯具的可替换部件应易于更换，且部件的更换不应降低灯具的各项性能。不同种类灯具均应满足防尘、防固体异物和防水要求。

2）材料

灯具的零部件材料应是耐腐蚀的或涂覆以耐腐蚀的保护层，在可能产生电化腐蚀的不同金属接触面上，应设有防护层。灯具能够承受正常工作时可能的机械应力。立式灯具能经受规定的风力而不损坏；嵌入式灯具能承受大型飞机轮胎的压力和冲撞而不损坏，嵌入式的跑道灯具应能承受 40J 能量的多次撞击。

3）发光强度

灯具在规定的光源和额定电压（电流）工作状态下，发光强度及其分布应满足相应产品标准的规定，灯具与灯具之间在产品标准规定的范围以内的发光强度平均值的差异性不大于 1.5 ： 1。

4）表面温度

在安装的嵌入式灯具与飞机轮胎接触处，由于热传导和热辐射导致温度升高，在接触持续 10min 的时间内应不超过 160℃。

5）灯光颜色

灯光颜色符合在标准色度系统中的区域界限。

6）绝缘电阻和电气强度

灯具有足够的绝缘电阻和电气强度。

3.12.3　LED 灯特性

传统的机场助航灯光系统的灯具主要采用白炽灯和卤钨灯，光源直接发出近似白光，通过外加有色玻璃滤光罩来得到不同颜色的光照。这种光源光效低，耗能大，使用寿命较短，而且结构复杂，机械强度低。为了克服这些问题，需要寻找一种更好的光源代替它们。

民航机场对助航灯光的光源有严格要求，具体如下。

（1）发光柔和，效率高。要求灯具本身具有较高的发光效率，有足够的亮度，光色清晰，在一定能见度下有较好的分辨力，且节省电能。同时要求光线柔和，避免飞行员产生视觉疲劳。

（2）光强达到规范要求。能够实现远距离清晰观察，与其他常规用灯明显区别。

（3）防水及散热性能良好。机场运行环境下的长时间运行，要求防水、散热性能好。

（4）有一定的机械强度。在受到飞机撞击和碾压时，不会使飞机受到损坏而发生飞行事故。

（5）构造简单，坚固耐用，便于拆装及维修，性价比高。

随着 LED 技术的发展，人们发现 LED 作为机场助航灯光光源有显著优势。

LED 是一种场致发光光源，是将电能直接转化为光能的半导体器件，属于固态光源。LED 的电学特性和普通的二极管一致，但其发光原理是在 P-N 结两端加上正向电压，P 区中空穴会流向 N 区，而 N 区中的电子会流向 P 区。然后，随着少数载流子和多数载流子的重合放出能量。其中，一部分能量转化为热；另一部分转化为光。

由于制造方法的改进，LED 光源的发光强度有了显著提高，并且增加了颜色的变化范围。多种纯色的 LED 光源的出现，满足了机场助航灯光设备对不同颜色光源的需求，同时，LED 光效的大幅提升也使 LED 灯光在机场中的应用成为可能。相比目前使用的白炽灯和卤钨灯，LED 灯具有以下五大优点。

（1）光效高、节能。LED 灯的光效大于 $50\mathrm{lm}\cdot\mathrm{W}^{-1}$，大大超过了普通白炽灯 $7.3\sim18.6\mathrm{lm}\cdot\mathrm{W}^{-1}$ 的水平，则使用光强等级相同的 LED 灯具将显著节能。

（2）使用寿命长。LED 灯具有数万小时的使用寿命，白炽灯和卤钨灯的寿命不超过 1000h，这将大大提高灯光设备的可靠性，减少维护时间。

（3）单色性好，体积小。LED 光源具有各种颜色，可以满足机场灯光的各种要求，不需要采用滤色片，可以大大提高光的利用效率。LED 光源体积小，发光体接近点光源，便于进行光学设计，易于做成轻薄型灯具；应用于机场灯光设备中可以减小灯具体积，特别是滑行道中线灯为平地式灯具嵌入地面以下，利用 LED 作为光源可以有效降低灯具凸出地面的高度，减小飞机滑行过程对灯具的震动作用。

（4）结构牢固。结构中无玻璃泡和灯丝等易损坏部件，是一种全固体结构，可以经受震动和冲击，不会引起损坏，便于灯具设计，节省安装空间。

（5）破雾能力强。LED 作为光源，可以克服原来卤钨灯系统破雾能力差（在能见度差或有雾的情况下难分辨）的缺陷。

与其他主要光源类型相比，LED 在很多参数方面都具有优势，见表 3.11。其中，发光效率是一个光源的参数，它是光通量与功率的比值。发光效率值越高，表明照明器材将电能转化为光能的能力越强，即在提供同等亮度的情况下，该照明器材的节能性越强；在同等功率下，该照明器材的照明性越强，即亮度越大。光色是光学里一种以 K 为计算单位表示光颜色的数值，生活中一般接触到的光色为 2700 ～ 6500K，工业照明和特殊领域（如汽车照明）会使用超过 7000K 光色的光源照明。2700 ～ 3200K 光色呈黄色；3200 ～ 5000K 光色呈暖白色，被称为“自然色”；5000 ～ 6500K 光色被称为白光；大于 6500K 的光色被称为冷光。

表 3.11 主要光源参数对比

参数	光源种类					
	白炽灯	高压汞灯	荧光灯	金属卤化灯	磁电无极灯	LED 灯
功率/W	15 ～ 300	50 ～ 1000	14 ～ 125	35 ～ 2000	15 ～ 165	0.05 ～ 5
发光效率/（$lm\cdot W^{-1}$）	10 ～ 24	35 ～ 50	50 ～ 120	65 ～ 140	130 ～ 150	110 ～ 250
光源寿命/h	1000 ～ 2000	2500 ～ 5000	3000 ～ 10000	3000 ～ 7000	60000 ～ 100000	50000 ～ 100000
造价	低	较高	较低	较高	高	高
光色/K	2500	3000	2000 ～ 6000	4000	2700 ～ 6500	2700 ～ 6000
启动时间	瞬时	5 ～ 15min	80%：1 ～ 2s，100%：60s	5 ～ 15min	80%：瞬时 100%：60s	瞬时
光方向性	不强	不强	不强	不强	不强	很强
光源尺寸	小	小	大	大	中	小
耐震动性能	有电极，较差	有电极，较差	有电极，较差	有电极，较差	无电极，很好	好
发热	高	较高	低于 90℃	300℃左右	低于 90℃	低于 90℃
色彩还原能力	好	差	好	一般	好	好

LED 光源的寿命表现为它的光衰，即光强随时间的延长而下降直至熄灭。在不同情况下，《普通照明用 LED 产品和相关设备　术语和定义》（GB/T 24826—2016）对于 LED 光源寿命作出了不同定义，但在助航灯光中对 LED 灯光强的要求应符合《国际民用航空公约》附件 14（第八版）相关规定。各种品牌的 LED 光衰不同。例如，美国 CREE 公司生产的 LED 光源光衰曲线如图 3.56 所示。从中可以看出，LED 的光衰和它的结温有关，所谓结温就是半导体 P-N 结的温度，光衰随结温的升高而加重，寿命就会缩短。

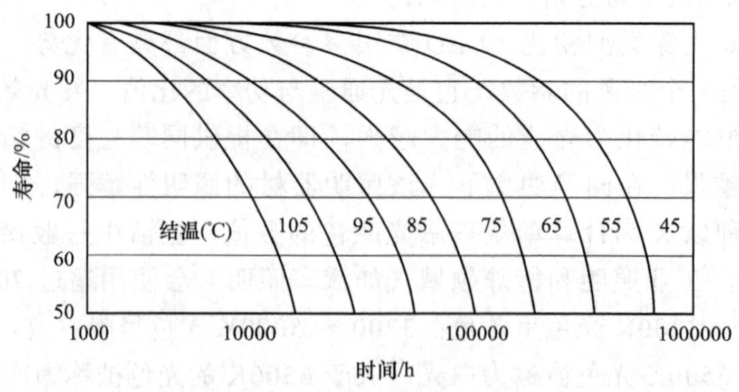

图 3.56　LED 的光衰曲线

LED 光源有着极高的性价比。随着节能环保理念的深入人心，LED 光源将在越来越多的领域中取代普通光源。在机场助航灯光系统中大面积使用 LED 光源，可大幅度提高机场运行效率、降低运行成本、增强市场竞争力。LED 光源具有良好的发展前景和广阔的市场空间，可创造显著的社会效益和经济效益。

本章小结

本章介绍了目视助航灯光的光学和色度学基础，助航灯光的 4C 特性和易折性；分析了进近灯光系统、跑道灯光系统和滑行道灯光系统灯具的设置原则和特点。详细内容可参考《机场——机场设计和运行》（《国际民用航空公约》附件 14 第Ⅰ卷，第八版）和《民用机场飞行区技术标准》（MH 5001—2021）的相关章节。

思　考　题

1．什么是进近灯光系统，分析简易进近灯光系统与Ⅱ类精密进近灯光系统的异同。

2．进近灯光有哪几种？说出它们的安装位置与颜色。

3．试画出Ⅰ类精密进近灯光系统的构形。

4．试画出Ⅱ类、Ⅲ类精密进近灯光系统的构形。

5．试总结闪光灯在助航灯光中的应用。

6．说明 PAPI 的作用原理。

7．画图并说明 PAPI 灯正常工作时，飞行员可能看到的各种状态及其含义。

8．画出 2400m 长跑道的跑道中线灯构形。

9．跑道灯具主要包括哪两种？各有什么特点？

10．在存在跑道入口内移的跑道上，跑道边灯的位置、间距及颜色各是怎样规定的？

11．滑行道边灯的构形和颜色各是怎样规定的？

12．滑行道中线灯的构形和颜色各是怎样规定的？

13．快速滑行道出口指示灯的构形和颜色各是怎样规定的？

14．障碍灯有哪几种？分别用在什么地方？

15．简述基于激光传感器的目视引导过程。

第4章 标记牌与标志物

机场规模的不断扩大和滑行道的复杂化，使得在地面滑行的航空器和车辆的驾驶员对信息量的需求也变得迫切。标记牌的主要作用是指示和定位，是对地面标志系统和助航灯光系统的有力补充，如图 4.1 所示。机场应根据对航空器在地面活动引导和控制的功能要求适当配置标记牌系统，以满足驾驶员的需要。

图 4.1　标记牌实物图

4.1　标记牌概述

4.1.1　标记牌的定义

标记牌是位于飞行区某一特定位置，利用牌面的符号和文字以传达强制性指令、位置或目的地信息的指示牌。

4.1.2　标记牌的分类

1．按使用功能划分

按标记牌使用功能的不同，可将标记牌分为强制性指令标记牌和信息标记牌两大类。

1）强制性指令标记牌

强制性指令标记牌用来传达一个必须照办的指令，如传达航空器或车辆必须停住等待塔台放行的信息，传达禁止进入某一地区的信息等。

2）信息标记牌

信息标记牌用来标明一个特定位置或提供路由（方向或目的地）信息，帮助驾驶员识别其所在位置，识别滑行道交叉或分支点前方滑行道代号，指明驾驶员前往目的地的方向，帮助驾驶员判断航空器是否已经脱离跑道等。

2．按牌面内容划分

标记牌按牌面内容可分为不变内容标记牌和可变内容标记牌。

1）不变内容标记牌

不变内容标记牌的牌面内容是固定不变的，仅提供一种指令或信息。

2）可变内容标记牌

可变内容标记牌是指能按需要提供几种预先确定的指令或信息或不提供任何指令或信息的标记牌。可变内容标记牌在不使用时，应显示为空白；在出现故障时，不得显示出可能导致驾驶员做出不安全动作的信息。在可变内容标记牌上，从一个通知改变到另一个通知的时间应尽可能短，不得超过5s。

4.1.3　标记牌的设置原则

标记牌的设置原则如下。

（1）在需要指示行进中的航空器或车辆非经机场管制塔台许可不得越过之处必须设置一块强制性指令标记牌。

（2）在运行需要用一块标记牌标明一个特定位置或提供路由（方向或目的地）信息时，必须设置一块信息标记牌。

（3）标记牌牌面信息要准确无歧义，并且尽量少设置。

4.1.4　标记牌的性能

标记牌的文字符号、牌面和安装高度应符合行业标准的要求，能在相关室外环境中运行。

（1）标记牌应坚固耐用，能经受60m/s的风力荷载；可能暴露于喷气气流的地方能经受90m/s的风力荷载。

（2）标记牌应为长方形，可单面或双面显示；牌面宜垂直于邻近道面的中线或滑行道中线标志。

（3）标记牌必须是易折的，为了防止折断的标记牌被吹走，有时应用地锚或链条将标记牌拴住，应在其结构容许的范围内尽可能地靠近道面边缘位置。

（4）标记牌长度以容纳全部文字符号为准，可以拼接，底边距离地面至少0.15m，标记牌至滑行道或跑道承重道面边缘的距离必须保证与螺旋桨和喷气式航空器发动机吊舱的净距，见表4.1。按规定应设在道面上标志延长线上的标记牌允许偏离 ±3m。

表 4.1 标记牌的位置距离

飞行区指标 I	标记牌高度			从规定的滑行道道面边缘至标记牌最近侧面的垂直距离/m	从规定的跑道道面边缘至标记牌最近侧面的垂直距离/m
	文字符号	牌面（最小）	安装高度（最大）		
1 或 2	200	400	700	5 ～ 11	3 ～ 10
1 或 2	300	600	900	5 ～ 11	3 ～ 10
3 或 4	300	600	900	11 ～ 21	8 ～ 15
3 或 4	400	800	1100	11 ～ 21	8 ～ 15

（5）为跑道服务的滑行道上的强制性指令标记牌，若仅设置在滑行道的一侧时，其宽度有以下两种情况，即飞行区指标 I 为 3 或 4 的跑道服务的标记牌宽度应不小于1.94m，飞行区指标 I 为 1 或 2 的跑道服务的标记牌宽度应不小于 1.46m。

（6）在供国际航班使用的机场内，标记牌上的汉字之后还应加写相应的英文名称和位置标记牌、目的地标记牌两节中的标准缩写字，汉字、英文字体连写，不要额外空隙，也不要括号，且共用指示方向的箭头。

（7）跑道视程小于 800m、夜间使用的仪表跑道或夜间使用的飞行区指标 I 为 3 或 4 的非仪表跑道的标记牌系统要予以照明；拟在夜间用于飞行区指标 I 为 1 或 2 的非仪表跑道的标记牌必须做成逆向反光的或予以照明。

标记牌的安装高度不超过表 4.1 相应栏中规定的距离。

4.2 强制性指令标记牌

在需要指示滑行中的航空器或车辆非经机场管制塔台许可不得越过之处必须设置强制性指令标记牌。

强制性指令标记牌包括跑道号码标记牌、禁止进入标记牌、跑道等待位置标记牌、道路等待位置标记牌。

强制性指令标记牌为红底白字。由于环境或其他因素，强制性指令标记牌文字符号需要突出其鲜明性时，白色文字符号的外缘宜加黑色边框。飞行区指标Ⅰ为 1 和 2 的黑色边框宽度为 10mm，飞行区指标Ⅰ为 3 和 4 的黑色边框宽度为 20mm。

强制性指令标记牌见表 4.2。

表 4.2　强制性指令标记牌

序号	名称	示例	释义
1	跑道号码标记牌	15-33	前方跑道两端的号码为 15-33 跑道，其中从左向右进近为跑道 15，从右向左进近为跑道 33。该标记牌位于除跑道一端之外的跑道等待位置两侧。白色字体加了黑边起到醒目的作用
2	位置 / 跑道号码标记牌	A 25	表示驾驶员位于滑行道 A 上，前方跑道号码为 25。该标记牌一般位于跑道一端的跑道等待位置左侧
		25 A	表示驾驶员位于滑行道 A 上，前方跑道号码为 25。该标记牌一般位于跑道一端的跑道等待位置右侧
		B 07-25	表示驾驶员位于滑行道 B 上，前方为 07-25 跑道，其中从左向右进近为跑道 07，从右向左进近为跑道 25。该标记牌位于除跑道一端之外的跑道等待位置左侧
		07-25 B	表示驾驶员位于滑行道 B 上，前方为 07-25 跑道，其中从左向右进近为跑道 07，从右向左进近为跑道 25。该标记牌位于除跑道一端之外的跑道等待位置右侧
3	禁止进入标记牌		设置在禁止进入地区起始处的滑行道两侧，表明禁止进入的一个区域
			白字增加了黑边的禁止进入标记牌。白字加了黑边起到醒目的作用。
4	跑道号码 / Ⅱ类等待位置标记牌	25 CAT Ⅱ	与跑道号码标记牌合用的Ⅱ类跑道等待位置标记牌，前方跑道为 25。表明跑道 25 入口处的Ⅱ类跑道等待位置
	跑道等待位置标记牌	B2	设于滑行道 B 的跑道等待位置两侧，表明一个跑道等待位置
5	道路等待位置标记牌（中国）	停	设置在道路进入跑道和跑道进近区域的入口处左侧或右侧，表明航空器等在此处停住

4.2.1 跑道号码标记牌

1．跑道号码标记牌牌面设计

跑道号码标记牌上的文字符号必须含有所相交跑道两端的跑道识别号码，并按观看标记牌的方向适当安排号码顺序。设在跑道尽头附近的跑道号码标记牌可以只显示该端的跑道识别号码，面向飞行员的左边跑道端的跑道号码在左，面向飞行员的右边跑道端的跑道号码在右，两个号码之间加一短横线，见表 4.2。

在跑道 / 跑道或滑行道 / 跑道相交处，必须设跑道号码标记牌来补充 A 型跑道等待位置，标记牌位于跑道等待位置标志的每一侧，标记牌面对趋向跑道的方向。

2．跑道号码标记牌设置示例

（1）在 A 型跑道等待位置标志延长线的两端应各设置一块跑道号码标记牌。如果滑行道上 A 型和 B 型跑道等待位置标志相距不大于 15m，则应将跑道号码标记牌移至 B 型跑道等待位置处，并将原应在该处设置的Ⅰ类、Ⅱ类或Ⅲ类等待位置标记牌取消，如图 4.2 所示。

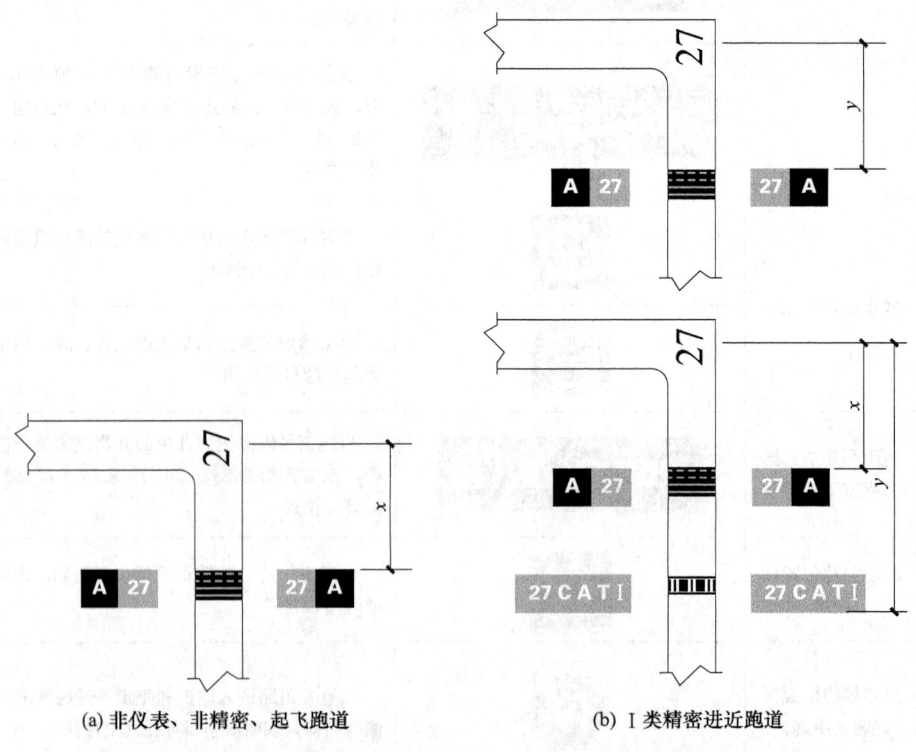

(a) 非仪表、非精密、起飞跑道

(b) Ⅰ类精密进近跑道

图 4.2 在滑行道、跑道交接处的标记牌设置示例

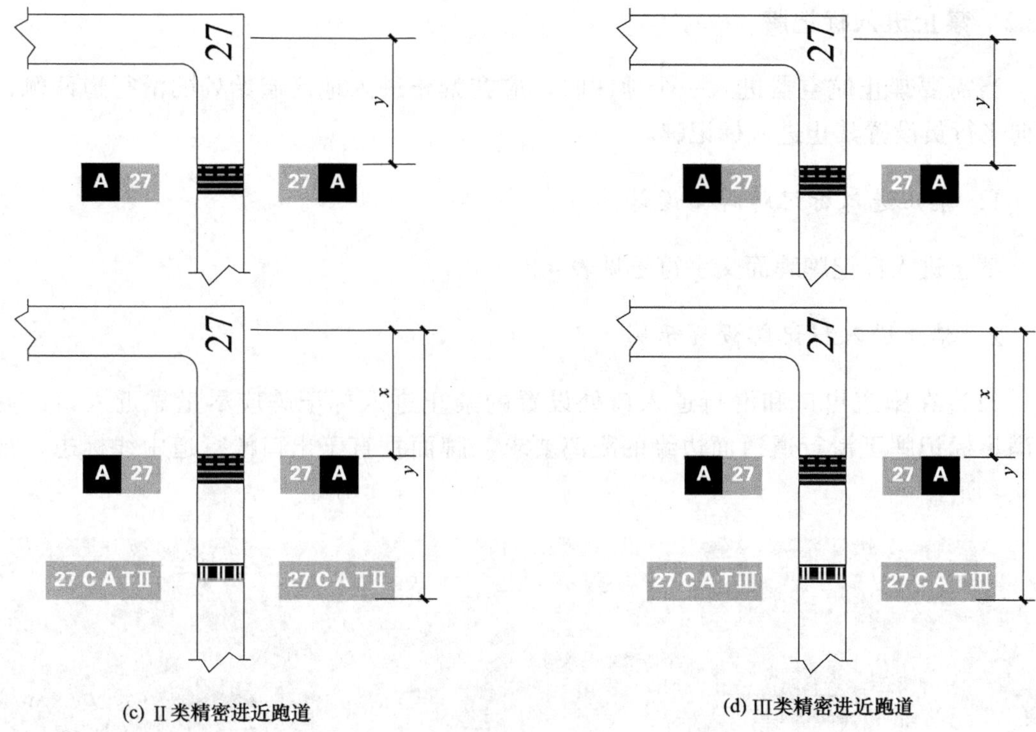

(c) Ⅱ类精密进近跑道　　(d) Ⅲ类精密进近跑道

图 4.2（续）

注：距离 x 是按照表 2.11 确定的，距离 y 是根据 ILS/MLS 的临界 / 敏感区的边界确定的。
图（b）、（c）、（d）中第一个图为 $y-x$=15m 时的设置情况。

（2）在滑行道、跑道相交处的跑道号码标记牌应用一块位于相应外侧（距离滑行道最远处），标明所在滑行道位置的位置标记牌作为补充，跑道号码标记牌必须面对朝向跑道进近的方向，至少设置在滑行道的左侧；如果实际可行时，跑道号码标记牌最好设置在滑行道的两侧，如图 4.3 所示。

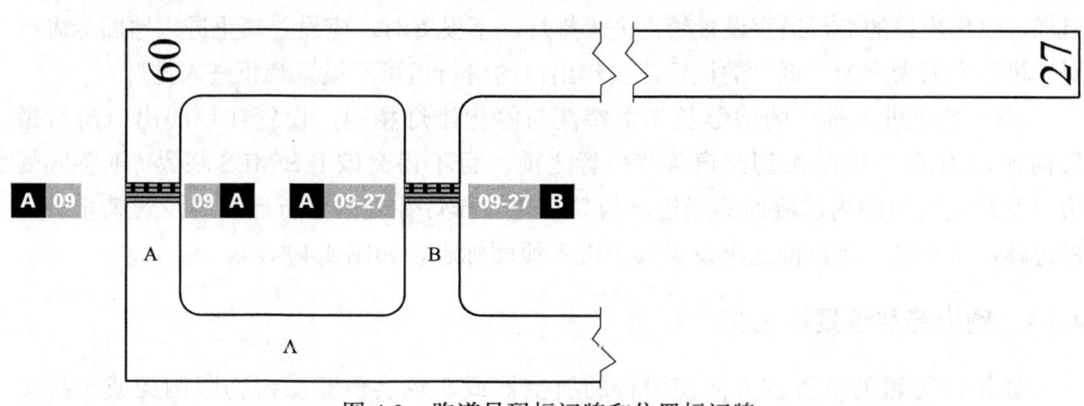

图 4.3　跑道号码标记牌和位置标记牌

4.2.2 禁止进入标记牌

当需要禁止航空器进入一个地区时，应在禁止进入地区起始处的滑行道两侧，面向飞行员设置禁止进入标记牌。

1. 禁止进入标记牌牌面设计

禁止进入标记牌牌面文字符号见表 4.2。

2. 禁止进入标记牌设置示例

（1）在跑道出口和滑行道入口处设置的禁止进入标记牌应尽量靠近入口，并应满足标记牌至滑行道道面边缘的距离要求，牌面垂直于出口滑行道中线标志，如图 4.4 所示。

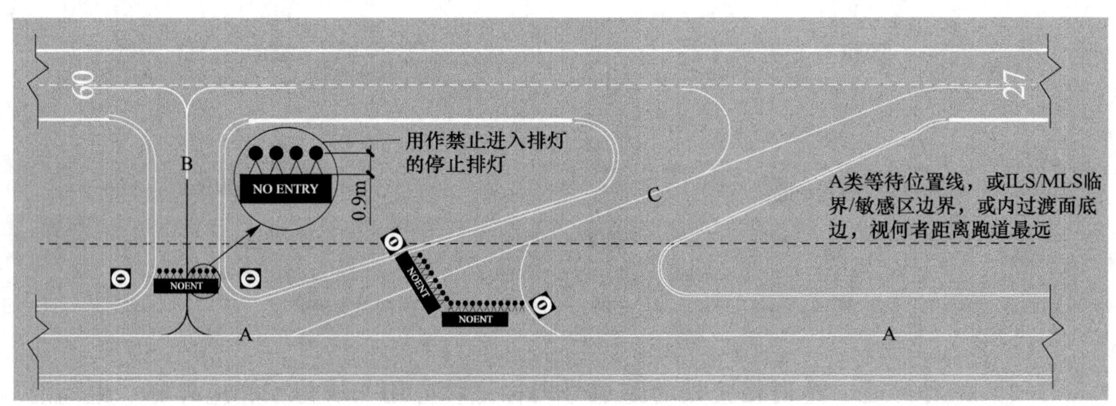

图 4.4 禁止进入标记牌

（2）对于机场交通密度为“高”的机场，仅作出口的滑行道应在进入跑道方向上设置禁止进入排灯，以防止航空器或车辆误入该滑行道；对于机场交通密度为“中”的机场，仅作出口的滑行道宜设置禁止进入排灯，不设置时，应设置禁止进入地面标志；对于机场交通密度为“低”的机场，仅作出口的滑行道可不设置禁止进入排灯。

（3）禁止进入排灯的构形及光学特性与停止排灯相同，设置在单向出口滑行道反向入口附近，并在 A 型跑道等待位置之前，且不得突破 ILS/MLS 临界 / 敏感区的边界及对应跑道的内过渡面的底边。与禁止进入排灯并列的滑行道端应设置禁止进入标记牌，禁止进入排灯前还可设置禁止进入地面标志，如图 4.4 所示。

4.2.3 跑道等待位置标记牌

如果滑行道的位置或方向使滑行的航空器或车辆会侵犯障碍物限制面或干扰无线电助航设备的运行，则应在该滑行道上设跑道等待位置标记牌。

1．跑道等待位置标记牌牌面设计

跑道等待位置标记牌牌面为红底白字，文字为滑行道识别代码和一个数字，见表 4.2。

在Ⅰ类、Ⅱ类、Ⅲ类或Ⅱ/Ⅲ类合用的跑道等待位置标记牌上的文字符号应为相应的跑道号码后加“CAT Ⅰ”、“CAT Ⅱ”、“CAT Ⅲ”或“CAT Ⅱ/Ⅲ”，视情况而定，见表 4.2。

2．跑道等待位置标记牌设置示例

（1）跑道等待位置标记牌应朝向趋近的航空器，设在障碍物限制面或无线电助航设备的临界/敏感区边界处的跑道等待位置两侧。

（2）Ⅰ类、Ⅱ类或Ⅲ类等待位置标记牌设置在跑道等待位置标志的每一侧，标记牌面对趋向临界区的方向。

（3）B 型跑道等待位置标志需用Ⅰ类、Ⅱ类、Ⅲ类或Ⅱ/Ⅲ类跑道等待位置标记牌补充，如图 4.2 所示。

4.2.4　道路等待位置标记牌

所有道路进入跑道和跑道进近区域的入口处必须设置道路等待位置标记牌，见表 4.2。

1．道路等待位置标记牌牌面设计

道路等待位置标记牌牌面为红底白字，文字符号为“停”，文字大小应易于飞行员识别。八角形标志外径为 0.6m，白边宽度为 20mm，衬边宽度为 4mm，见表 4.2。道路与滑行道相交处，可视情况设置道路等待位置标记牌。拟供夜间使用的道路等待位置标记牌必须是逆向反光或予以照明。

2．道路等待位置标记牌设置示例

道路等待位置标记牌设置在等待位置处距离道边一侧 2m 处，左侧或右侧均可，必须符合当地交通规则。

4.3　信息标记牌

在运行需要用一块标记牌标明一个特定位置或提供路由（方向或目的地）信息时，必须设置一块信息标记牌。

信息标记牌包括表示方向、位置、目的地、跑道出口、跑道脱离等具体信息的标记牌、跑道交叉起飞点标记牌、航空器机位号码标记牌、机场识别标记牌、VOR

机场校准点标记牌和滑行道终止标记牌，见表 4.3。

表 4.3 信息标记牌

序号	标记牌名称	示例	释义
1	位置	A	驾驶员位于滑行道 A
2	方向 / 位置 / 方向	←C B C→	驾驶员位于滑行道 B，前方为滑行道 C
	位置 / 方向	B ←C→	驾驶员位于滑行道 B，前方为滑行道 C
	方向 / 位置 / 方向 / 方向	←C B B↗ C→	驾驶员位于滑行道 B，前方为滑行道 C。滑行道在交叉点之后方向显著改变，加设方向标记牌
3	目的地（停机坪）	←APRON	向左滑行将到达停机坪
	目的地（跑道）	32→	向右滑行将到达跑道 32
		←04 22→	向左和向右滑行将分别到达跑道 04 和跑道 22
		27 · 33→	向右滑行将到达跑道 27 和跑道 33
	目的地（除冰坪）	DEICING→	向右滑行将到达除冰坪
4	位置 / 脱离跑道	A	驾驶员位于滑行道 A，向前滑行将脱离跑道。标记牌置于滑行道左侧
	脱离跑道 / 位置	A	驾驶员位于滑行道 A，向前滑行将脱离跑道。标记牌置于滑行道右侧
5	跑道出口	←G G2↗	向左滑行进入滑行道 G，向右前方滑行进入滑行道 G2
6	交叉起飞点	←2500m	剩余可用滑跑距离为 2500m

信息标记牌一般为黄底黑字，只有位置标记牌为黑底黄字，其独立安装时还必须加设黄色边框。信息标记牌上箭头的方向应与指示的方向一致或近似。向左或偏左指向的箭头应在字符的左边；向前、向右或偏右指向的箭头应在字符的右边。箭头的尺寸和形状均不应受方向的影响。如要求用于夜间，标记牌应设有内部或外部照明，标记牌也可涂覆反光材料。

4.3.1　位置标记牌

在需要向驾驶员提供其所在位置的信息之处应设置位置标记牌。

1．位置标记牌牌面设计

位置标记牌牌面为黑底黄字，牌面上的文字符号必须包括航空器当时所在的或正在进入的滑行道、跑道或其他铺筑面的识别代码，但不得有箭头。位置标记牌独立安装时还应加一黄色边框，见表 4.3。

2．位置标记牌设置示例

（1）在通往跑道的 A 型跑道等待位置处需设置位置标记牌，牌面设置在跑道号码标记牌牌面的外侧，见表 4.2。

（2）在有可能进入其他滑行道的机坪出口处的滑行道或交点更远的滑行道处需设置位置标记牌。其位置应设置在出口滑行道的左侧。

（3）位置标记牌与方向标记牌合设构成方向标记牌组。所有指向左转的方向标记牌必须设置在位置标记牌左侧，所有指向右转的方向标记牌必须设置在位置标记牌右侧，只有在与一条滑行道相交的情况下方向标记牌才可设置在左侧；方向标记牌的布置应使各个方向箭头偏离垂直线的程度随着相应滑行道方向偏离所在滑行道方向的程度的增大而增大，见表 4.3。

（4）位置标记牌与跑道脱离标记牌合设，设置在其外侧，见表 4.3。

（5）在每一中间等待位置处应设一位置标记牌，但如果该处已设有方向标记牌组，则不再单独设置位置标记牌。

（6）在航空器穿越跑道或一个复杂的滑行道交叉点之后，需要证实航空器确已进入正确的滑行道之处，宜设置一位置标记牌，设置在航空器穿越后进入的滑行道的左侧，若不能设置在左侧时，可设置在右侧，也可设置在位于该处的其他标记牌的背面，如图 4.5 所示。

（7）除位置标记牌外，信息标记牌不与强制性指令标记牌合设。

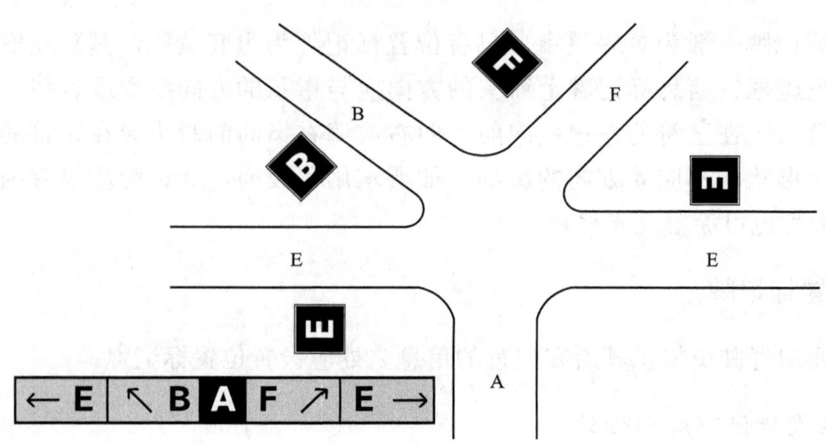

图 4.5 复杂滑行道交叉点处增设位置标记牌

4.3.2 方向标记牌

在运行需要标明在一相交点的滑行道的识别代码和方向时应设置一块方向标记牌，见表 4.3。

1．方向标记牌牌面设计

方向标记牌应为黄底黑字，牌面包括滑行道编号和用以识别转弯方向的箭头。箭头的方向应与指示的方向一致或近似。指向左转的箭头应设置在滑行道编号的左侧；指向右转的或直行的箭头应设置在滑行道编号的右侧。

相邻方向标记牌应用黑色垂直分界线隔开，见表 4.3。

2．方向标记牌设置示例

（1）在滑行道与滑行道交叉点之前，若按运行常规要求航空器进行观察选择前进的方向，则应在该处设置一个方向标记牌组。方向标记牌组应包括一块标明所在滑行道的位置标记牌和若干块标出航空器可能需要转入的滑行道的方向标记牌，见表 4.3。

（2）在只有两条滑行道交叉处，宜用一块带两个箭头的方向标记牌代替两个滑行道编号相同、方向不同的标记牌，此时位置标记牌应设在方向标记牌左侧，见表 4.3。

（3）航空器所在滑行道如果在交叉点之后方向显著改变时，则方向标记牌组除包括该滑行道的位置标记牌外，还应包括一块标明该滑行道方向改变的方向标记牌，见表 4.3。

（4）方向标记牌的布置应使各个方向箭头偏离垂直线的程度随着相应滑行道方向偏离所在滑行道方向的程度的增大而增大。

（5）在滑行道与滑行道交叉处，如果在滑行道交叉点前设有中间等待位置，则方向标记牌组应设置在交叉点以前的中间等待位置标志的延长线上，如图 4.6 所示。

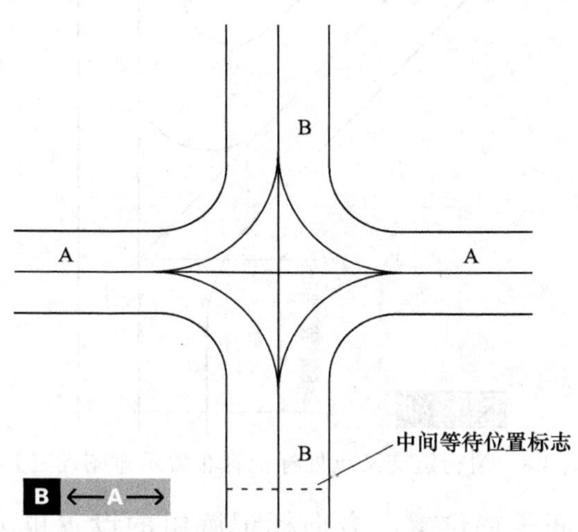

图 4.6　滑行道交叉点处标记牌布置示意图（一）

（6）在滑行道交叉处，如未设有中间等待位置标志，标记牌应位于两条滑行道中线相切点前，如图 4.7 和图 4.8 所示，标记牌至相交滑行道中线的距离应满足以下要求。

①飞行区指标Ⅰ为 3 或 4 时，不小于 60m。

②飞行区指标Ⅰ为 1 或 2 时，不小于 40m。

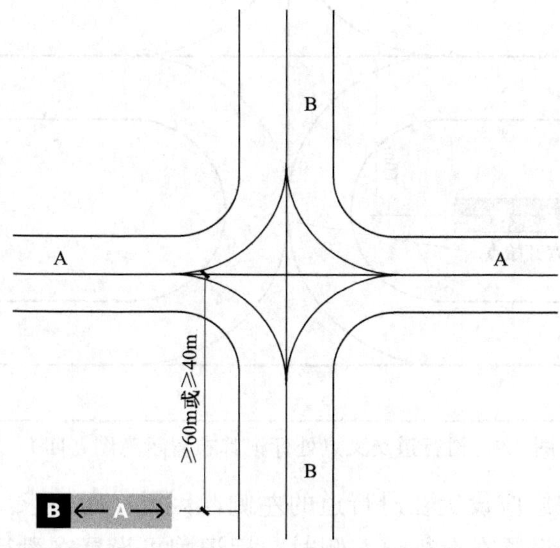

图 4.7　滑行道交叉点处标记牌布置示意图（二）

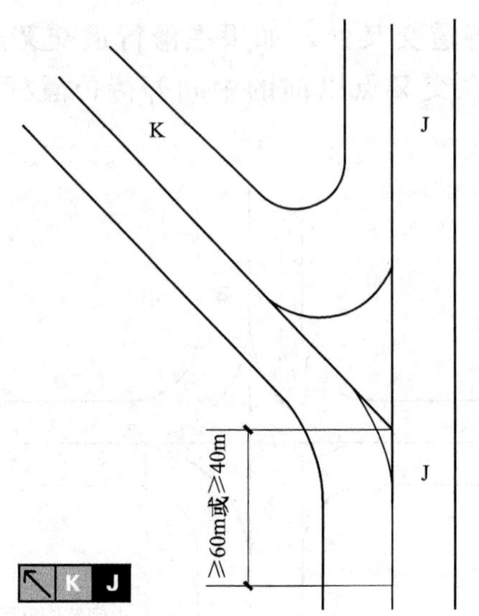

图 4.8　滑行道交叉点处标记牌布置示意图（三）

（7）在未设有中间等待位置，方向标记牌组的设置也无法满足距离交叉滑行道中线 60m 时，方向标记牌组宜设置在滑行道中线转弯开始点之前，如图 4.9 所示。

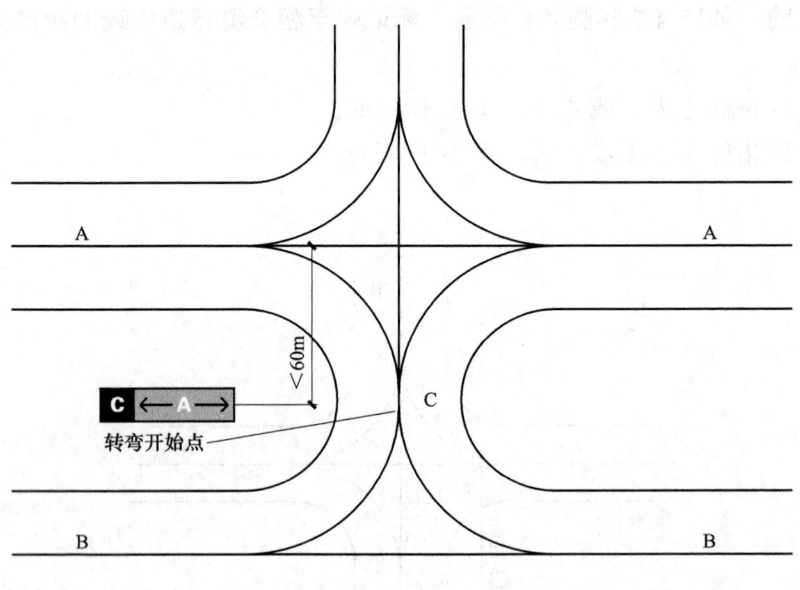

图 4.9　滑行道交叉点处标记牌布置示意图（四）

（8）方向标记牌组应设置在滑行道的左侧。因受净距要求、地形限制或其他原因导致标记牌不可能设置在滑行道左侧时，标记牌可设置在滑行道的右侧，此时宜在地面设置信息标志作为标记牌的补充，如图 4.10 所示。

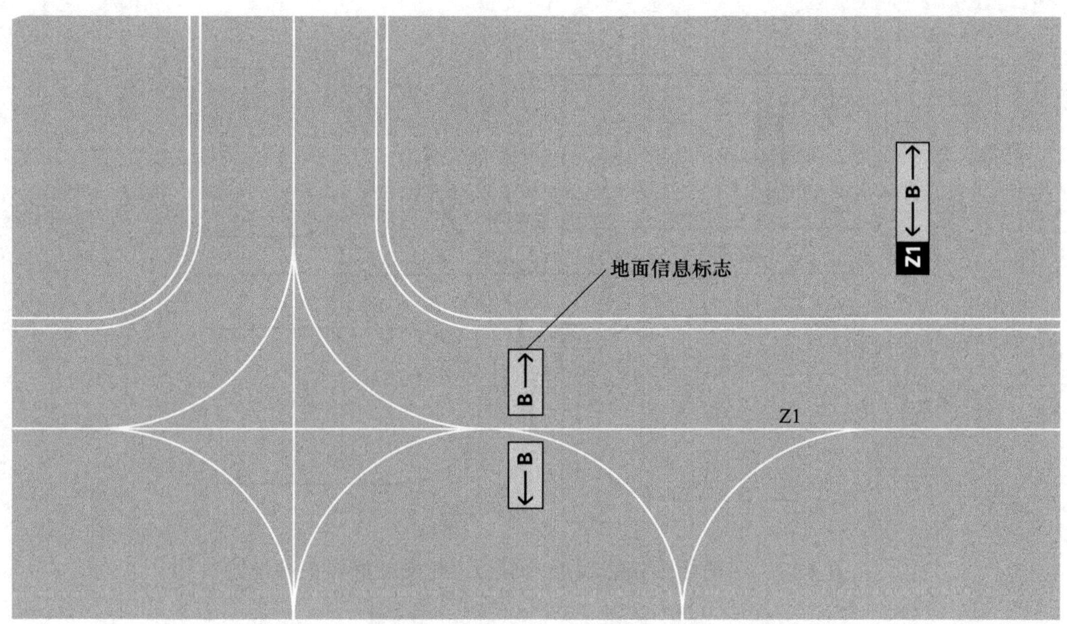

图 4.10　标记牌设置在滑行道右侧时增设地面信息标志

（9）一条滑行道与另外两条距离较近的滑行道垂直相交，但转弯开始点相差较远时，如图 4.11 所示，宜设置两个方向标记牌组；否则宜设置一个方向标记牌组，如图 4.12 所示。

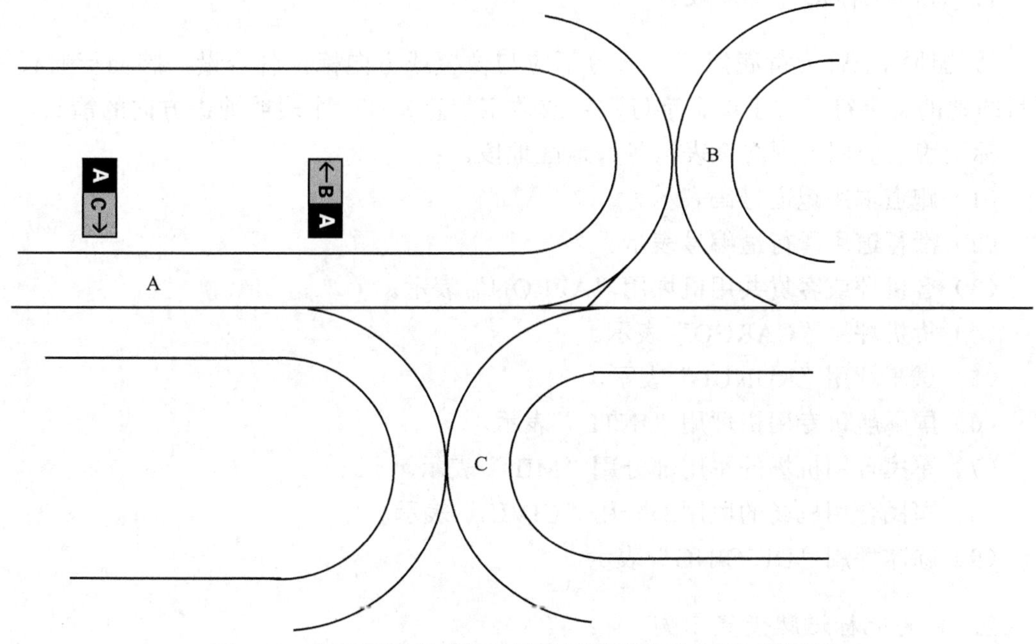

图 4.11　与两相距相对较远的滑行道相交时的标记牌设置

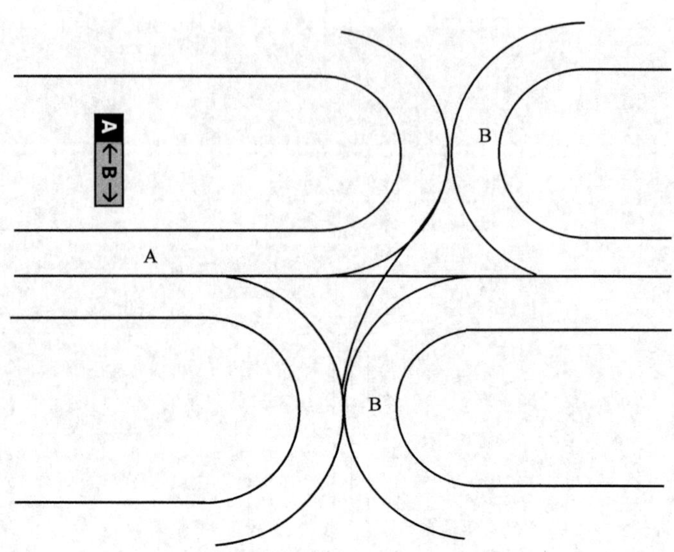

图 4.12　与两相距相对较近的滑行道相交时的标记牌设置

4.3.3　目的地标记牌

在需要用标记牌向驾驶员指明前往某一目的地的滑行方向之处，宜设一块目的地标记牌，见表 4.3。

1．目的地标记牌牌面设计

目的地标记牌为黄底黑字，通常不应与位置或方向标记牌合设，牌面标有代表该目的地的文字符号（字母、字母数字或数字信息）和一个表明前进方向的箭头。

标记牌上应用下列文字表示各种地区地段。

（1）跑道端用跑道号码表示。

（2）滑行道用滑行道编号表示。

（3）客机坪或客货共用机坪用“APRON”表示。

（4）货机坪用“CARGO”表示。

（5）试车坪用“RUNUP”表示。

（6）国际航班专用机坪用“INTL”表示。

（7）军民合用机场的军用部分用“MIL”表示。

（8）军民合用机场的民用部分用“CIVIL”表示。

（9）除冰坪用“DEICING”表示。

2．目的地标记牌设置示例

（1）如果目的地在正前方，目的地标记牌可设置在交叉点远端的方向标记牌组的背面；在滑行道终止于前方 T 形交叉点时，目的地标记牌应设置在交叉点的远端，即 T 形交叉点的平顶上方中央，如图 4.13（a）所示。

（2）在滑行道终止于一个 T 形相交点时，应用目的地标记牌标明滑行道终止于一个 T 形相交点，当不便设置目的地标记牌时，宜设置一个滑行道终止标记牌。目的地标记牌或滑行道终止标记牌应设置在终止的滑行道终端的对面，如图 4.13（b）所示。

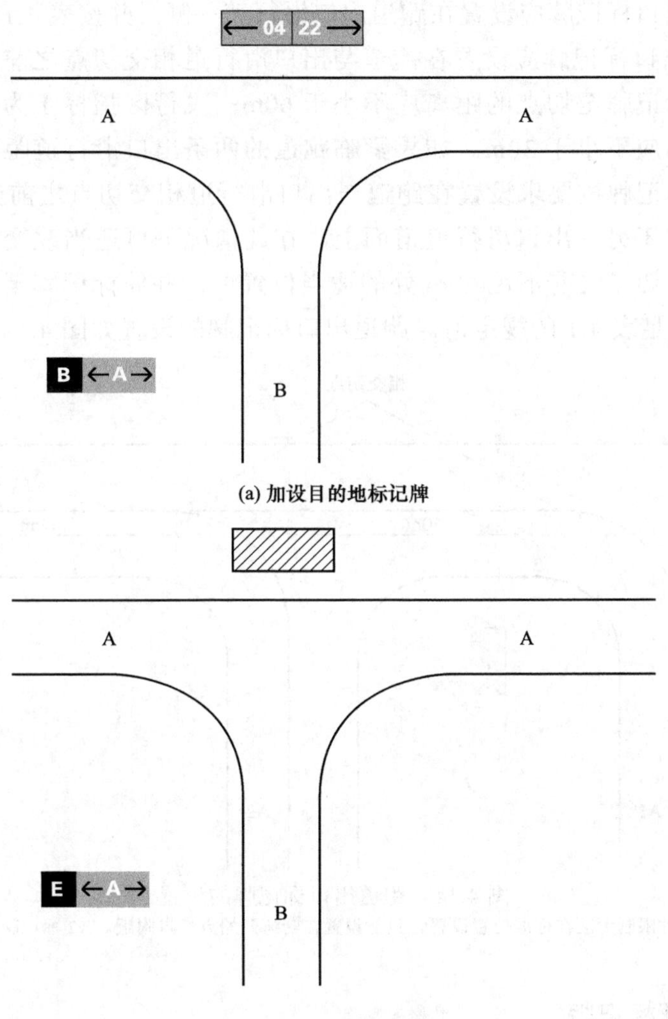

(a) 加设目的地标记牌

(b) 加设滑行道终止标记牌

图 4.13　滑行道 T 形相交处标记牌的设置

4.3.4　跑道出口标记牌

为方便驾驶员离开跑道进入预定的滑行道，应设置跑道出口标记牌，见表 4.3。

1．跑道出口标记牌牌面设计

跑道出口标记牌为黄底黑字，牌面的文字符号应包括跑道出口滑行道的代码和一个标明应遵行方向的箭头，见表 4.3。

2．跑道出口标记牌设置示例

（1）跑道出口标记牌应设置在跑道出口滑行道一侧，并按表 4.1 的规定定位。

（2）跑道出口标记牌应设置在跑道与出口滑行道相交切点之前，飞行区指标 I 为 3 或 4 时，标记牌至切点的距离应不小于 60m；飞行区指标 I 为 1 或 2 时，标记牌至切点的距离应不小于 30m。如果紧临跑道的两条出口滑行道距离较近，当其中一块跑道出口标记牌按要求设置在跑道与出口滑行道相交切点之前至少 60m 处时，可能标记牌会位于另一出口滑行道道面上，在此情况下可适当改变标记牌的位置，使其设置在相交切点之前不足 60m 处的适当位置上，并使标记牌至跑道边线、滑行道边线的距离满足表 4.1 的规定值。跑道出口标记牌的设置如图 4.14 所示。

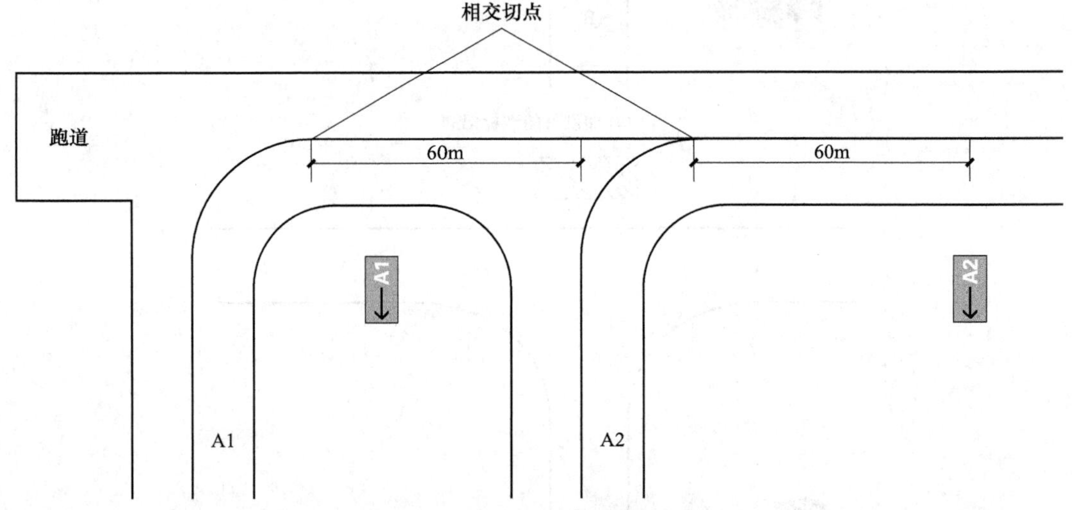

图 4.14　跑道出口标记牌的设置

注：A1 标记牌受条件限制无法在标准位置设置，只能设置在转弯开始点切点附近。A2 标记牌符合标准安装位置。

4.3.5　跑道脱离标记牌

仪表跑道应设置跑道脱离标记牌，见表 4.3。

1．跑道脱离标记牌牌面设计

跑道脱离标记牌为黄底黑线，应展示 A 型跑道等待位置标志的图案。

2. 跑道脱离标记牌设置示例

（1）跑道脱离标记牌至少应设置在出口滑行道的一侧，在跑道脱离标记牌的外侧还应设置一块位置标记牌，如图 4.15 所示。

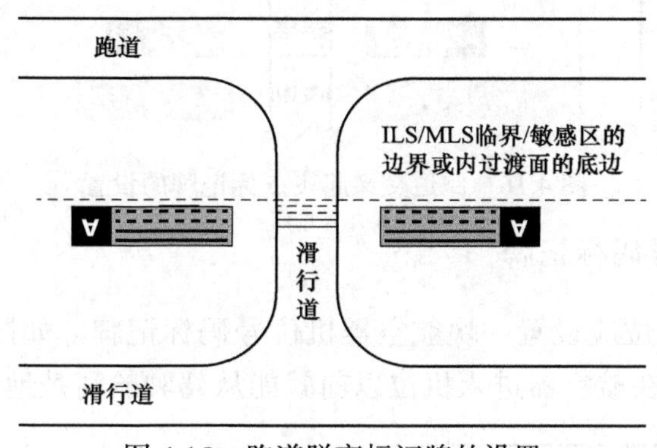

图 4.15 跑道脱离标记牌的设置

（2）跑道脱离标记牌应设置在跑道等待位置处。对于单向运行的出口滑行道，则应设置在相当于跑道等待位置处。

当跑道设有 ILS/MLS 时，跑道脱离标记牌应设置在临界 / 敏感区的边界或内过渡面的底边，以距离跑道中线较远者为准。

（3）在单向运行的滑行道上，应在跑道脱离标记牌背面展示滑行道号码，供航空器或车辆错误进入后辨识滑行道使用。除此之外的滑行道上，跑道脱离标记牌应与设置在此处的标记牌合设在一块牌子的两面上。

4.3.6 跑道交叉点起飞标记牌

当运行需要标明跑道交叉点处起飞的剩余可用起飞滑跑距离时，应设置一块交叉点处起飞标记牌，见表 4.3。

1. 跑道交叉点起飞标记牌牌面设计

跑道交叉点起飞标记牌为黄底黑字，文字符号必须包括一个以 m 为单位的剩余可用起飞滑跑距离的数字信息和一个标明起飞方向的箭头，见表 4.3。

2. 跑道交叉点起飞标记牌设置示例

跑道交叉点起飞标记牌应设置在入口滑行道的左侧，飞行区指标 I 为 3 或 4 时标记牌至跑道中线的距离应不小于 60m，但飞行区指标 I 为 1 或 2 时，标记牌至跑道中线的距离则应不小于 45m，如图 4.16 所示。

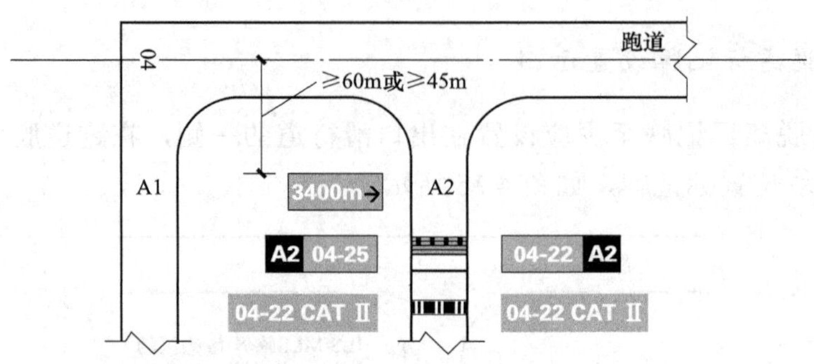

图 4.16 跑道交叉起飞点标记牌的设置

4.3.7 航空器机位号码标记牌

每一个航空器机位应设置一块航空器机位号码标记牌，如图 4.17 所示。机位号码标记牌应设置得使在航空器进入机位以前就能从驾驶舱清楚地看到。

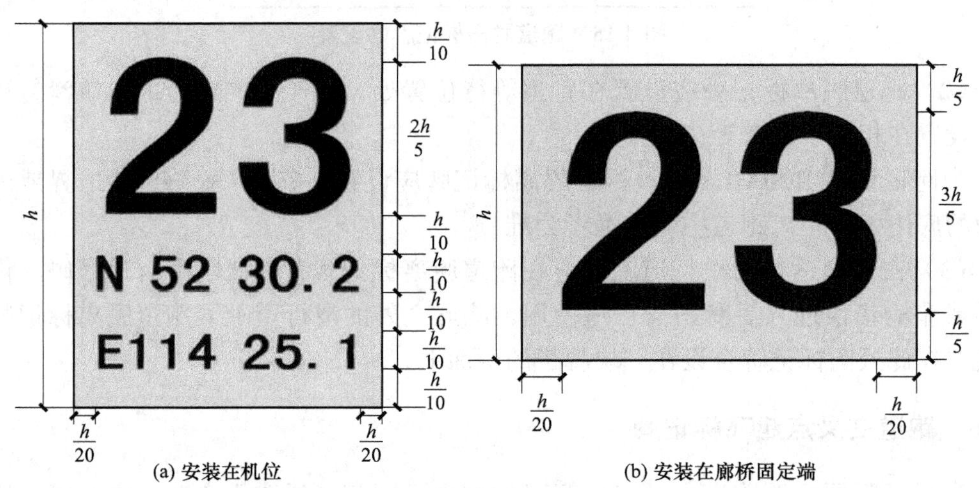

图 4.17 航空器机位号码标记牌示例

1．航空器机位号码标记牌牌面设计

航空器机位号码标记牌为黄底黑字，牌面字符为机位号码，在机位号码标记牌上及周边设置经纬度数值的，其数值高度不得超过机位号码高度的 1/4。夜间使用应设有照明，宜采用内部照明方式，如图 4.17 所示。

2．航空器机位号码标记牌设置示例

1）安装在机位

安装在机位上的航空器机位号码标记牌应设置在机位中线延长线上，如实际不可行，宜偏置于航空器入位方向机位中线左侧设置。

航空器机位号码标记牌可以在建筑物上悬挂安装，或在地面上立式安装，其牌面尺寸、安装位置和高度应使准备进入机位的航空器驾驶员能够看清楚。

牌面上机位号码字符高度不应小于 600mm，经纬度字符高度为机位号码高度的 1/4；若如此设置不可行时，机位号码字符高度不应小于 400mm，经纬度字符高度为机位号码高度的 1/5。

2）安装在廊桥固定端

对于设有登机廊桥的机位，宜在登机廊桥固定端上增设一块航空器机位号码标记牌。

安装在登机廊桥固定端上的航空器机位号码标记牌，其牌面字符应与本廊桥所服务的机位号码一致。航空器机位号码标记牌宜为三棱柱形，牌面上仅显示机位号码，牌面之间的夹角不小于 60°。字符高度宜为牌面高度 1/2 ～ 3/4。

4.3.8　机场识别标记牌

在没有其他足够的目视识别手段去识别机场，或因周围地形、建筑物，难以从空中确定机场位置，或航空器主要以目视方式飞行时，应设置机场识别标记牌。

机场识别标记牌字符应包含机场名称，如机场有识别代码则可包含识别代码；字体高度不小于 3m；标记牌的颜色应与其背景颜色反差良好并足够醒目；应实际可行地设置在机场内从水平以上各个方位均能容易认清的地方。

4.3.9　VOR 机场校准点标记牌

当设有 VOR 机场校准点时，应以 VOR 机场校准点标志和 VOR 机场校准点标记牌来标明。VOR 机场校准点标记牌必须尽可能地靠近校准点，使得从正确地位于 VOR 机场校准点标志上的航空器驾驶舱里能看到标记牌上的字样。

1．VOR 机场校准点标记牌牌面设计

VOR 机场校准点标记牌为黄底黑字，文字应包括“VOR”、用兆赫数表示的 VOR 工作频率、VOR 机场校准点的 VOR 方位角的度数（最接近值）和以海里为单位表示的与 VOR 合设的测距仪的距离，如图 4.18 所示。

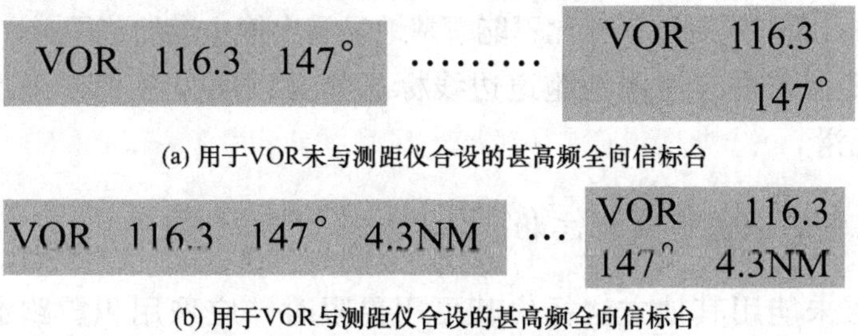

VOR　116.3　147°　………　VOR　116.3 147°

(a) 用于VOR未与测距仪合设的甚高频全向信标台

VOR　116.3　147°　4.3NM　…　VOR　116.3 147°　4.3NM

(b) 用于VOR与测距仪合设的甚高频全向信标台

图 4.18　VOR 机场校准点标记牌

2．VOR机场校准点标记牌设置示例

VOR机场校准点标记牌中“VOR”为缩写，标明VOR机场校准点，“116.3”为该VOR无线电频率的一个示例，“147°”为应在VOR校准点指示出的VOR方位角度数的一个示例，精确到度；“4.3NM”为到与VOR装在一起的测距仪的距离的一个示例，以海里为单位。

4.4 标 志 物

展示在地面上用以标明一个障碍物或勾画一个界限的物体称为标志物。

4.4.1 标志物的特点

跑道或滑行道附近的标志物必须低得足以保持与飞机螺旋桨和喷气式飞机发动机吊舱的净距。标志物必须是易折的，为了防止标志物从基座断开后被吹走，可用地锚或链条将其拴住。

4.4.2 标志物的种类

1．无铺筑面跑道的边线标志物

当无铺筑面的跑道的表面与周围地面相比不能清楚地显示出跑道的范围时，应设置标志物。

在设有跑道灯时，标志物应与灯具结合在一起；在未设跑道灯的地方，应用扁平长方形或锥形的标志物清晰地勾画出跑道的边界。

扁平长方形标志物的尺寸应不小于1m×3m，并应安置得使其长边平行于跑道中线。锥形标志物的高度应不超过0.5m。

2．停止道边线标志物

当停止道的表面与周围地面相比不能清楚地显示出停止道的范围时，应设置标志物。

停止道边线标志物与使用的跑道边线标志物必须明显区别开来，以保证这两种标志物不会被混淆。

3．表面积雪的跑道边线标志物

当积雪跑道未能用其他方法标出其可用界限时，应采用积雪跑道的边线标志物标出其可用界限。跑道灯可用来标出跑道界限。

积雪跑道的边线标志物应沿跑道两边设置，间距不大于100m，并对称于跑道中线，与跑道中线的距离应使其与飞机翼尖和发动机有足够的净距。横贯跑道入口和末端应设置足够数量的标志物。积雪跑道的边线标志物应由醒目的物体，如高度约为1.5m的常青树或轻型标志物组成。

4．无铺筑面的滑行道边线标志物

在无铺筑面的滑行道的外貌与周围地面相比不能清楚地显示出滑行道的范围时，应设置标志物。在设有滑行道灯的地方，标志物应与灯具结合在一起；在未设有滑行道灯的地方，应用锥形的标志物清晰地勾画出滑行道的边界。

5．有铺筑面的滑行道边线标志物

飞行区指标Ⅰ为1或2的机场上，未设滑行道中线灯、边灯或滑行道中线标志物的滑行道，应设置滑行道边线标志物。

滑行道边线标志物必须是易折的，逆向反射蓝色光。标志物的逆向反光表面在飞行员看来应为长方形，面积应不小于150cm^2。其高度必须低得足以保持与飞机螺旋桨和喷气式飞机发动机吊舱的净距；至少设置在假定要设置的滑行道边灯的位置上。

6．滑行道中线标志物

在飞行区指标Ⅰ为1或2的机场上，未设滑行道中线灯、边灯或滑行道边线标志物的滑行道，应设置滑行道中线标志物。在飞行区指标Ⅰ为3或4的机场上，未设滑行道中线灯但有需要改善滑行道中线标志的引导功能的滑行道，应设置滑行道中线标志物。

滑行道中线标志物必须逆向反射绿色光，逆向反光表面在飞行员看来应为长方形，面积应不小于20cm^2，通常设置在滑行道中线标志上，只有在实际不可行时才可将其偏离中线标志不大于30cm。

滑行道中线标志物必须设计和安装得使其能经受航空器轮胎的滚压而不损坏，也不损坏航空器。

7．边界标志物

起飞着陆区内没有跑道的机场应设置边界标志物。

边界标志物可采用高度不小于50cm、底部直径不小于75cm的锥形标志物，锥形标志物间距约为90m，每一转角处设置一个标志物；若采用图4.19的边界标志物，其间距应不大于200m。

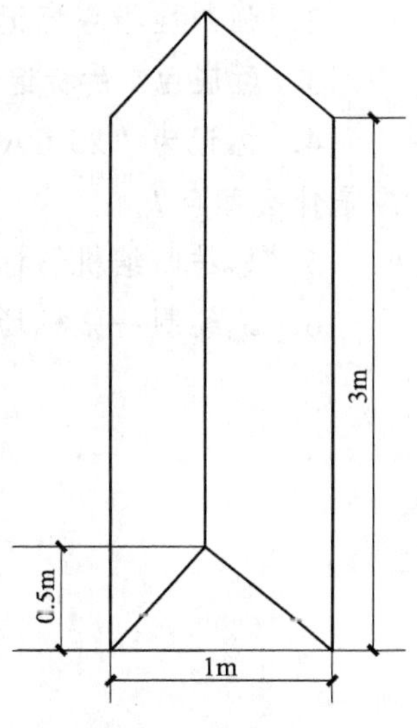

图4.19　边界标志物

边界标志物的颜色应与观察它时看到的背景形成鲜明的反差，所以应采用单色橙色或单色红色，或橙与白或红与白两种有反差的颜色，除非这些颜色与背景融成一片。

8．不适用地区标志物

在滑行道、机坪、等待坪上不适宜航空器活动，但仍有可能让航空器在其旁边安全通行的任何部分，应展示不适用地区标志物。不适用地区标志物应为鲜明竖立的器件，如旗帜、锥体或标志牌等。旗帜应至少为0.5m×0.5m，其颜色应为红色、橙色或黄色，或上述颜色之一与白色的组合。锥体的高度应至少为0.5m，其颜色应为红色、橙色或黄色，或上述颜色之一与白色的组合。标志牌应至少0.5m高、0.9m长，并涂以红色与白色相间，或橙色与白色相间的垂直线条。

本章小结

标记牌和标志物是对机场地面标志和助航灯光系统的有力补充。本章介绍了标记牌的定义、分类、作用和性能要求。通过大量示例图片详细介绍了强制性指令标记牌和信息标记牌的设计和设置原则。

思　考　题

1．按使用功能划分，标记牌可分为哪两大类？每类中都包括哪些标记牌？每种标记牌的作用是什么？分别设置在何处？

2．强制性指令标记牌和信息标记牌牌面的底色和文字都为什么颜色？

3．红底白字的标记牌是哪类标记牌？标记为“25-07B”的标记牌的含义是什么？

4．标记为“25 CAT Ⅱ”的强制性指令标记牌的含义是什么？其底色和文字各应是什么颜色？

5．总结归纳机场标记牌的种类，画出分类图。

6．试绘制一张机场中的标记牌设置图。

第5章 直升机场目视助航

目前民用航空分为两大类，分别是商业航空和通用航空。商业航空是指以航空器进行经营性的客货运输的航空活动。通用航空是指除去商业航空后民用航空其他所有部分，具有机动灵活、快速高效等特点。

5.1 通用航空与通用机场概述

5.1.1 通用航空的定义

根据我国《通用航空飞行管制条例》，通用航空（general aviation）是指除军事、警务、海关缉私飞行和公共航空运输飞行以外的航空活动，包括从事工业、农业、林业、渔业、矿业、建筑业的作业飞行和医疗卫生、抢险救灾、气象探测、海洋监测、科学实验、遥感测绘、教育训练、文化体育、旅游观光等方面的飞行活动。

按照国际民用航空组织定义，通用航空是指定期航班和利用取酬的或租用合同下进行的不定期航空运输以外的任何民用航空活动。

通用航空主要是指在距离地面1万英尺（约3000m）以下的低空空域的航空活动。通用航空多使用轻型飞机和直升机，质量大多在5700kg以下，其中以4～6座的单发动机飞机为主。较大的公务机一般有两台发动机安装在机翼上（活塞式发动机和涡轮螺旋桨发动机）或安装在机身尾部两侧（涡轮喷气发动机和涡轮风扇发动机），可载10人左右。通用飞机多为企业和个人所拥有，有些为出租公司所拥有，用于商业飞行。全世界通用航空使用的飞机约占民用飞机总数的90%。通用航空活动不包括使用30座以上的航空器进行的经营性载人飞行活动。

5.1.2 通用航空发展状况

1. 世界通用航空的发展

通用航空是民用航空的重要组成部分之一，是伴随着民用航空的产生和发展而诞生与成长起来的。最早的通用航空始于为农业服务。例如，为澳大利亚广大农牧业地区提供帮助，为阿拉斯加、太平洋的岛屿提供医药、邮递、救援等服务。与此同时，开始出现了飞机训练学校和特技飞行队。

1920年以后，在美国和欧洲出现了大量的私人飞机，有的大公司和企业开始用自己的飞机为高级员工提供交通服务，出现了公务航空。为了向私人和企业的飞机提供维修和燃油、买卖二手飞机、飞机租赁等服务，在美国出现了以机场为基地的通航服务站，形成了完整的通用航空供需市场。

第二次世界大战后，通用航空得到迅猛发展，通用航空应用的领域更加广泛，除在农业方面从事更多的工作外，还发展了空中游览服务等业务。1950年，直升机进入了通用航空市场，大大拓宽了通用航空服务器的范围，开始有了海上石油平台的服务，山区或无机场地区的救援、联络、空中吊挂等服务内容。由于跨国公司的出现，公务航空也得到了巨大的发展。到1985年，通用航空飞机在全世界有34万多架，占当时民航飞机总数的98%。

到2017年年末，全球有超过44.6万架通用航空飞机运行作业，飞行时间超过3500万小时，通用航空产业提供了超过100万人次的就业机会，数百亿美金的经济效益，促进全球成千上万的城市及企业的发展。通用航空作为全球完整并且至关重要的交通系统，在许多国家受到重视，发展比较充分。通用航空遍及人们的生产、生活各个方面，并且早已跻身全球最重要、最有生机的产业行列之中，所提供的服务给全球经济带来了前所未有的动力。

2．中国通用航空的发展

中国通用航空发展历程可以追溯到1912年。当时航空界的先驱冯如驾驶自制的飞机在广州燕塘进行飞行表演，揭开了中国航空事业发展的序幕。

1949年以后，中国通用航空事业得到了快速发展。1951年5月22日，应广州市政府的要求，民航广州管理处派出一架C-46型飞机，连续两天在广州市上空执行了41架次的灭蚊蝇飞行任务，揭开了中国通用航空发展历史的新篇章。1952年中国组建了第一支通用航空队伍，即军委一民航局航空农林队，拥有10架捷克制爱罗-45型飞机，职工60余人，当年飞行总量为959小时，专供通用航空生产作业的机场或起降点约为40个。此后，在全国各地陆续成立了以农林业飞行为主的14个飞行队，后来又成立了专为工业、农业、海上石油等服务的通用航空公司，通用航空业逐步发展到现在的规模。

2017年全国通用航空全年飞行83.75万小时，创历年新高，全国获得通用航空经营许可证的企业365家，通航机队在册总数为2297架，从业飞行人员3326名（含外籍飞行员60人），运行中的航空器1813架。2018年上半年新引进航空器已超过

150 架。截至 2018 年 5 月底，全国通用航空行业完成生产作业飞行 34.1 万小时，同比增长 14.1%。截至 2021 年底，全国在册管理的通用机场数量达到 370 个，获得通用航空经营许可证的传统通用航空企业 599 家。

5.1.3　通用机场的定义与分类

1. 通用机场的定义

根据我国《民用机场管理条例》，通用机场是指为从事工业、农业、林业、渔业和建筑业的作业飞行，以及医疗卫生、抢险救灾、气象探测、海洋监测、科学实验、教育训练、文化体育等飞行活动的民用航空器提供起飞、降落等服务的机场。通用机场应为固定翼飞机或直升机起降、滑行、停放的场地，并应具备相应的地面保障设施。

2. 通用机场的分类

对于通用机场分类，可以按机场建设规模、使用频次、使用的航空器类型、通用机场所在位置等因素确立不同的分类原则，从而确立不同的分类体系。

2017 年 4 月，中国民用航空局根据《国务院办公厅关于促进通用航空业发展的指导意见》（国办发〔2016〕38 号）要求，编制了《通用机场分类管理办法》。其中，根据机场是否对公众开放分为 A、B 两类。

1）A 类通用机场

A 类通用机场是指对公众开放，即允许公众进入以获取飞行服务或自行开展飞行活动的通用机场。A 类通用机场又分为以下三级。

（1）A1 级通用机场：含有使用乘客座位数在 10 座以上的航空器开展商业载客飞行[①]活动的 A 类通用机场。

（2）A2 级通用机场：含有使用乘客座位数在 5 ～ 9 之间的航空器开展商业载客飞行活动的 A 类通用机场。

（3）A3 级通用机场：除 A1、A2 级外的 A 类通用机场。

2）B 类通用机场

B 类通用机场是指不对公众开放，除 A 类通用机场以外的通用机场。

5.1.4　通用机场飞行场地条件要求

通用机场按照是否修有适合有滑跑飞机起降的跑道分为跑道型机场和直升机场（heliport）两类。

① 商业载客飞行指面向公众以取酬为目的的载客飞行活动。

1. 跑道型机场

跑道型机场规划、设计、建设和运行参照ICAO发布的《机场——机场设计和运行》(《国际民用航空公约》附件14第Ⅰ卷，第八版)、中国民用航空局发布的《民用机场飞行区技术标准》(MH 5001—2021)、国家质量技术监督局发布的《通用航空机场设备设施》(GB/T 17836—1999)执行。必须明确的标准内容包括：符合要求的飞行区场地及周边环境；跑道及配套环境；滑行道及配套环境；机坪；目视助航设施等。其中，目视助航设施包括指示和信号装置、飞行区道面标志、助航灯光、标记牌、标志物，以及可用的备用灯光电源等，这些内容前面章节已进行重点讲述。

2. 直升机场

典型民用直升机场按物理特性可分为四种类型，如图5.1所示。

(1) 表面直升机场。表面直升机场指位于地(水)面上的直升机场。

(2) 高架直升机场。高架直升机场指位于陆地上高架构筑物或建筑物顶部的直升机场。

(3) 直升机水上平台。直升机水上平台指位于漂浮的或固定的近海构筑物的直升机场。

(4) 船上直升机场。船上直升机场指位于船中或船边的直升机场。

(a) 表面直升机场

(b) 高架直升机场

(c) 直升机水上平台

(d) 船上直升机场

图5.1 四种类型直升机场

民用直升机场飞行场地的规划、设计、建设和管理依据《民用直升机场飞行场地技术标准》（MH 5013—2014）执行。必须明确的标准内容包括：符合要求的场地及周边环境；接地和离地区（touchdown and lift off area，TLOF）和最终进近和起飞区（final approach and take off area，FATO）及配套环境；目视助航设施；可能的地面滑行道、空中滑行道、净空道等。

5.2　直升机场目视助航设施

跑道型机场的目视助航基本要求在前面章节已经介绍。本节重点介绍直升机场的目视助航技术及系统。根据直升机场类型及进近方式的不同，其目视助航设施有所差异，按《民用直升机场飞行场地技术标准》（MH 5013—2014）执行。

通用机场目视助航信息包括最终进近和起飞区、接地和离地区、直升机地面滑行道、空中滑行道及机坪的标志和灯光。基于 ICAO 标准和 FAA 标准的典型直升机场目视助航设施布局如图 5.2 所示。

民用直升机场进近方式包括以下几项。

（1）非精密进近：有方位引导，但没有垂直引导的仪表进近。

（2）精密进近：使用精确方位和垂直引导，并根据不同的运行类型规定了最低标准的仪表进近。

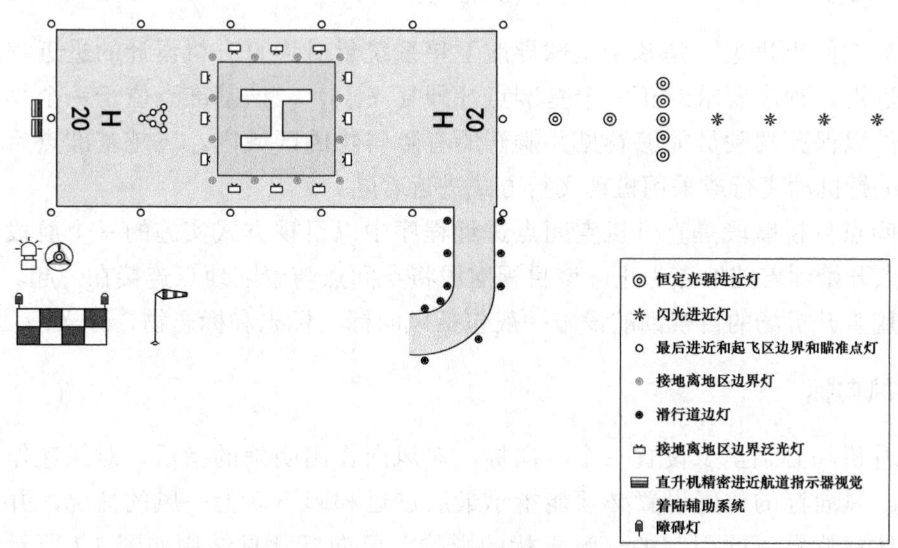

(a) 基于ICAO标准的直升机场

图 5.2　典型直升机场目视助航设施布局示意图

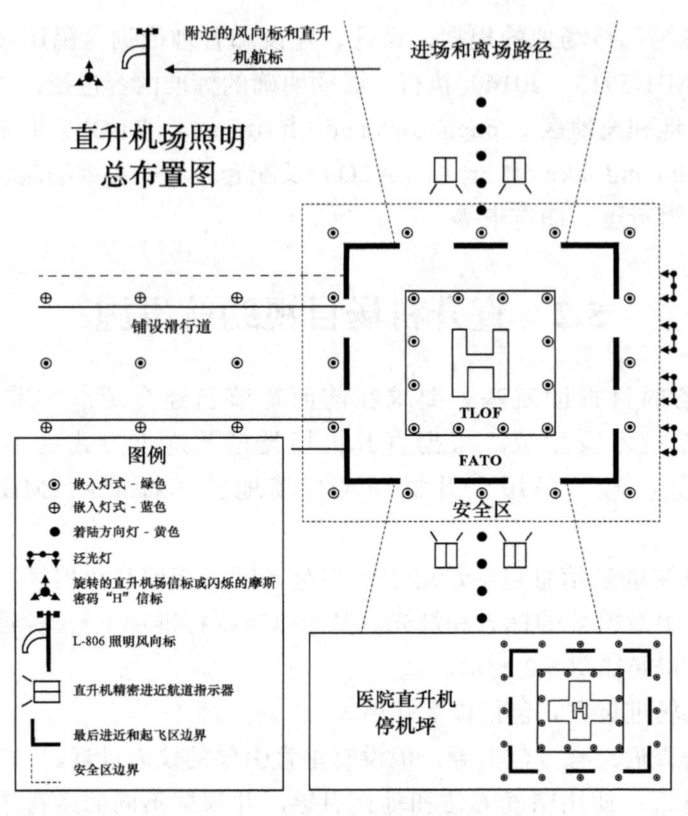

(b) 基于FAA标准的直升机场

图 5.2（续）

（3）空间点进近：是基于全球导航卫星系统量身为直升机设计的进近程序，属于精密进近。程序要求对正一个基准点（即复飞点），该基准点位于一个具有足够目视条件以保证驾驶员能够看见并避开所有障碍物的区域内。飞越基准点后，允许航空器进行机动飞行或采用机动飞行方式进近着陆。

空间点目视航段是直升机空间点进近程序中以目视方式实施的一个航段，从复飞进近点开始到着陆地点为止。该目视航段将空间点与着陆地点连接在一起。

民用直升机场的目视助航设施一般包括风向标、标志和标志物、灯光。

5.2.1 风向标

直升机场必须至少设置一个风向标，对风向作出明确的指示，对风速作出一般的指示。风向标的位置设置必须能指示最后进近和起飞区上空风的情况，并且不受附近物体或旋翼下吹引起的气流干扰的影响。风向标常见结构如图 5.3 所示，它必须使飞行员在飞行中或悬停中均能被看到。风向标应用轻质纺织品做成截头的圆锥形，其尺寸如表 5.1 所示。

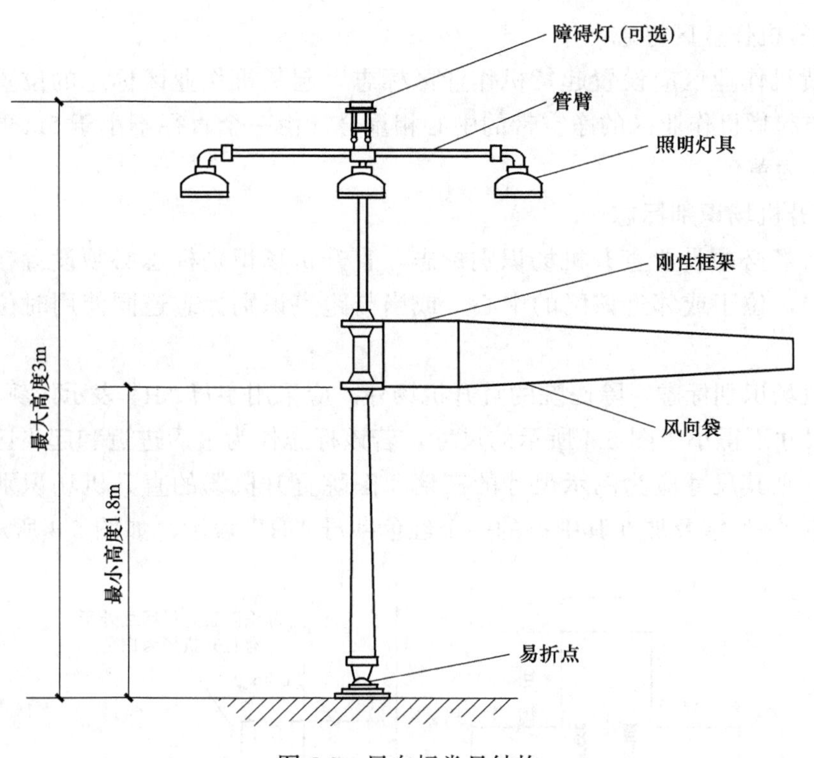

图 5.3　风向标常见结构

表 5.1　风向标尺寸一览表

单位：m

风向标尺寸	表面直升机场	高架直升机场、直升机水上平台、船上直升机场
长度	2.4	1.2
大端直径	0.6	0.3
小端直径	0.3	0.15

风向标的颜色应与地面背景差别明显。在实际可行时，应用单色，以白色或橙色为宜。为了在有变化的背景下使其足够明显而需用两种颜色的组合时，宜选用橙色与白色、红色与白色或黑色与白色，并应安排成五个相间的环带，第一个和最后一个环带用较深色。准备在夜间使用的直升机场，风向标必须被照明。

5.2.2　标志和标志物

直升机场也要根据实际需要，设置相关标志和标志物。

1．标志

直升机场标志主要有以下 10 种。

1）起货机作业区标志

在起货机作业区应设置起货机作业区标志。起货机作业区标志的位置设置必须使其中心与起货机作业区的净空带的中心相重合，由一个直径不小于 5m 的实心圆组成，实心圆为黄色。

2）直升机场识别标志

直升机场必须设置直升机场识别标志。直升机场识别标志必须设置在最后进近和起飞区内，位于或邻近该区的中心，或当与跑道识别标志连同使用时位于该区的每一端。

直升机场识别标志，除医院的直升机场外，应采用字母“H”表示，颜色为白色。该标志的尺寸不得小于图 5.4 所示的尺寸，若该标志作为最后进近和起飞区号码标志的一部分，则其尺寸应为图示尺寸的三倍。医院直升机场的直升机场识别标志应采用一个白色“+”字及加在其中央的一个红色字母“H”表示，如图 5.4 所示。

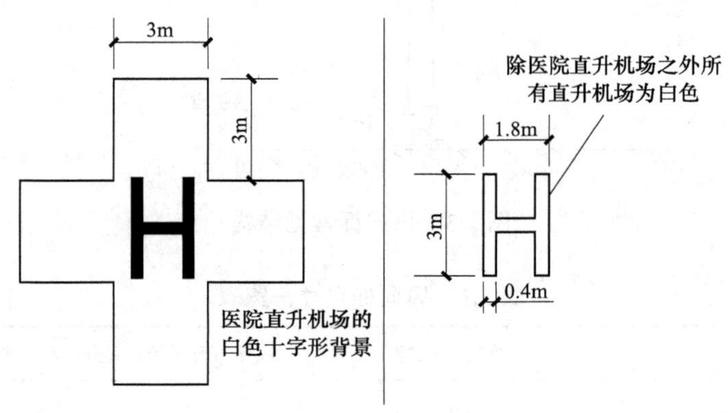

图 5.4　直升机场识别标志（图中同时示意医院直升机场的十字标志）

直升机场识别标志的“H”的横划应与主要最终进近方向相垂直。对于直升机水上平台，“H”的横划应位于或平行于无障碍物扇形面的平分线。对于位于船边的船上直升机场，横划应与船边平行。

3）最大允许质量标志

在高架直升机场和直升机水上平台上，应显示出最大允许质量标志。最大允许质量标志应位于接地和离地区内，并使其能被最后进近方向看得清楚。最大允许质量标志应由数字及其后面跟随的字母“t”组成，以表明允许的直升机质量以吨（1000kg）计。

最大允许质量标志的数字和字母应采用与背景有明显差别的颜色。跑道型最后进近和起飞区，应符合图 5.5 所示的形状和比例。除跑道型最后进近和起飞区，尺寸大于 30m 的最终进近和起飞区，应符合图 5.5 所示的形状和比例；对于尺寸在 15 ～ 30m 之间的最后进近和起飞区，标志的数字和字母的高度至少应为 90cm；对于尺寸小于 15m 的最后进近和起飞区，标志的数字和字母的高度至少应为 60cm，后两种情况下数字和字母的尺寸同比例减少。

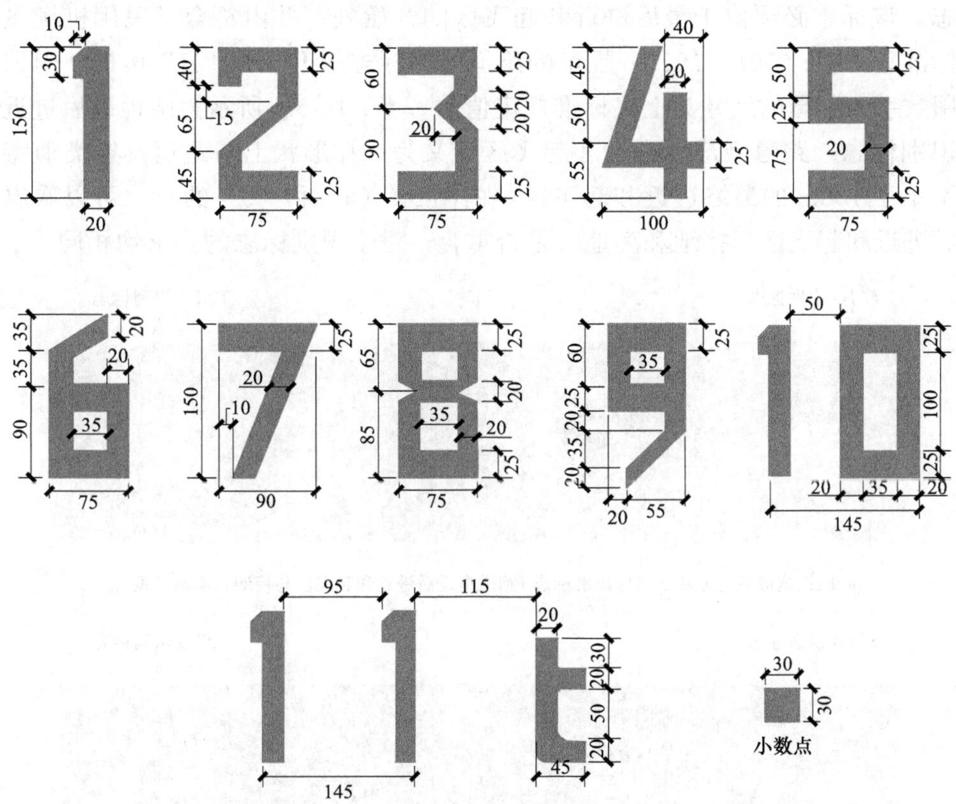

图 5.5　最大允许质量标志上的数字和字母的形状和比例（单位：cm）

4）最后进近和起飞区标志或标志物

当最后进近和起飞区的范围不明显时，必须在地面直升机场上提供最后进近和起飞区标志或标志物。最后进近和起飞区标志或标志物必须位于最后进近和起飞区的边界上。

对于正方形或长方形的最后进近和起飞区，标志或标志物相等间距不大于 50m，每条边上至少有三个标志或标志物，包括每个角上的标志或标志物在内；对于任何其他形状的地区，包括圆形地区，其相等间距不得大于 10m，并至少有五个标志或标志物。

最后进近和起飞区标志应为白色长方形的线条，其长度为 9m 或其标明的最终进近和起飞区的边长的五分之一，宽度为 1m。标志物可采用高度为 25cm、底部直径为 75cm、长度为 300cm 的锥形体，标志物的颜色应与其背景有明显的反差，可采用单一橙色或单一红色。当单色与背景差别不明显时，可采用橙色与白色或红色与白色相间的两种颜色。

5）最后进近和起飞区识别标志

在有必要给飞行员提供最后进近和起飞区号码时，应设置最后进近和起飞区识别标志。该标志必须位于最后进近和起飞区的开始处，并由符合《民用机场飞行区技术标准》（MH 5001—2021）规定的跑道号码标志加上字母“H”构成，但识别标志所用数字和字母的尺寸为上述标准规定值的一半。图 5.6 所示为两种最后进近和起飞区识别标志。跑道型最后进近和起飞区定义为：在形状上与跑道具有类似特性、长度不小于 100m 的最终进近和起飞区。由图 5.6（a）和（b）的对比可以看出，无论最后进近和起飞区与接地和离地区是否重合，对于识别标志的要求均相同。

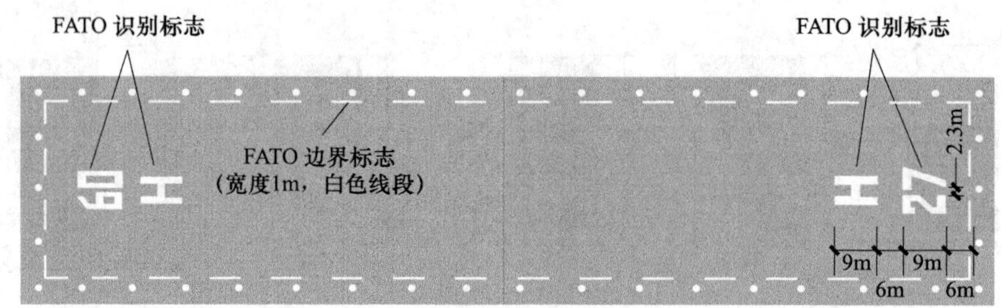

(a) 跑道型最后进近和起飞区识别标志 (跑道型最后进近和起飞区与接地和离地区重合)

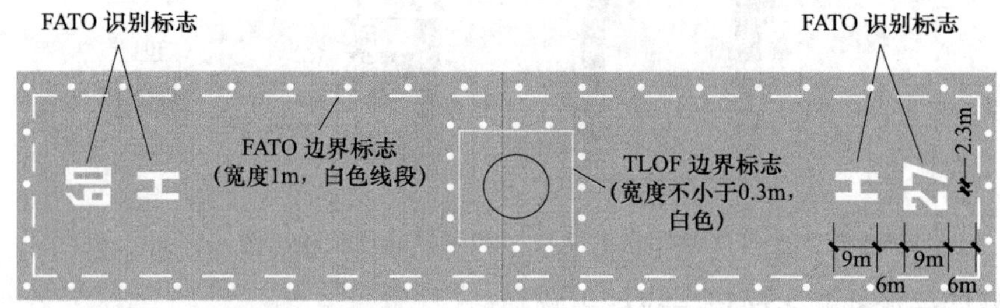

(b) 跑道型最后进近和起飞区识别标志 (跑道型最后进近和起飞区与接地和离地区不重合)

图 5.6 跑道型最后进近和起飞区识别标志

6）瞄准点标志

当飞行员有必要在进到接地和离地区之前进近到一个特定点时，应在直升机场上设置瞄准点标志。瞄准点标志必须位于最后进近和起飞区内，为一个等边三角形，其中一个角的平分线与优选进近方向相一致。该标志应采用连续白线，标志的尺寸必须符合图 5.7 中所示的尺寸。

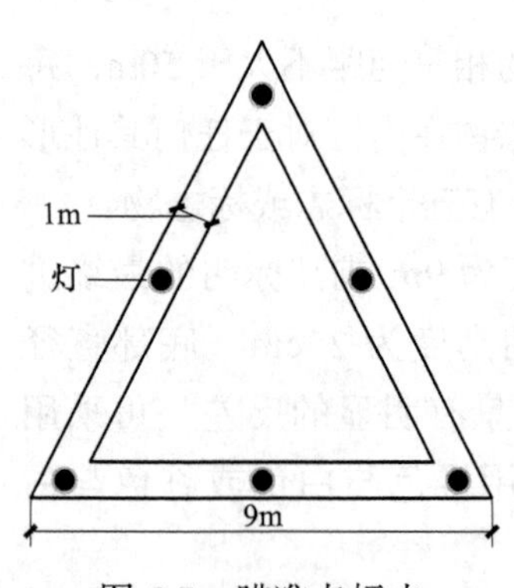

图 5.7 瞄准点标志

7）接地和离地区标志

高架直升机场、直升机水上平台和船上直升机场必须提供接地和离地区标志。对于其他直升机场，如果其接地和离地区的周边不是自然明显的，也应提供接地和离地区标志。接地和离地区标志必须位于接地和离地区周边。接地和离地区标志应为宽度至少为 30cm 的连续白线。

8）接地标志

当直升机有必要在一个特定位置上接地时，应提供接地标志。接地标志的设置必须使得当该标志准备为之服务的直升机被定位时，即直升机的主起落架位于该标志内，飞行员处于该标志上方时，直升机的所有部分与任何障碍物都保持一个安全距离。直升机水上平台或高架直升机场接地标志的中心必须位于接地和离地区的中心，除非当航空研究表明一些偏离是必要的，且偏离后的标志对安全不会产生不利影响时，该标志可以偏离无障碍物扇形面的起点不大于 0.1*D*。其中，*D* 为接地和离地区或直升机机位上准备使用的最大直升机的全尺寸。

接地标志应采用一个黄色圆圈，线的宽度至少为 0.5m。对于直升机水上平台，线的宽度必须至少为 1m。在直升机水上平台上，圆的内径必须是直升机水上平台 *D* 值的一半或 6m，取两者中较大值。

9）直升机场名称标志

当缺乏其他目视识别方法时，直升机场应提供直升机场的名称标志。直升机场名称标志应位于机场上尽实际可行地从水平面之上各个角度都能看得见的地方。当存在有障碍物扇形面时，该标志应位于“H”识别标志的有障碍物的一侧。直升机场名称标志必须以其名称或按用于无线电话通信的直升机场字母数字代号组成。标志所用汉字或字母在跑道型表面直升机场上应不小于 3m，对于其他表面直升机场不宜小于 1.5m；在高架直升机场、直升机水上平台和船上直升机场上不宜小于 1.2m。标志的颜色应与背景形成对比。准备在夜间或低能见度条件下使用的直升机场的名称标志必须有内部或外部照明。

10）直升机水上平台无障碍物扇形面标志

在直升机水上平台上应提供直升机水上平台无障碍物扇形面标志，该标志必须位于接地和离地区标志上，必须标明无障碍物扇形面的起点、扇形面限制的方向和直升机水上平台的旋翼旋转时直升机的最大尺寸值，如图 5.8 所示。“V”形标志应采用色彩醒目的颜色，宜采用黑色，高度必须等于接地和离地区标志的宽度。

2．直升机坪标志物

1）空中滑行道标志物

空中滑行道应用空中滑行道标志物加以标志。空中滑行道标志物必须位于空中滑行道的中线上，其间距在直线段上不得大丁 30m，在弯道上不得大于 15m。空中滑行道标志物应为黄、绿和黄三个相等间距的水平带。标志物必须是易折的，装置时不得超出地面或雪面 35cm。飞行员看到的标志物表面必须是长方形的，其高度与宽度之比大致为 3 ： 1，并必须最少有 150cm^2 的面积，如图 5.9 所示。如果空中滑行道要在夜间使用，则标志物必须从内部加以照明或涂有反光材料。

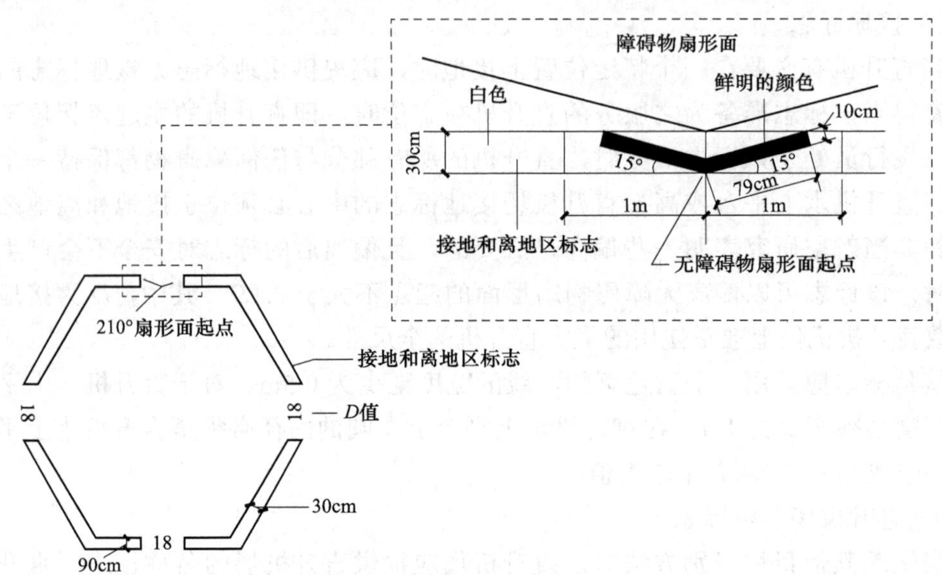

图 5.8 直升机水上平台无障碍物扇形面标志

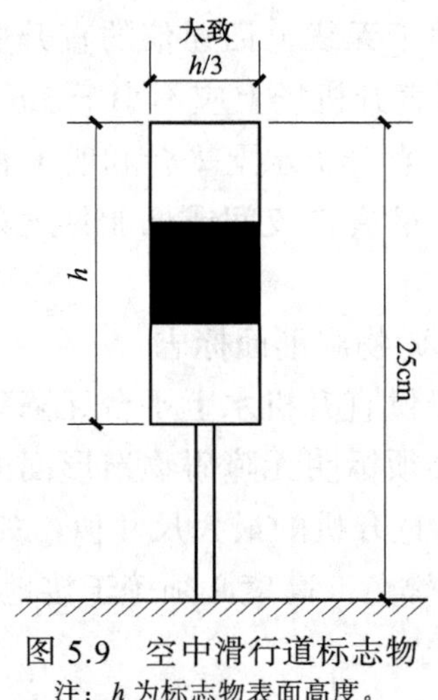

图 5.9 空中滑行道标志物

注：h 为标志物表面高度。

2）空中穿越航线标志物

当建立空中穿越航线时，应用空中穿越航线标志物予以标志。标志物必须沿着空中穿越航线的中线设置，其间距为直线段上不大于 60m，弯道上不大于 15m。空中穿越航线标志物应为黄、绿和黄三个相等间距的垂直带。标志物必须是易折的，装置时其高度不得超出地面或雪面 1m。飞行员看到的标志物表面必须是长方形的，其高度与宽度之比大致为 1 ∶ 3，并必须最少有 1500cm^2 的最小面积，如图 5.10 所示。如果空中穿越航线在夜间使用，则该标志物必须从内部加以照明或者涂有反光材料。

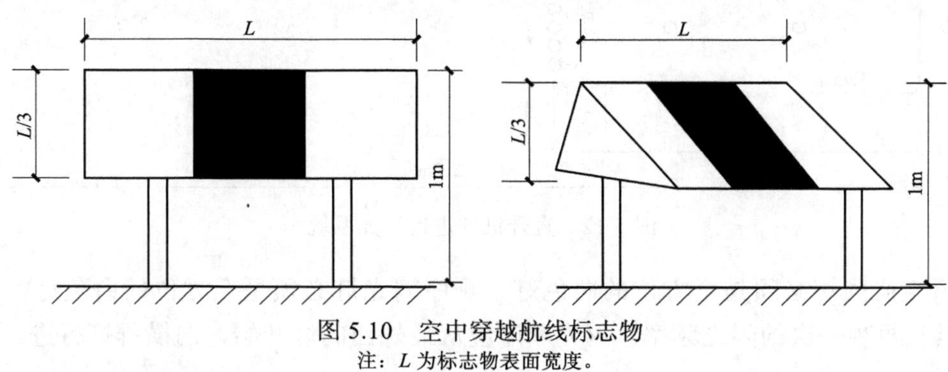

图 5.10　空中穿越航线标志物

注：L 为标志物表面宽度。

5.2.3　直升机坪灯光

1．直升机场灯标

直升机场灯标应在直升机场需要远距目视引导，而又无其他目视方法时提供；或在周围的灯光对直升机场的识别有困难的情况下提供。直升机场灯标必须设置在直升机场上或其邻近处，最好在高架的位置，并使飞行员在短距离内不感到眩目。如直升机场灯标在近距离内使飞行员感到眩目，可在进近的最终阶段和着陆过程中将其关闭，也可调低灯标的光强至 10% 或 3%。直升机场灯标必须发出等间歇的短时白色闪光重复系列。其模式如图 5.11 所示。

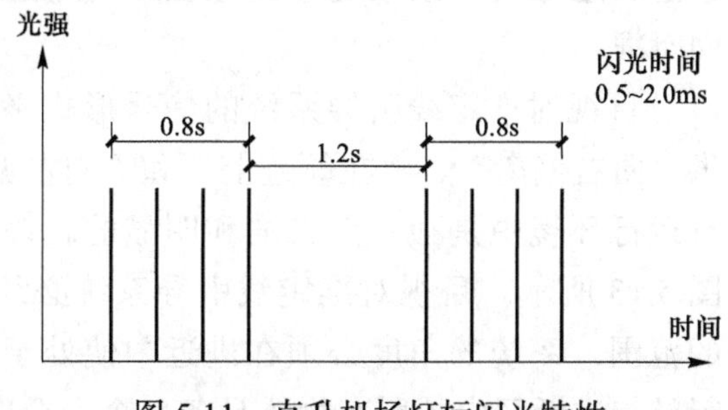

图 5.11　直升机场灯标闪光特性

2．进近灯光系统

当具备切实可行地指示优选进近方向的条件时，直升机场应设置进近灯光系统。进近灯光系统必须位于沿优选进近方向的一条直线上。系统应由一排间距为 30m 的三个灯和一个长度为 18m、距离最后进近和起飞区周边 90m 的横排灯组成，如图 5.12 所示。组成横排灯的灯应尽实际可行地设置在一条水平直线上，与中线灯所在线垂直并被其平分，间距为 4.5m。当需要使最终进近航线更加明显时，应在横排灯以外以 30m 的等间距增设附加灯。横排灯以外的灯根据周围的环境可以是恒定光强的，也可以是顺序闪光的。当为非精密最后进近和起飞区设置进近灯光系统时，进近灯光系统的长度不应小于 210m。

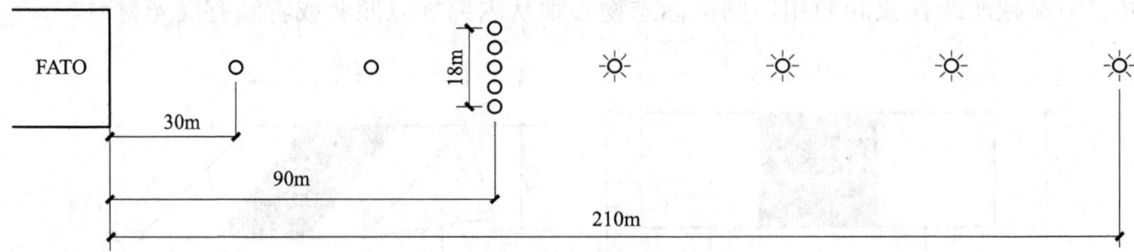

图 5.12 直升机坪进近灯光系统

恒定光强灯必须是全方位的白色灯。顺序闪光灯必须是全方位的白色灯。闪光灯应具有每秒一次的闪光频率，闪光顺序应从最外面的灯开始，向横排灯行进。

3. 目视对准定线引导系统

当障碍物净距、减少噪声或交通管制程序要求遵循一个特定方向时，或直升机场的环境提供很少目视地标时，或安装进近灯光系统不实际可行时，应提供目视对准定线引导系统，以用于直升机场进近。

目视对准定线引导系统的位置设置必须能引导直升机沿着规定的航迹飞向最后进近和起飞区。该系统应设置在最后进近和起飞区的下风一边，并沿着优选进近方向对准。

目视对准定线引导系统的信号形式必须最少包括三个独立的信号扇形面，以提供“向右偏离”、“在航迹上”和“向左偏离”的信号。信号形式必须使该系统在所有运行环境中是独一无二的和明显的。该系统“在航迹上”扇形面的散开率必须如图 5.13 所示。目视对准定线引导系统必须能在所需要的进近航道方位上调整 ±5′ 的范围。系统的角度必须在进近中使处于“在航迹上”信号范围边缘上的直升机飞行员与进近区内的所有物体具备一个安全净距。

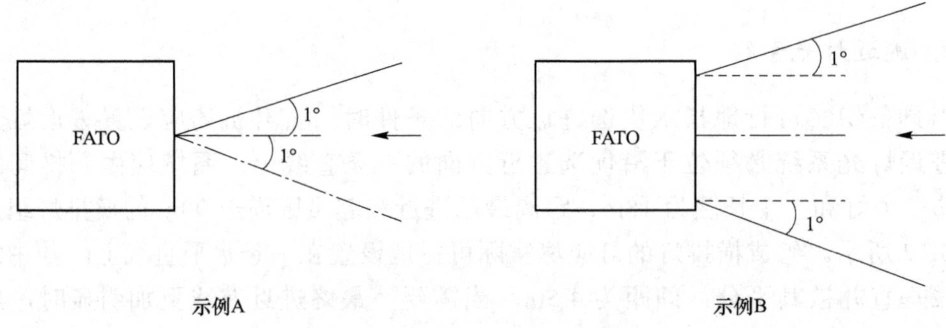

图 5.13 “在航迹上”扇形面的散开率

当该系统的灯光需要被视为单独的光源时，灯具的位置设置必须使在飞行员看来，在该系统覆盖面的端部灯具之间所对的角度不小于 3′，灯具和其他类似的或更大光强的灯具之间所对的角度也必须不小于 3′。灯具必须设计得使在透光或反光面上聚集的水分、冰、灰尘等对灯光信号的干扰降低到最低程度，并且不会引起发出假的或错误的信号。必须提供适当的光强控制器，使之能够调整光强以满足当时的条件并避免使飞行员在进近和着陆时感到眩目。

4. 目视进近坡度指示器

夜间使用的直升机场，以及障碍物净空、减少噪声或交通管制程序要求有一个飞行的特定坡度，或直升机场的环境仅能提供极少的目视地标，或直升机的特性要求稳定的进近，应设置目视进近坡度指示器，以引导直升机进近。

目视进近坡度指示器的位置设置必须能将直升机引导到最后进近和起飞区内所要求的位置，并且要避免在最终进近和着陆过程中使飞行员感到眩目。目视进近坡度指示器应设置于邻近瞄准点处，其方位与优选进近方向相一致。

用于直升机运行的标准目视进近坡度指示器系统可采用符合《民用机场飞行区技术标准》（MH 5001—2021）规定的 PAPI 和 APAPI 系统，但该系统的“在坡度上”扇形面必须加大到 45′；或者使用符合《民用直升机场飞行场地技术标准》（MH 5013—2014）的直升机进近航道指示器（HAPI）系统。直升机场提供 PAPI、APAPI 和 HAPI 系统时必须设立障碍物保护面。除非必要，一般物体不允许高出障碍物保护面。下面重点对 HAPI 系统进行介绍。

HAPI 的信号形式必须包括四个独立的信号扇形面，提供“高于进近坡”、“在进近坡上”、“略低于进近坡”和“低于进近坡”信号。HAPI 的信号形式及光强分布要求如图 5.14 所示。

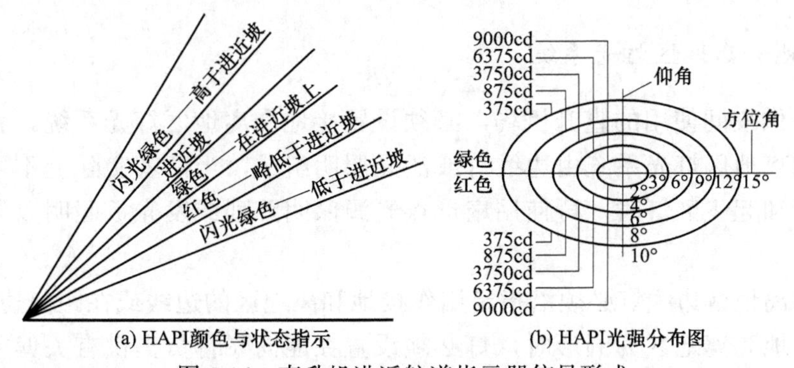

(a) HAPI颜色与状态指示　　(b) HAPI光强分布图

图 5.14　直升机进近航道指示器信号形式

HAPI“在进近坡上”扇形面的角度应为 45′，HAPI“略低于进近坡”扇形面的角度应为 15′，HAPI 闪光扇形面的信号重复率必须至少为 2Hz。

HAPI在垂直面上的变色必须使在距离不小于300m处的飞行员看来在不大于3′的垂直角内出现。HAPI的仰角调置必须使进近中的直升机飞行员看到“低于进近坡”信号上限时，该直升机与进近区内所有物体均应保持一个安全净距。

系统必须能在水平线上1°～12°之间所需要的任何角度上调整其仰角，精确度为±5′。在灯具的垂直偏差超过±0.5°（±30′）的情况下，该系统必须能自动跳闸；并且如果闪光机制失效，在失效的闪光扇形面内应没有灯光发出。

5．最后进近和起飞区灯

当在准备供夜间使用的地面直升机场设有最后进近和起飞区时，必须设置最后进近和起飞区灯，除非在最后进近和起飞区与接地和离地区几乎是重合的或者最后进近和起飞区的范围是自然明显的情况下，可以不设。

最后进近和起飞区灯必须沿最后进近和起飞区的边缘设置。灯具必须以均匀的间隔设置，每边最少4个灯，包括每个角上的灯在内，且长边上灯的间距不得大于30m；对任何其他形状的地区，包括圆形地区，其间隔不大于5m，每边最少10个灯。最后进近和起飞区灯必须是显示白光的恒定光强的全向灯。当灯的光强要变动时，灯必须显示为可变动的白光。灯的高度不应超过25cm，当高出表面的灯会危及直升机飞行时，灯应是嵌入式的。当最后进近和起飞区不准备用于离地或接地时，灯不应高出地面或雪面25cm。

6．瞄准点灯

当准备供夜间使用的直升机场设有瞄准点标志时，应设置瞄准点灯。瞄准点灯必须与瞄准点标志设置在一起。瞄准点灯必须构成如图5.7中所示的至少6个全向白色灯的形式。当高出表面的灯会危及直升机运行时，灯必须是嵌入式的。

7．接地和离地区灯光系统

在准备供夜间使用的直升机场，必须设置接地和离地区灯光系统。表面直升机场的接地和离地区灯光系统由边线灯或泛光照明组成，当两者实际上不可行，并具备最后进近和起飞区灯时，可使用扇形点光源照明阵列或发光板照明以识别接地和离地区。

接地和离地区边线灯必须沿指定用作接地和离地区的边线或在距离边线1.5m处设置。当接地和离地区为圆形时，灯必须设置在能向飞行员提供有关偏差的信息的若干直线上；当实际不可行时，围绕接地和离地区的周边以适当的间隔均匀地设置，但扇形面大于45°时，灯必须以一半的间距设置。

接地和离地区的边线灯必须均匀设置，对高架直升机场和直升机水上平台，其间隔不大于3m，对表面直升机场，其间隔不大于5m。每边必须至少有4个灯，包括每个角上的灯在内。对于圆形接地和离地区，当灯按照一半间距安装时，必须至少有14个。边线灯必须是显示绿光的固定式全向灯，高度应不超过25cm，当高出表面的灯危及直升机运行时，边线灯应是嵌入式的。在表面直升机场上，当扇形点光源照明阵列或发光板用来划定接地和离地区的边界时，必须发出绿光。发光板的宽度必须最小为6cm，不得高出表面2.5cm。板壳的颜色必须与它所限定的标志的颜色相同。

表面直升机场上如果设置扇形点光源照明阵列或发光板来识别接地和离地区，必须沿接地和离地区边线标志设置。当接地和离地区为圆形时，它们必须设在围绕该地区的直线段上。在表面直升机场上，接地和离地区的最少发光板的数量为9块，一种形式中的发光板的全长不得小于该形式的长度的50%。接地和离地区每条边上的发光板应是奇数并至少为3块，包括每个角上的一块板。发光板必须均匀地设置在接地和离地区每条边上，相邻板端之间的距离不大于5m。

接地和离地区泛光灯的位置设置必须使飞行中的飞行员或该区的工作人员不感到眩目。泛光灯的排列和方向必须使阴影减至最小。接地和离地区泛光灯的光谱分布必须使表面和障碍物标志能正确地加以辨别。灯的高度应不超过25cm。

8．滑行道灯

供夜间使用的直升机地面滑行道宜设滑行道中线灯或边灯；但当地面照明或其他地方已能提供足够的引导时，可不设。直升机地面滑行道中线灯和边灯的设置应符合《民用机场飞行区技术标准》（MH 5001—2021）中对滑行道中线灯或边灯的有关规定。

9．标明障碍物的目视助航设备

直升机场障碍物和起货区障碍物的标志和照明应符合《民用机场飞行区技术标准》（MH 5001—2021）中对障碍物标志和照明的有关规定。

10．障碍物的泛光照明

在准备供夜间使用的直升机场，如果不能在障碍物上设置障碍灯，则必须对其用泛光照明。障碍物泛光灯必须设置得能照亮整个障碍物，应产生的亮度至少为10cd/m^2，并尽实际可行地使飞行员不感到眩目。

11．起货机作业区的泛光照明

在准备供夜间使用的起货机作业区必须设置起货机作业区的泛光照明。起货机作业区的泛光灯的光谱分布必须使表面和障碍物标志能正确地加以分辨，平均水平照度至少应为10lx。泛光灯的位置设置必须使飞行中的飞行员或该区的工作人员不感到眩目，排列和方向必须使阴影减至最小。

关于通用直升机场的详细介绍和更新内容，以相关国际民用航空组织和中国民用航空局文件为准。

本章小结

本章介绍了通用航空的基本概念，讲解了通用机场的定义与分类。重点讲述了通用直升机场的地面标志、标志物、助航灯光等目视助航设施。在掌握直升机场的场地设置基础之上，更有助于重点关注直升机场与跑道型机场的目视助航设施。

思 考 题

1．什么是通用航空？

2．什么是通用机场？通用机场可以划分为哪几类？

3．通用直升机场按物理特性可分为哪几种？常用的目视助航设施有哪些？

4．描述最后进近和起飞区标志的形状和布置。

5．画出通用直升机场瞄准点标志和瞄准点灯的构形。

6．画出直升机场进近灯光系统。

7．HAPI 指示飞机进近坡度的原理是什么？

8．尝试比较 HAPI 与已经学过的 PAPI“4C”特性的异同。

9．根据特定地形，设计可以起降 EC145 直升机的通航机场地面标志物及助航灯光。

第6章 目视助航电源与回路技术

机场助航灯光设施的电源几乎全是交流电（有些控制电路用直流电，启动第二电源发电机的能源或有些不间断电源的能源储存在蓄电池里）。交流电频率一般是 50 ～ 60Hz，串联和并联回路在机场灯光中都有使用。

6.1 目视助航设施电源要求

机场电源的主要来源是电力系统。电力系统负荷分为一级、二级和三级 3 个等级。其中，一级负荷包括普通一级负荷和特别重要负荷。

1．电力负荷对供配电的要求

机场根据其用电安全重要性可划分为特级、一级和二级重要电力用户。枢纽机场为特级或一级重要电力用户，干线机场为一级重要电力用户，支线机场为二级重要电力用户。已建机场名单由民航管理部门定期公布。新（改、扩）建机场应在项目规划设计阶段明确机场用电安全重要等级。

电力负荷的级别不同对供配电的要求也不同，一般应符合下列要求。

（1）一级负荷应由两个电源供电，当一个电源发生故障时，另一个电源不应同时受到损坏。

（2）一级负荷中特别重要的负荷，除由两个电源供电外，还应增设应急电源，并严禁将其他负荷接入应急供电系统。

（3）应具备独立于正常电源的应急发电机组，供电网络中应具备独立于正常电源的由蓄电池或干电池组成的专用馈电线路。

2．机场目视助航设施对电源系统的需求

机场目视助航设施属于机场内重要设施，对其电源系统需求的协同规划细则归

纳如下。

（1）机场必须配置可供导航设施安全运行的足够的主电源。

（2）机场目视导航设备和无线电导航设备的电源系统的设计与提供必须保证当一个设备发生故障时，不会导致飞行员没有足够的目视和非目视引导或获得误导信息。

（3）建议需要备用电源的设施应将其供电线路联结得当，主电源失效时能自动接通备用电源。

（4）建议从主电源失效到各项设施的完全恢复的时间间隔应尽可能地短。与非精密跑道、精密跑道和起飞跑道有关的目视助航设施的最大转换时间应满足表 6.1 的要求。

表 6.1 机场目视助航灯光备用电源要求

跑道	需要供电的助航灯光设备	最大转换时间/s
非仪表跑道	目视进近坡度指示系统[a]	见《机场——机场设计和运行》（《国际民用航空公约》附件 14 第Ⅰ卷，第八版）中 8.1.4 和 8.1.9
	跑道边灯[b]	
	跑道入口灯[b]	
	跑道末端灯[b]	
	障碍灯[a]	
非精密进近跑道	进近灯光系统	15
	目视进近坡度指示系统[a, d]	
	跑道边灯[d]	
	跑道入口灯[d]	
	跑道末端灯	
	障碍灯	
Ⅰ类精密进近跑道	进近灯光系统	15
	跑道边灯[d]	
	目视进近坡度指示系统[a, d]	
	跑道入口灯[d]	
	跑道末端灯	
	必要的滑行道灯[a]	
	障碍灯[a]	
Ⅱ类、Ⅲ类精密进近跑道	进近灯光系统内 300m	1
	进近灯光系统的其他部分	15
	障碍灯[a]	15
	跑道边灯	15

续表

跑道	需要供电的助航灯光设备	最大转换时间/s
Ⅱ类、Ⅲ类精密进近跑道	跑道入口灯	1
	跑道末端灯	1
	跑道中线灯	1
	接地带灯	1
	全部停止排灯	1
	必要的滑行道灯	15
跑道视程小于 800m 条件下供起飞用的跑道	跑道边灯	15[c]
	跑道末端灯	1
	跑道中线灯	1
	全部停止排灯	1
	必要的滑行道灯[a]	15
	障碍灯[a]	15

a 当此类灯光对于安全飞行至关重要时应设备用电源。

b 关于应急电源的应用，见《机场——机场设计和运行》（《国际民用航空公约》附件 14 第Ⅰ卷，第八版）中 5.3.2。

c 当无跑道中线灯时为 1s。

d 如进近需飞越危险或陡峭的地形，则为 1s。

（5）备用电源设备及其接至需要备用电源的设施的线路设备，应能够满足表 6.1 的转换时间要求。

（6）对于精密进近跑道，必须设置能满足表 6.1 的相应类别的精密进近跑道要求的备用电源。

（7）对于准备用于跑道视程小于 800m 条件下的起飞跑道，必须设置能满足表 6.1 的相应要求的备用电源。

（8）建议在主跑道为非精密进近跑道的机场，应设置能满足表 6.1 要求的备用电源，但不需要为一条以上的非精密进近跑道的目视助航设施设置备用电源。

（9）建议在主跑道为非仪表跑道的机场，应设置能满足表 6.1 要求的备用电源，只有在已经按照《机场——机场设计和运行》（《国际民用航空公约》附件 14 第Ⅰ卷，第八版）中的规定设有应急灯光系统，并能在 15min 内使用时，才不需为目视助航设备再设置备用电源。

（10）建议应为下述机场设施设置能在主电源出现故障时供电的备用电源：信号灯和空中交通服务人员履行职责所必需的最低限度的灯光；按照有关当局的意见，为保证航空器的安全运行所必需的所有障碍灯；进近灯、跑道灯和滑行道灯；气象设备；必要的保安照明；机场应急反应机构的必要的设备和设施；指定的航空器隔离机位上的泛光照明（如设有）；旅客行走时可能经过的机坪区的照明。

（11）建议应用下列方法之一来满足备用电源要求：①独立的公用电源，这种公用电源从一个与供给机场正常电源的变电站不同的变电站，通过一条与供给机场正常电源的供电线路不同的供电线路为机场设施供电，从而使正常电源与独立公用电源同时失效的可能性变得非常小；②使用一个或多个备用电源设备，如机动发电机组、蓄电池等，以取得电源；③机场的备用电源由采用双回路输电的方式提供时，两路输电线必须在电气上和物理上隔离以保证要求的可用性和独立性水平。

（12）当跑道构成标准滑行路线的一部分并设置了跑道灯和滑行道灯时，其灯光系统必须联锁，以防止这两类灯同时工作的可能性。

（13）采用监控系统来指示灯光系统的运行状态。

（14）在为管制航空器而使用灯光系统的场合，这些灯光系统必须有自动监控，以便对可能影响管制功能的任何故障发出信息。这种信息必须自动传输到空中交通服务部门。

（15）如果灯光的状态发生了变化，位于跑道等待位置的停止排灯应在 2s 内发出指示信息，所有其他类型的目视助航设施应在 5s 内发出指示信息。

（16）在跑道视程小于 550m 时使用的跑道，对相关灯光系统应予以自动监控，以便当任何单元的可用性水平低于《机场——机场设计和运行》（《国际民用航空公约》附件 14 第Ⅰ卷，第八版）中规定的相应最低可用性水平时能发出信息。这种信息应自动地传递给维护人员。

（17）在视程小于 550m 时使用的跑道，对《机场——机场设计和运行》（《国际民用航空公约》附件 14 第Ⅰ卷，第八版）中所要求的灯光系统应予以自动监控。当任何单元的可用性水平低于有关当局规定的不应继续运行的最低水平时应发出信息。这种信息应自动地传输到空中交通服务部门，并在显著位置显示出来。

6.2 目视助航供电技术

机场目视助航供电一般由电力系统和备用电源系统组成。一般在跑道附近设置一或两个助航灯光变电站。该变电站接入外电源系统，同时配备柴油发电机组和不间断电源。

一般来说，电力系统是指由不同类型的发电机、配电装置、输电线路、配电线路、升压及降压变电所、用户等组成的一个整体。发电站包括火力发电站（含煤、油、核）、水力发电站；区域电网还包括风力、太阳能发电站等。

电力系统是动力系统的一部分，电力网又是电力系统的一部分。从发电厂到用户的送电过程如图 6.1 所示。

电力系统随着其电压等级的不同用途也不同，主要的电压等级及用途：500kV 及以上、330kV、220kV 等级电压主要用于大电力系统主输电干线；110kV 等级电压主要用于大电力系统二次回路和中、小电力系统主输电干线；35kV 等级电压主要用于城市或企业内部网络或农村网络；10kV 用于配电网络；0.4kV 为一般电气设备使用电压。

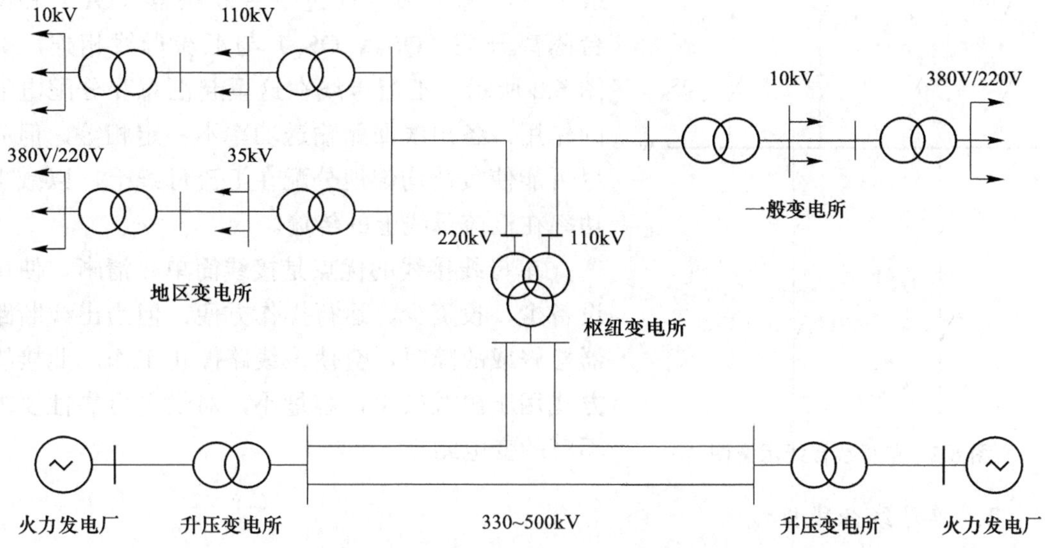

图 6.1　从发电厂到用户的送电过程示意图

在电网中，除输电系统外还有一个非常重要的组成部分是供配电系统。供配电系统是指电力系统中除发电站、高压输电系统外的部分组成的整体，它主要的电能质量指标有电压、频率。供配电系统差的主要表现形式为电压骤升、跌落、供电短时中断、频率不稳定、谐波污染。机场目视助航灯光系统供配电系统属于机场供配电系统的一部分。

6.2.1　电气主接线方法

根据电能输送、分配的要求，表示一次设备相互之间的连接关系，以及本变电站与电力系统的电气连接关系的电路称为一次电路，也称为电气主接线。二次设备连成的电路称为二次电路，也称为二次接线。

变电站的电气主接线是汇集和分配电能的通路，能够满足运行的灵活性和可靠性。变电站的电气主接线按有无母线分为有母线和无母线两种类型。有母线类发展过程：单母线→单母线分段→带旁路的单母线接线→双母线→双母线带旁路→双母线分段带旁路；无母线类发展过程：变压器线路接线→桥形接线（内桥、外桥）→多角形接线。

变电站的电气主接线一般绘制成单线图，即仅绘制出三相交流电路中一相的连接情况。现对机场供电系统常用的几种主接线方式做简单介绍和比较。

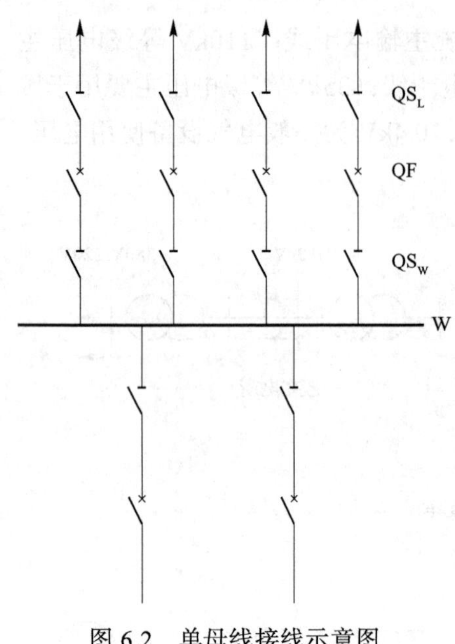

图 6.2 单母线接线示意图

1. 单母线接线

单母线接线仅有一组汇流母线（也称为主母线）W，每个回路通过一台断路器（QF）和两台隔离开关（QS_W、QS_L）与汇流母线相连，如图 6.2 所示。汇流母线在这里起汇总和分配电能的作用，各出线回路输送功率不一定相等，但应尽可能使负荷均匀地分配在汇流母线上，以减少功率在汇流母线上的传输。

单母线接线的优点是接线简单、清晰、使用设备少、投资少、运行操作方便。但当出线断路器检修或故障时，会使该线路停止工作。此接线方式用于出线较少，容量小，对供电可靠性要求不高的变电站。

2. 单母线分段接线

如图 6.3 所示，用 QF 将汇流母线分为Ⅰ、Ⅱ两段。当 QF 闭合时，两段汇流母线并联运行，提高了运行可靠性；当 QF 断开时，两段汇流母线分开运行，可减小短路电流。

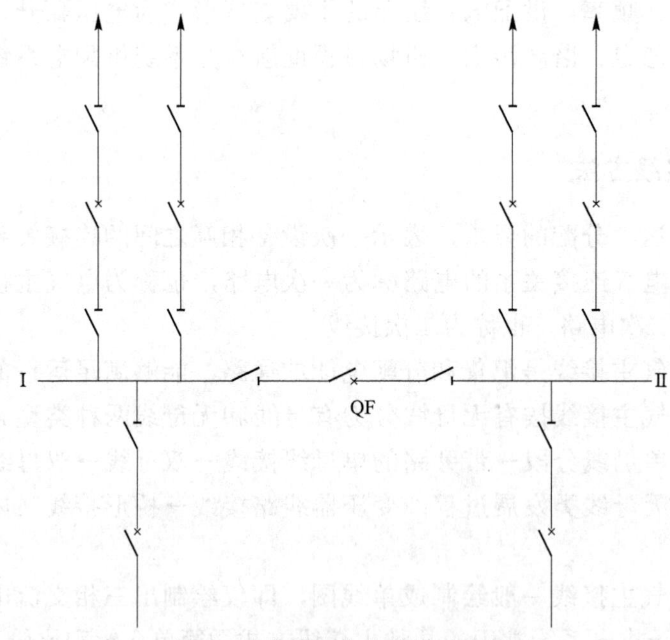

图 6.3 单母线分段接线示意图

单母线分段接线方式用于出线较少，电压较低，装设两台变压器，重要负荷由两回线供电的变电站。

3．桥形接线

如图 6.4 所示，桥形接线用于仅有两台变压器和两条进出线的装置。桥电路上的 QF 连接两个单元，由于 QF 位置不同就出现了内桥接线和外桥接线。两种接线的断路器数目相同，正常情况下两种接线运行状况也相同，但当检修或故障时，两种接线状况就不同了。桥形接线的优点是简单清晰、使用电器少、造价低，比较容易发展成单母线接线或双母线接线。其缺点是在内桥接线中变压器故障时，需停相应的线路；外桥线路故障时，需停相应的主变压器。

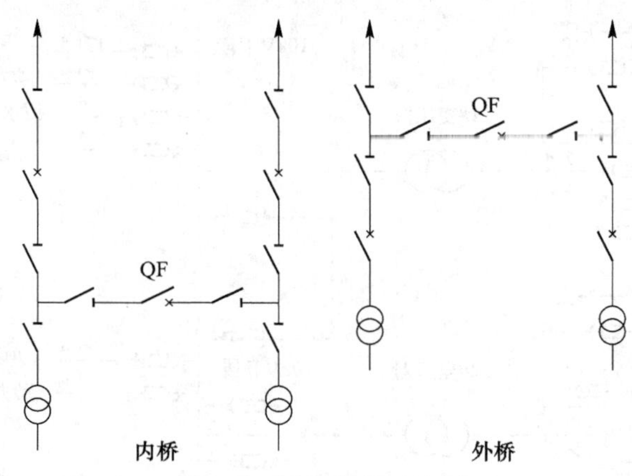

图 6.4　桥形接线示意图

内桥接线用于线路较长，变压器不需要经常切换运行方式的装置。外桥接线用于线路较短，变压器需要经常切换运行方式，系统中有穿越功率的装置。

6.2.2　目视助航电源特征及电气主接线

1．电源特征

1）两路主供电源特征（暗备用）

两路主供电源特征（暗备用）即按照一级负荷要求，机场引入两路主用电源（而非一主一备）分列运行，各带自身容量 50% 以下负荷为机场供电，且互为备用。

2）应急（备用或第二）电源分设特征

应急（备用或第二）电源分设特征即备用发电机设在低压负荷所在地，一般情况下接入低压专用母线。

3）必要时两主用变压器并列运行特征

助航灯光变电站宜由两个稳定可靠的电源供电，还应按最大需用功率设置备用柴油发电机。主跑道为非仪表跑道的机场允许由一路稳定可靠的电源供电。如果外来电源的电压波动太大，应设置调压或稳压设备。

2．35kV 机场变电站电气主接线

图 6.5 所示为某机场 35kV 变电站一次接线图，主要采用分段母线接线方式，分别有三路市电与 35kV 母线相连为电源端，经 1#、2#、3# 变压器，35kV 高压电变换为 10kV，10kV 低压端接线方式也主要采用分段接线方式，主要向航站楼、10kV 灯光站、动力中心、污水处理厂、办公楼、交通中心等地方供电。

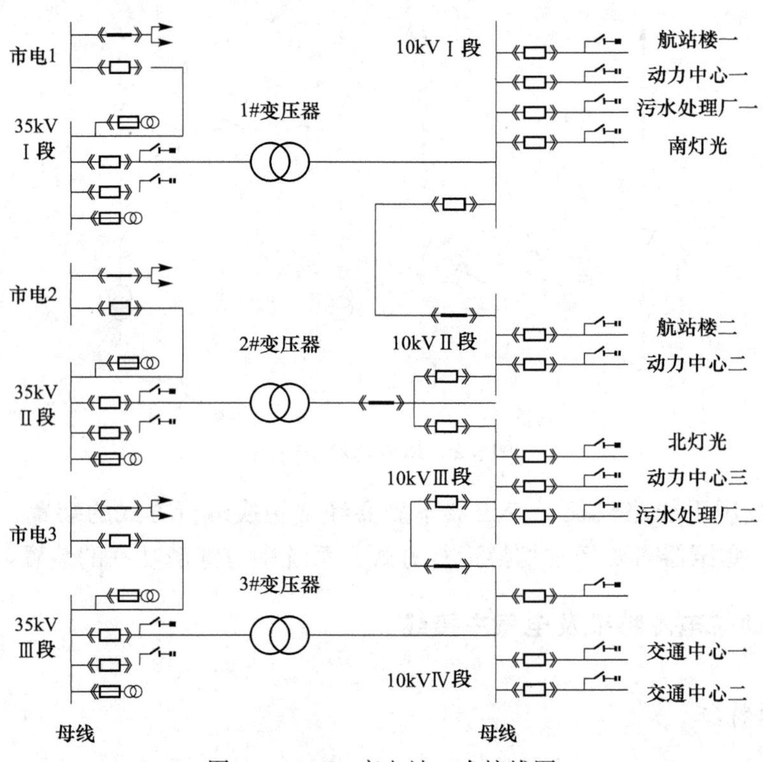

图 6.5　35kV 变电站一次接线图

1）变电站接线工作原理

变电站接线工作原理如下。

（1）正常工作情况。35kV Ⅰ段的两条母线由母联开关接通，并列运行。Ⅱ段、Ⅲ段母线也是如此。对于 10kV 母线并没有接通，10kV 母线是低压母线，Ⅰ段、Ⅱ段、Ⅲ段、Ⅳ段母线之间的母联开关正常情况下都处于断开状态，只有当某一母线故障或检修时才会接通保持正常供电。

（2）当 35kV Ⅲ段母线故障或停电检修时，10kV Ⅳ段母线失电，为了保证负荷正常供电，这时可以将 10kV Ⅲ段和Ⅳ段之间的断路器和隔离开关闭合，由Ⅲ段母线向Ⅳ段母线的负荷交通中心供电，使得负荷不至于停电。如果不采用分段母线，而采用单母线接线方式，则Ⅳ段母线下的负荷将全部停电，直到故障排除才能恢复供电。

（3）如果 35kV Ⅲ段、Ⅱ段母线都由于故障或检修停电，10kV Ⅳ段、Ⅲ段、Ⅱ段母线将失电，这时可将四段 10kV 母线之间的隔离开关和断路器全部闭合，四段 10kV 母线都由 35kV Ⅰ段母线供电，仍然可以保持负荷的正常供电。

由此可见，处于 10kV Ⅲ段下的灯光站正常情况下可由 2# 变压器或 3# 变压器供电，1# 变压器则可作为备用电源。

2）主变压器容量及备用容量

当任意两段 35kV 母线故障时，负荷只有一条母线供电，此时主变压器的容量可以承担全部负载的用电。

10kV 母线端有与负载相当的备用容量（图 6.5 中未画出），当 10kV 负荷线路故障时，可由备用容量向指定负荷供电，从而保证了可靠性。

由上述分析可知，当变电所不采用分段母线，而采用单母线接线方式时，系统中任一母线故障都会引起相应负荷停电，影响机场的正常运行。采用图 6.5 的分段母线方式后，系统中的一条或两条母线故障时，都可以经过相关开关的切换来保持所有 10kV 母线的正常供电，提高了供电可靠性。

3．10kV 灯光变电站电气主接线

某机场 10kV 灯光变电站供电简图如图 6.6 所示，当设置为自投自复控制方式时，线路的工作状况如下。

（1）以市电供电为主，当两路市电电源均不正常时转至备用柴油发电机电源，此时断路器 G_1、G_2、G_3 闭合，ATS 接通右侧电路。当市电电源有一路恢复正常时自动转回市电供电，此时柴油发电机处于热备状态。

（2）当两路市电均正常后，不改变供电状态，柴油发电机自动停机，转为冷备状态。

（3）当两路市电均正常时，两路市电无主副之分，互为备用，此时 ATS 接通左侧电路。供电方式可有三种方式：

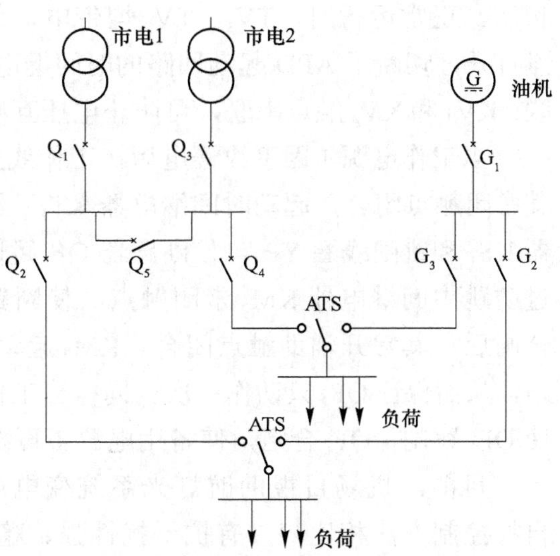

图 6.6　10kV 灯光变电站供电简图

平行供电，即两路市电各供一半负荷，Q_1、Q_2、Q_3、Q_4闭合，母联备自投Q_5断开；市电 1 供电，即Q_1、Q_2、Q_4、Q_5闭合，Q_3断开；市电 2 供电，即Q_2、Q_3、Q_4、Q_5闭合，Q_1断开。

6.2.3 助航灯光供电系统电源的转换

在目视助航灯光供电系统备用电源中一般采用明备用与暗备用两种方式。其基本原理如图 6.7 所示。明备用方式（一主一备）是指装设专用的备用变压器或备用线路；暗备用方式（二主互备）是指不装设专用的备用变压器或备用线路。

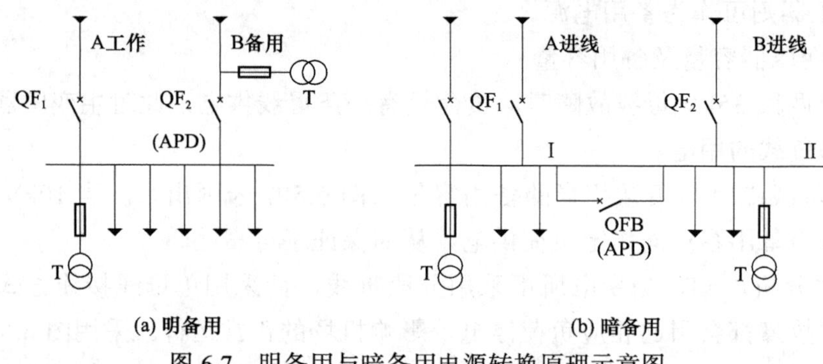

图 6.7 明备用与暗备用电源转换原理示意图

图 6.8 所示为高压双电源互为明备用的 APD 电路，可实现灯光供电系统的电源切换。QF_1、QF_2为两路电源进线的断路器，其操作电源由两组电压互感器TV_1、TV_2供电，动作情况如下。

假定电源 1 为工作电源，电源 2 为备用电源，QF_1处于合闸状态，QF_2处于分闸状态。正常运行时，TV_1、TV_2均带电，低电压继电器KV_1～KV_4不动作，常闭触点打开，切断了 APD 起动回路的时间继电器KT_1。低电压继电器KV_1和KV_2触点串联，KV_3和KV_4触点串联，可防止电压互感器因一相熔断器熔断而引起 APD 误动作。

当工作电源 1 因事故停电后，工作线路失压，则低电压继电器KV_1、KV_2动作，其常闭触点闭合，起动时间继电器KT_1，经过整定时间后，KT_1动作，通过信号继电器KS_1和跳闸线圈YR_1，使断路器QF_1跳闸。QF_1跳闸后，其常闭辅助触点闭合，通过防跳中间继电器KM_2常闭触点，使断路器QF_2合闸，备用电源 2 投入工作。QF_2合闸后，其常开辅助触点闭合，KM_2起动，其常闭触点打开，切断了QF_2的合闸回路，从而保证QF_2只动作一次。同样当工作电源 2 因事故停电时，则KV_3、KV_4动作，使QF_2跳闸，QF_1合闸，使备用电源 1 再次自动投入。

目前，机场目视助航灯光系统变电站中的备自投多采用微机控制，与上述备自投控制方法相比，具有抗干扰性强、稳定可靠、使用方便等优点，这里不再详细介绍。

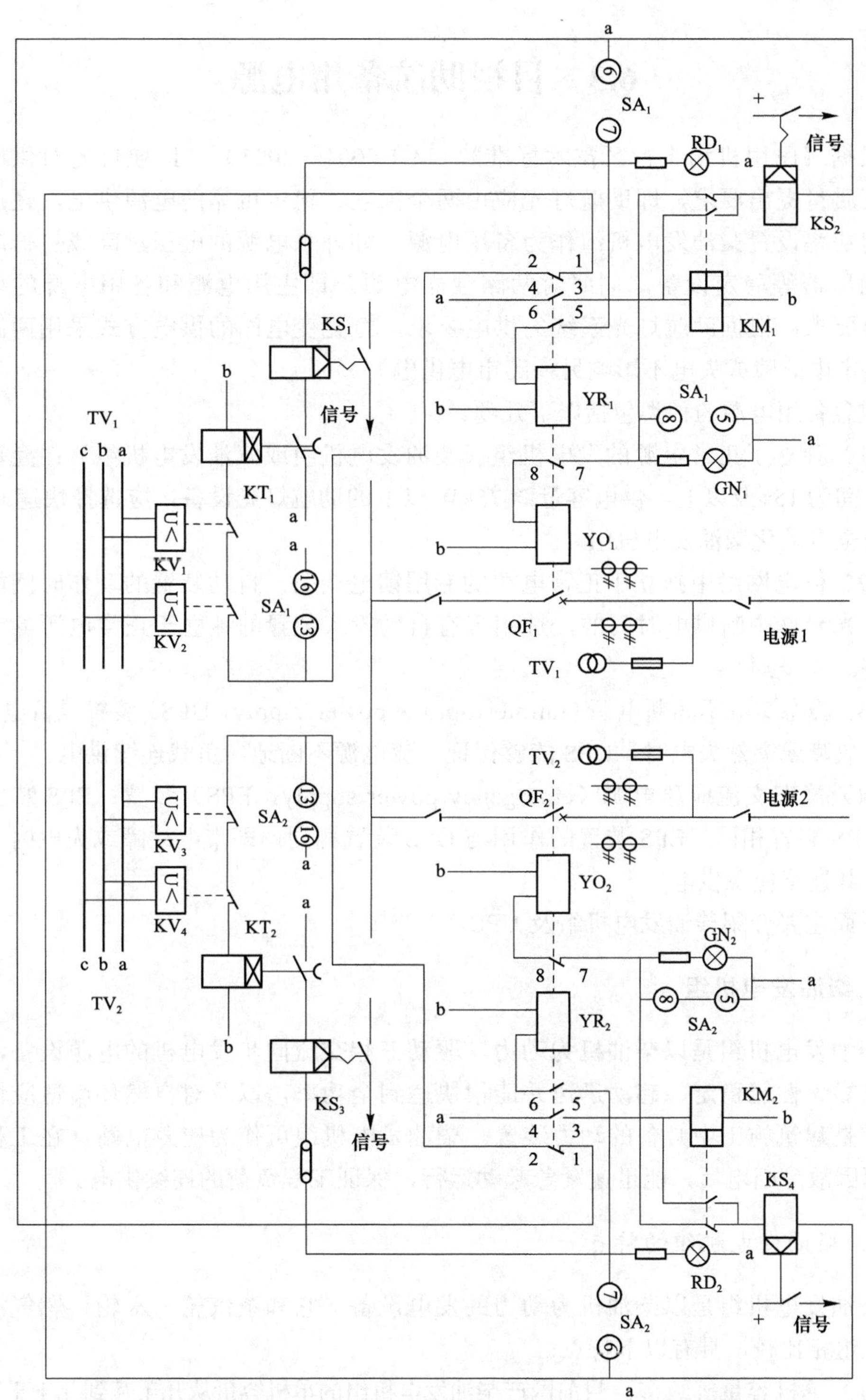

TV——电压互感器；SA——控制开关；KV——电压继电器；KT——时间继电器；
KM——中间继电器；KS——信号继电器；YR——跳闸线圈；YO——合闸线圈。

图 6.8　高压双电源互为明备用的 APD 电路原理示意图

6.3 目视助航备用电源

根据《民用机场飞行区技术标准》（MH 5001—2021），助航灯光对供电电源和电压质量提出要求，即助航灯光应由两个独立、稳定可靠的电源供电，还应按最大需用功率设置柴油发电机组作为备用电源。如外来电源的电压过高或过低时，还应设调压器等稳定设备，同时对两路独立电源，即主用电源和备用电源的切换时间提出要求：根据助航灯光系统的供电要求，灯光变电站的供电方式采用两路市电（一路市电故障或失电不影响另一路市电供电）。

应急备用电源的种类包括以下几项。

（1）独立于正常电源的发电机组（柴油发电机组或汽油发电机组）：允许中断供电时间为15s及以上、供电容量≥75kW以上的助航灯光设备，应选择快速（高速）自启动全自动化柴油发电机组。

（2）供电网络中独立于正常电源的专用馈电线路：自动装置的动作时间能满足助航灯光允许中断供电时间的，选用带有自动投入装置的独立于正常电源的专用馈电线路。

（3）静态交流不间断电源（uninterruptible power supply，UPS）装置或蓄电池组：当市电故障或突然失电时，UPS能够保证交流电源不断地向负载连续供电。

（4）静态交流应急电源（emergency power supply，EPS）装置：EPS装置的组成与UPS装置相同。EPS装置的作用与UPS装置相同，即市电故障或失电时，能够保障负载连续应急供电。

下面主要介绍柴油发电机组及UPS。

6.3.1 柴油发电机组

柴油发电机组是以柴油机为动力，驱动三相交流同步发电机的电源设备，具有工作可靠、性能稳定、起动迅速并能很快达到全功率，以及对自然环境适应性强等特点，是建筑施工中必备的动力装置。柴油发电机组可作为应急电站，在工程的常用电源因故障断电后，能迅速紧急起动运行，保证工程负荷的连续供电。

1. 柴油发电机组的特点

柴油发电机组是以柴油机为动力的发电设备，它和蒸汽轮、水轮、燃气涡轮等发电机组相比较，具有以下特点。

（1）单机容量等级多。目前国产柴油发电机组的单机容量从几千瓦到几千千瓦，可选择的容量范围极大，还可采用多台机组并网供电，装机容量根据实际需要灵活配置。

（2）配套设备结构紧凑、安装方便。柴油发电机组的配套设备简单，辅助设备少，体积小，质量轻，安装时占地面积小，转移方便。移动式发电机组更为灵活、方便。

（3）热效率高，燃油消耗低。柴油机的有效热效率为 30% ～ 46%，高于高压蒸汽轮机和燃气轮机，因此，其燃油消耗较低。

（4）起动迅速，并能很快达到全功率。柴油机起动一般只需要几秒钟，在应急状态下可在 1min 内带到全负荷；在正常工作状态下约在 5 ～ 30min 内带到全负荷，比其他动力装置快得多。柴油机的停机过程也很短，可以频繁启动。

（5）装有调速装置。为保证发电机组输出电压频率的稳定性，一般都装有高性能的调速装置。对于并联运行和并入电网的机组则装有转速微调装置。

（6）操作、维护简单，所需要的操作人员少，在备用期间的维护容易。功能较完备的自动化机组具有自动起动、自动加载、故障自动报警和自动保护功能。发电机组可全自动化运行，不需要操作人员，能实现无人值守。

2．柴油发电机组的分类

柴油发电机组种类繁多，根据不同的分类方式分为多种类型。

（1）按照使用条件可分为陆用（固定式和移动式）、船用、挂车式和汽车式四种。其中陆用发电机组又可分为普通型、自动化型、低噪声及低噪声自动化型四种。

（2）按照用途可分为应急发电机组、备用发电机组和常用发电机组三种。

（3）按照发电机的输出电压频率可分为交流发电机组（中频：400Hz，工频：50Hz）和直流发电机组，当电压频率为 50Hz 时，中、小型发电机的标定电压一般为 400V，大型发电机的标定电压一般为 63 ～ 105kV。

（4）柴油发电机通常采用交流同步发电机，按照同步发电机励磁方式可分为旋转交流励磁机励磁系统和静止励磁机励磁系统两类。其中，旋转交流励磁机励磁系统又可分为交流励磁机静止整流器励磁系统和无刷励磁系统；静止励磁机励磁系统又可分为电压源静止励磁机励磁系统、交流侧串联复合电压源静止励磁机励磁系统和谐波辅助绕组励磁系统。

另外，还有按照发电机组控制和操作方式分类的普通机组、自动化机组、无人值守机组等。

3．柴油发电机组的控制屏

柴油发电机组的控制屏可分为普通机组控制屏和自动化机组控制屏两类。普通机组控制屏适用于普通柴油发电机组的控制，机组的起 / 停、供 / 断电、状态调整等均由手工操作；自动化机组控制屏适用于自动化柴油发电机组的控制，机组的起 / 停、供 / 断电、状态调整等可由手动或自动两种操作方式来完成。

按照安装方式，柴油发电机组的控制屏可分为分体式和一体式两种。分体式控制屏指机组和控制屏分开放置，控制系统及主开关均安装在控制屏内；一体式控制屏由自控屏和开关屏两部分组成，自控屏（安装控制系统）通过减振垫固定在发电机组的上方，开关屏（安装主开关）安装在发电机的侧面。

（1）普通机组控制屏由断路器、电流表、电压表、频率表、水温表、油压表、油温表、转速表、计时器和电流互感器等组成，具有对发电机组起 / 停、供 / 断电控制等功能，并可对机组的运行状态进行测量、显示和超限报警及保护。

（2）自动化机组控制屏由自动控制器、自动加热器、自动充电器、自动切换装置、断路器、电流表、电压表、充电电流表、直流电压表、电压频率表、水温表、油压表、油温表、柴油机转速表、计时器、报警蜂鸣器、控制继电器、保护开关和电流互感器等组成。自动化机组控制屏可以自动完成对机组起 / 停、供 / 断电控制等工作，并对机组的运行状态进行测量、显示和超限报警及保护。

6.3.2 不间断电源

现在几乎所有部门或现代技术装备都配备了计算机或计算机控制系统，又或是现代化的指挥控制中心，用以指挥、监测、控制和信息的随机处理、存取等，使整个系统在高效率、高质量状况下安全正常地运行。在这种场合，对供电质量和可靠性就有严格的要求，有时几十毫秒的供电中断都是不允许的。其实，不仅供电中断不允许，有时只要交流供电电压大小、波形以及频率有较大的波动，也可能会造成数字处理系统错码和漏码，使正常工作受到影响，甚至引发事故。

UPS 是一种 AC（alternating current，交流）-DC（direct current，直流）和 DC-AC 二级电力电子变换电路，是由整流器、逆变器、附加半导体固态开关（又称为静态开关）和储能环节（如蓄电池等）所构成的交流恒压恒频电源。UPS 按其工作方式的不同可分为在线双变换式（double conversion online）、后备式（passive standby）和在线互动式（line-interactive）三大类。三类 UPS 在基本结构、工作方式和向负载供电的质量等方面都有一定的差异。

1. 在线双变换式 UPS

图 6.9 所示为一个典型的由整流和逆变两级变换器构成的在线双变换式 UPS。市电正常时，市电经输入变压器和充电器（一个小功率整流器）输出电压、电流可控的直流电给蓄电池充电，使蓄电池储备电能；同时，市电经整流器实现交流—直流变换后向逆变器提供直流电，逆变器实现直流—交流变换后输出恒压、恒频的交流电，经静态开关 S_1 对负载供电。这时静态开关 S_2 断开，负载与市电之间无直接联系。

当市电供电异常（过压、欠压、断电）时，控制系统（图 6.9 中未画出）断开输入开关 S，切断市电与 UPS 的联系，蓄电池为逆变器提供直流电能，逆变器继续经静态输出开关 S_1 向负载供电。因此，在线双变换式 UPS 在市电正常时和故障时，都由逆变器对负载供电，向负载提供高质量的交流电，保证了市电故障时负载供电的不间断性。由于蓄电池的储能有限，如果市电停电时间较长，蓄电池容量又不大，可在蓄电池还未完全放完电时，启动一台交流柴油发电机替代市电交流电源。

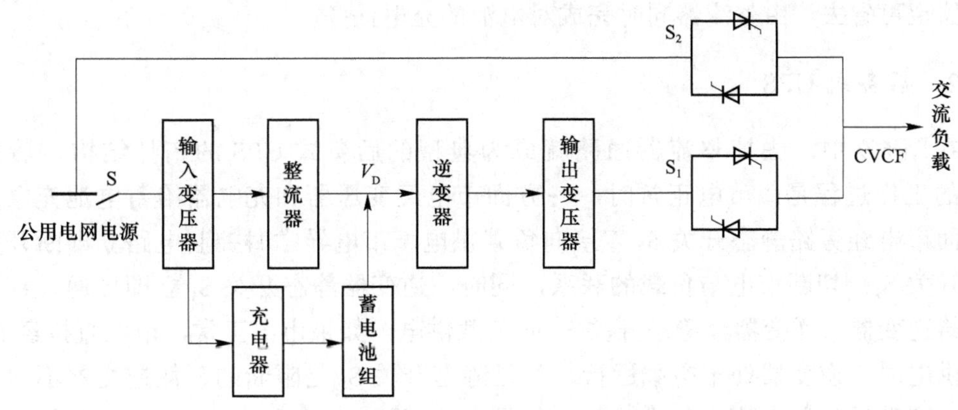

图 6.9　典型在线双变换式 UPS 结构图

由于市电（即公用电网）质量不好（如电压波动大、电压波形非正弦、频率稳定度不够等），而逆变器可以输出恒压、恒频正弦波交流电压，所以，由在线双变换式 UPS 对重要的交流负载供电得到广泛的应用。在线双变换式 UPS 运行时，其输出交流电压、频率 f_1 应与市电电源电压、频率 f_S 相等，逆变器输出的正弦交流电压的相位也应与市电电压相位同步。即正常运行时，逆变器输出电压的大小、相位应跟踪市电并与市电严格同步，锁定频率、相位。这样，一旦逆变器自身出现故障时，静态开关 S_1 立即断开，旁路静态开关 S_2 立即接通，市电经 S_2 直接向负载供电。故障检测时间一般小于 1ms，晶闸管 S_1 关断时间也远小于 1ms，晶闸管 S_2 导通则只需要数十微秒，因此，在线双变换式 UPS 在逆变器故障转到市电供电时的转换时间一般可不超过 2 ～ 3ms。同时，由于逆变器出现故障前，其频率、电压及相位均已跟踪市电，因此，转换期间负载电压波形的瞬时值并无多大突变，转换过程也不会在逆变器与市电之间引起很大的环流。

当市电频率或电压数值与额定值相差较大时，逆变器的输出电压和频率就不应再跟踪市电，以确保对负载的供电质量。这时，一旦逆变器出现故障而转由市电对负载供电时，由于逆变器和市电电压瞬时值不相等，在转换过程中不可避免地有一定的电流冲击，或有一定时间的中断供电。

图 6.9 中的整流器既可能是不控整流，也可能是晶闸管相控整流；既可能是三相全桥整流电路，也可能是两组三相桥，甚至四组三相桥式电路并联或串联组成的 12

相、24 相整流电路。近年来，已出现采用三相高频整流电路的 UPS。图 6.9 中的逆变器一般都采用自关断器件的 SPWM 恒压、恒频逆变器。大功率应用中也常采用几个三相逆变器经几个输出变压器的级联组合扩大输出功率。图 6.9 中的输入、输出变压器用于电气隔离和交、直流电压匹配。根据不同的使用要求，不同的整流器类型和选用的直流电池电压高低等不同情况，可选择是否需要输入、输出变压器。有时充电器也可省去，由整流器同时完成对电池的充电任务。

2．后备式 UPS

在图 6.9 中，去掉整流器通路就成为典型的后备式 UPS 的拓扑结构。后备式 UPS 的工作过程是：市电正常时，一方面市电经变压器和充电器给蓄电池充电；另一方面市电经旁路静态开关 S_2 直接向负载供电。市电异常时控制电路立即断开旁路静态开关 S_2，切断市电与负载的联系，同时，逆变器静态开关 S_1 立即导通，蓄电池供电给逆变器，逆变器经静态开关 S_1 向负载供电。如果市电正常，市电直接经 S_2 向负载供电时，逆变器处于空载运行，只是静态开关 S_1 是阻断的，使逆变器不向负载供电，这种后备称为热后备式 UPS；如果市电正常，市电直接经 S_2 向负载供电时，逆变器是停机的，只在市电故障后在控制系统指令下逆变器才投入工作，再经静态开关 S_1 向负载供电，这种后备称为冷后备式 UPS。显然，冷后备式 UPS 有一定的停电转换时间，但冷后备式 UPS 在市电正常时逆变器不工作，减少了损耗，提高了效率。另外，无论冷后备还是热后备，市电正常时负载均由市电供电，其供电质量不如在线双变换式 UPS。后备式 UPS，特别是冷后备式 UPS 在市电停电转由逆变器供电的切换过程中有短暂的供电中断时间，电网正常时由于是电网直接向负载供电，所以，也不一定能保证对负载供电的质量。

3．在线互动式 UPS

在线互动式 UPS 的特点是：市电正常时，市电与逆变器共同对负载供电；市电停电后则由逆变器独立对负载供电。在线互动式 UPS 有很多种类型，图 6.10 所示的双变流器串、并联补偿式 UPS 是近年来研究并已得到应用的一种特性优良、功能完善并且高效经济的在线互动式 UPS。图 6.10 中变流器Ⅰ和Ⅱ都是双向 AC-DC SPWM 变流器，其直流侧接蓄电池，变流器Ⅰ经电感 L_1 和变压器 P_T 输出的电压 ΔV（电流 I_S）串接在电源电压 V_S 和负载电压 V_L 之间，称之为串联补偿变流器，它提供的补偿电压 ΔV 既抵消电源电压 V_S 中的谐波 V_{Sh}，又补偿基波电压 V_{S1}，使负载电压 V_L 成为与电源基波电压 V_{S1} 同相的正弦基波额定电压 V_R。变流器Ⅱ经 L_2、C_2 滤波后并连接在负载两端，称之为并联补偿变流器。对变流器Ⅱ进行实时、适式控制，可使它输出至负载的电压为正弦波额定电压 V_R，并向负载输出电流 $i_2=i_{LQ}+i_{Lh}+（I_{LP}-I_S）$，其中 i_{LQ}、i_{Lh} 补偿负载无功和谐波电流，使交流电源仅向负载输出基波有功电流 I_S，功率因数为 1，负载的有功电流 I_{Lp} 由交流电源（I_S）与变流器Ⅱ共同提供。在非线性负载、电源电压高于或低于额定值 V_R 且含有谐波电压时，这种 UPS 通过串、并联补偿变流器共同作用，可使负载电压 V_L 补偿到与电源电压同相的额定正弦电压 V_R，同时交流电源仅输出基波有功电流 I_S。正常时，市电与双变流器共同对负载供电，一旦市电停电后，变流器Ⅱ从蓄电池获取电能继续不间断地对负载供电。由于交流电网基波电压 V_{S1} 与额定值 V_R 的差值一般不超过 ±15%，所以，变流器Ⅰ通常仅需要补偿 ±15% 的额定电压，$\Delta V_1 \leqslant \pm 15\% V_R$，故其容量不大，而图 6.10 所示典型 UPS 中，整流、逆变两个变流器都需按 100% 负载容量设计，故图 6.10 所示的 UPS 除能获得优良的输入、输出特性外，还可以减少变流器总容量，提高运行效率并增强 UPS 过载能力。

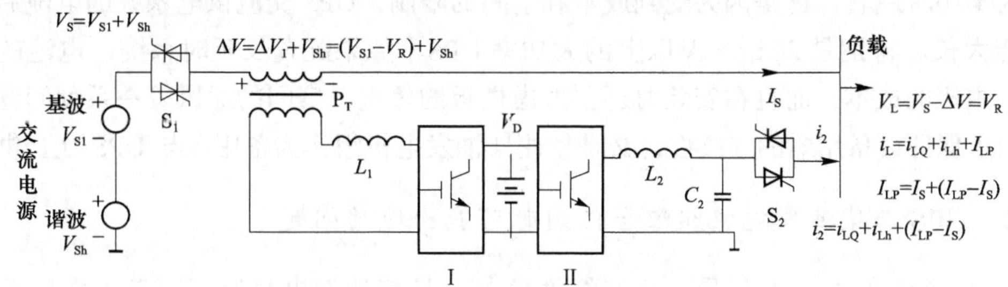

图 6.10　双变流器串、并联补偿式 UPS

6.3.3　柴油发电机组与 UPS 的切换原理

为了提高供电质量、减少或避免停电事故，在目视助航配电系统中一般将后备电源柴油发电机组与 UPS 配合使用。无论是什么电源切换，都期望能够实现无扰切换，负载要想正常工作，在切换电源时，必须保证对于负载而言电源是不变的，即切换前一时刻和切换后一时刻电源的相序、大小、频率必须一致，三者的同步性越好，负载受到的扰动越小。当然，切换前和切换后三者完全一致是不可能的，原因有备用系统本身的惯性、系统之间的同步性、控制系统本身的误差等多种，因此，采用各种设备及控制方法使三者尽可能保持一致。柴油发电机组与 UPS 的切换也应满足这一要求。

1．UPS 的工作原理

在正常情况下 UPS 的工作原理如图 6.9 所示。

（1）当市电正常供电时，主路由功率因数校正电路产生逆变器工作所需要的直流电压，再经 DC/AC 逆变器将直流转变为交流输出向负载供电；另一路市电经充电器电路产生的直流电压对蓄电池充电。

（2）当市电中断时，蓄电池所储存的能量经 DC/DC 变换器转换为直流电压作为 DC/AC 逆变器输入，使输出实现不间断供电。

（3）当 UPS 故障或过载时，自动转为静态旁路由市电直接向负载供电。

（4）当 UPS 维护或检修时，通过转换开关不间断地转到旁路由市电向负载供电，从而将 UPS 与负载隔离，进行维护或检修。

在正常情况下，UPS 能确保供电的质量避免停电，但是如果在市电停电时间过长，电池储能将要耗尽而市电又没有及时恢复的情况下，可由柴油发电机组作为输入电源向 UPS 供电。这时柴油发电机组必须适应 UPS 这一非线性负载的特性，使其在无市电的情况下保证 UPS 对负载可靠供电。停电时，柴油发电机组作为后备电源启动需要一定的时间，所以不能瞬间供电，而 UPS 可以做到不间断供电，但供电时间比较短，一般为半小时左右，这是因为受到成本和空间的限制，UPS 交流供电系统的电池后备时间不能太长，特别是 20kV · A 以上的大功率 UPS，如果配置长延时系统，电池的成本将大于主机的成本。而且在安装时还要考虑楼板的负重，房间的通风等一系列问题。因此，为了保证设备用电的连续性，必须使用柴油发电机组作为备用，与 UPS 配合供电。

2．UPS 与柴油发电机组配合使用时可能出现的问题

由于 UPS 的输入大都是一个非线性负载，且柴油发电机组不同于大电网那样容量大，它只能提供有限的电流，两者配合使用就会出现不少问题。

1）电压的振荡

反馈的波动电压会造成发电机的输出电压稳定性差，形成振荡，会使电压波形产生畸变，供电的质量就无法保证。

2）电流振荡

在 UPS 负载稳定的情况下，发电机输出电流在 +20% ～ +50% 范围内摆动，而且这种摆动无法调整。

3）发电机的频率振荡

一般情况下，频率的振荡比电压、电流范围小，但是它的影响却比较大，会导致 UPS 处于频繁切换的状态。

4）UPS 无法正常工作

UPS 整流器的输入电压有一定的允许范围，如果超出其允许的电压范围，整流器就无法正常工作。

（1）UPS 不能旁路。UPS 在旁路电源频率和电压处于允许的范围内时，UPS 的逆变输出跟踪旁路电源，逆变电源与旁路电源锁相、同步。当旁路电源由发电机提供时，频率会发生快速变化。当频率变化超出预先设定的极限时，逆变器频率变化就无法跟上旁路电源的频率变化。此时静态旁路开关将禁止切换到旁路，且 UPS

会发出警示性告警，提醒用户避免超载造成断电，此时逆变器仍继续提供电源给负载。

（2）电池寿命缩短。由于频率的振荡，将导致可控硅整流器的驱动信号与输入交流不同步，造成整流器关闭。在整流器重新启动进入正常工作期间，UPS 转为电池供电。这样会造成电池过度放电，将大大缩短电池的寿命，严重时将电池电量全部放完，输出中断。

以 80kV · A 容量的 UPS 为例，一般要求配套发电机组的容量为 UPS 容量的 2 ～ 2.5 倍，如果不满足此比例肯定会影响柴油发电机组与 UPS 系统的稳定性，因为 UPS 输入部分的无源滤波器是高容性的，有时甚至是纯容性的，UPS 相当于一个容性负载。当市电断电后，UPS 由电池逆变转向柴油发电机组供电时会使柴油发电机组负载发生突变，并且该突变负载表现为容性。所以，这样的一个非线性负载就会向柴油发电机组反射大量的高次谐波使柴油发电机组输出电压幅值和频率不正常，会造成柴油发电机组输出电压振荡、电流振荡及频率（转速）振荡，使得柴油发电机组工作忽强忽弱，振动加剧，加速机械磨损，使机器部件严重损坏；同时，还会导致 UPS 处于频繁切换及非正常工作状态，容易造成 UPS 旁路工作，对负载造成影响，甚至造成柴油发电机组停机，使得供电质量无法得到保障。

要改善柴油发电机组与 UPS 设备之间匹配的问题，应当在条件允许情况下尽量选用性能优良的柴油发电机组，并根据 UPS 的容量使配套发电机组的容量为 UPS 容量的 2 ～ 2.5 倍。同时，注意到柴油发电机组一般在 60% 以上额定负载的情况下工作，对柴油机较为有利。如果一旦负载降低为额定容量的 30% 左右，即会造成发电机组的容量不能充分利用的情况，造成“大马拉小车”的现象，而且使发电机组更容易产生故障。因为根据柴油机的特性，如果在小负荷下长期工作，气缸内温度较低，正常进入气缸内的润滑油不能完全燃烧，而燃油也不能充分燃烧，造成活塞环处、喷油嘴处积炭严重，气缸磨损加剧，加速故障的产生，使柴油机工作性能下降，排气冒黑烟。目前性能优良的柴油发电机组具有比较自动化的功能，能根据负载的变化自动调节输出电压的幅值和频率，使输出的电源质量得到保证，能很好地与 UPS 匹配，使供电质量得到保障。

由于柴油发电机组与 UPS 组合带来的问题是客观存在的，解决问题的办法主要是一方面正确选择发电机的励磁工作方式和机组的功率，不同的励磁方式和适当的匹配功率有助于将问题降到最小；另一方面选择更能适合发电机组特性的 UPS。例如，具有旁路锁相频率范围和逆变器同步频率现场可调节功能的 UPS 对频率的振荡适应性比较好。12 脉冲整流器 UPS 与发电机组配合供电比 6 脉冲整流器 UPS 更合适。

在实际应用中也可以进行以柴油发电机组为旁路向负载供电的实验。首先模拟市电停电，即断掉 UPS 的市电输入断路器（将 CB_1 开关拨至 OFF 位置）。此时整流器停止工作，蓄电池开始工作，蓄电池直流电通过逆变器变换为交流正弦波电压供给负载。这时将柴油发电机组启动，将其输出电压调至 380V，频率调至 50Hz，但在实际操作过程中应该将输出电压与频率调得高一些，因为要考虑到带负载时线损增大，电压与频率比空载时要低。当柴油发电机组输出电压与频率调好后，进行模拟电池放电结束，即断掉电池供电开关（将 K_2 开关拨至 OFF 位置）。此时 UPS 转向旁路由柴油发电机组对负载供电。由于柴油发电机组不能自动调节电压与频率，因此要求工作人员时刻监视柴油发电机组电压与频率的变化，根据负载的变化时刻调整柴油发电机组的转速与电压，保证输出电压的正弦波形与频率达到要求。

6.4 目视助航系统回路

绝大多数机场灯光都由串联电路供电，但是输入电源用并联电路进行配电，有些单个灯具或短的灯光电路也可以由并联电路供电。进近灯光系统的顺序闪光灯，有些激光和障碍灯采用并联电路供电。

6.4.1 串联电路

1．串联电路的工作原理

串联电路的各个电路组成部分连接成一串，通过每一个组成部分的电流都相同。电路是一个连续的环路，环路的起点和终点都连接到输入电源上。如果连接到负荷上的电压固定不变，那么电路中的电流将随着连接上的负荷变化而变化；使用恒流调节器将能保持一个恒定的电流而不受电路中负荷变化的影响。这样，无论电路长短，电流都将保持不变。这种电流恒定意味着恒流调节器的输出端短路时是一种无负荷状态，而输出开路是一种过负荷状态。在简单的直接串联电路中，一个灯泡烧坏将使电路不通，因此，必须设置一种旁路器件作为每一个灯具的一部分，如带保险的切断薄膜或隔离变压器。机场灯光电路最好采用隔离变压器。

2．灯光串联电路的优点

灯光串联电路具有以下优点。

（1）由于所有灯泡在相同电流下运行，所以光强是相同的，可以在大范围内控制光强。

（2）整个电路可以使用同一芯线截面和同一额定电压的单芯电缆。

（3）沿着电路任何一点发生的单一接地故障并不影响灯光运行。

（4）接地故障点相对容易找出。

3．灯光串联电路的缺点

灯光串联电路具有以下缺点。

（1）安装费用高，恒流调光器和隔离变压器或旁路器件大大增加了安装费用。

（2）由于采用动圈式恒流调光器，电源的利用效率很低。

（3）若电路不使用隔离变压器，全部部件如电缆、灯座等必须按电路进行全压绝缘。

（4）电路中任何的开路将使整个电路不工作，并可能损伤电缆绝缘或恒流调光器。

（5）寻找故障，尤其是开路故障，可能比较困难。

4．灯光“隔灯串联”技术

如果串联的灯光回路断路造成整个回路灯光熄灭，灯光构形消失会使飞行引导失败。采用“隔灯串联”技术将原来一个串联回路连接成两个串联回路，当有一个回路因断路而灭灯时，仍能够保证有一半的灯光保持基本灯光构形，从而保证为正在飞行的飞机提供基本的引导，提高灯光引导可靠性。

6.4.2　并联电路

1．并联电路的工作原理

并联电路中的电路组成部分都是平行地连接在承受输入电压的导线上。从理论上讲，每一个灯上的电压都是相同的，但是，导线中的电流将引起电压降（线路压降），在较长的线路中线路压降可能会大大降低线路远端灯具上的电压，从而也降低了它的发光强度。如果配电线路电压高而电流小，线路上的电压降较不重要，并联电路常可用于这种线路。如果需要调光，可以使用抽头变压器或感应式调压器，但这将增加成本并降低线路的效率。

2．灯光并联电路的优点

灯光并联电路具有以下优点。

（1）安装费用较低，特别是在无须调节电压和发光强度时。

（2）并联电路在日常生活中使用范围广，电源的利用率比较高。

（3）在现有电路基础上容易增加或减少负荷。

（4）电缆故障，特别是开路故障，会比较容易查找。

（5）电路一处开路不会导致整个电路失效。

（6）并联电路无需旁路器件，还可能无需隔离变压器。

3．灯光并联电路的缺点

灯光并联电路具有以下缺点。

（1）灯具的光强沿着线路降低。如果一个灯光图形中的灯光降低显著，它会引起误解。

（2）整个电路需要两根导线，而且为了减少线路，电压降可能需要用较粗的导线。

（3）灯丝一般较长，因而可能需要较大的光学系统和灯具。

（4）光强控制，特别是在那些较低的光强等级上，比较难以做到准确的调节，或者将大大增加安装费用。

（5）高压馈线上的一个接地故障将使整个电路失效，接地故障不容易查找。

6.4.3 串联和并联灯光电路的应用范围

通常，用串联或并联电路都可以建成可用的灯光系统。利用灯光图形提供引导信息的机场灯光系统常用串联电路供电，因为它能产生均匀的光强和较好的光强控制。采用串联电路供电的系统包括绝大多数的跑道灯、滑行道灯，以及进近灯光系统中的绝大多数的连续发光的灯。并联电路用来给绝大多数的大面积照明、单个的或少数的助航灯光供电，或用来配电。机场灯光系统中采用并联电路的通常有站坪泛光照明，其他站坪照明、顺序闪光灯、特种助航灯光（如灯标和风向指示器）、某些障碍灯和配电电路等。具体应用范围见表 6.2。

表 6.2 助航灯光系统串、并联电路的应用范围

序号	助航灯类型	串联电路	并联电路
1	A 型简易进近灯光系统		并联供电，不必调光强
2	B 型简易进近灯光系统	串联供电，五级调光	
3	顺序闪光灯		并联供电，三级调光
4	中线短排灯、侧边短排灯	隔排串联供电，五级调光	
5	横排灯	隔灯串联供电，五级调光	
6	PAPI 和 APAPI 系统	串联供电，五级调光	并联供电，三级调光
7	跑道边灯、跑道入口灯	隔灯串联供电，五级调光	
8	跑道入口翼排灯	接入跑道入口灯回路或进近灯光回路	

续表

序号	助航灯类型	串联电路	并联电路
9	接地带灯	隔排串联供电，五级调光	
10	跑道中线灯	隔灯串联供电，五级调光，红白范围内，隔两灯	
11	滑行道边灯	单回路串联供电或隔灯串联供电	
12	滑行道中线灯	隔灯串联供电，五级或三级调光	
13	跑道警戒灯	专用串联电路或附近滑中或滑边供电，五级或三级调光	
14	跑道末端灯	隔灯串联供电，边灯供电	
15	快速出口滑行道指示灯	不同于其他跑道灯光电路供电	
16	中间等待位置灯	滑中或滑边供电	
17	停止排灯	两组不同电路供电	
18	跑道掉头坪灯	串联供电，五级或三级调光，由附近的跑边或跑中回路供电	
19	除冰防冰坪设施出口灯	跑边或滑行道灯供电	

本章小结

本章介绍了目视助航系统供电的基本要求，阐述了目视助航电力供电方法和备用电源技术，介绍了目视助航串联回路和并联回路的特点。

思　考　题

1．机场目视助航灯光系统供配电系统一般由哪几部分组成？各部分的主要作用是什么？

2．ICAO《国际民用航空公约》附件14（第八版）对电气系统设计的总体要求是什么？

3．简述变电站内、外桥形接线的特点。

4．机场目视助航灯光系统的10kV变电站线路开关设置为自投自复控制方式时，供电线路有哪些工作方式？

5．什么是明备用、暗备用？

6．在机场目视助航灯光系统供配电系统中柴油发电机组的作用是什么？

7．什么是UPS？它的主要作用是什么？可分为哪三类？

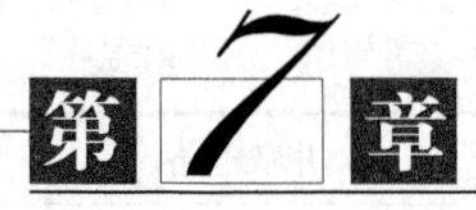

第7章 助航灯光控制技术

机场目视助航灯光控制技术是保障助航灯光系统正常工作的关键，其主要包括助航灯光调光系统的调光和恒流原理、进近顺序闪光灯系统的控制技术、PAPI 系统的协同控制技术、LED 的驱动和调光技术等。

7.1 助航灯光光强等级的调节原理

机场助航灯光回路是由一系列隔离变压器串联构成的悬浮回路。灯泡连接在隔离变压器的次级上，其发光强度与回路中的电流 I_H 成正比。因此，改变回路中电流的大小就能改变灯泡的亮度；当回路电流在某一数值上恒定时，灯泡亮度也将保持恒定，如图 7.1 所示。

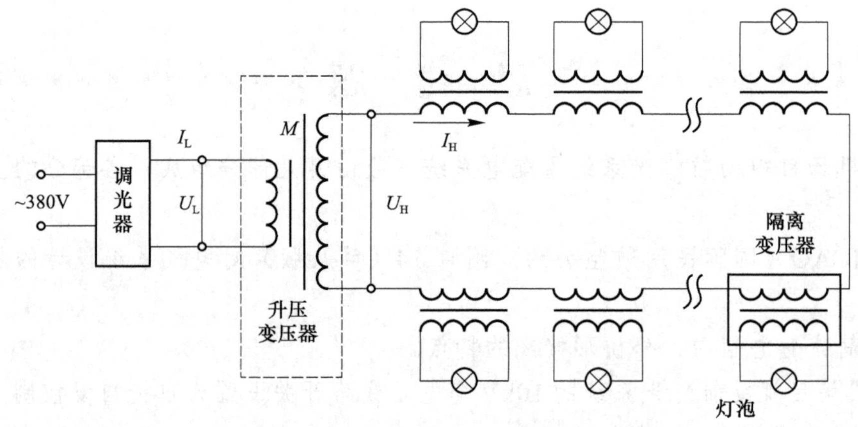

图 7.1　目视助航灯光调光原理示意图

由图 7.1 可以看出，回路电流 I_H 是由升压变压器初级端电压 U_L 决定的。假设灯光回路总的负载为 Z，升压变压器的变比为 $M\left(M=\dfrac{U_H}{U_L}，U_H \text{ 为灯光回路电压}\right)$，在理

想情况下，灯光回路中的电流可以表示为

$$I_{\mathrm{H}}=\frac{U_{\mathrm{H}}}{Z}=\frac{M}{Z}U_{\mathrm{L}} \tag{7.1}$$

由此可见，灯光的回路电流 I_{H} 与升压变压器初级端输入电压 U_{L} 成正比例关系。

如图 7.1 所示，如果将工频交流电源直接作用于升压变压器，虽然能使灯泡亮起来，但是不能调节亮度等级，且当电网波动或者回路负载发生变化时，无法保持灯泡亮度恒定。因此，在助航灯光系统中设置调光器，目的是将工频交流电源转变成一种可控的电压源，使 U_{L} 在调光器控制下产生变化，使灯光回路电流 I_{L} 恒定在某一数值上，完成“调光”和“恒流”两个任务，维持助航灯光回路的稳定工作。

在机场助航灯光系统中，单相升压变压器为由若干个接有负载灯泡的密封式隔离变压器组成的灯光回路提供额定功率容量的恒定电流。运行时，低压侧与调光器的可控硅控制回路连接，高压侧与灯光回路连接。升压变压器内部设有采样电流互感器，互感器安装在升压变压器面板上的二次端子，与调光器的采样端子相连。升压变压器的设计原理、外形结构、冷却方式和一般的电力变压器相同，各项技术指标的设计、检测均应按国家相关标准的要求进行。由于机场助航灯光系统通过改变可控硅导通角来实现输入电压的调整从而达到调节光强的目的，所以升压变压的电源波形和正常电源有区别，输入电源不是完整的正弦波形，其中含有较多高次谐波分量。因此，升压变压器与一般变压器设计又有不同之处。

隔离变压器的工作原理和普通变压器的工作原理一样，都是利用电磁感应原理。隔离变压器一般是指 1 ∶ 1 的变压器。隔离变压器用于机场助航灯光串联电路中，其一次绕组处于串联电路中，该串联电路的电流相对是恒定的（在某一光强等级上时），因此，流过隔离变压器一次绕组的电流不变。隔离变压器应根据其功能要求提出设计要求和检测方法。隔离变压器的重要功能是安全隔离。其一次线圈串联在不接地的 3000V 的工频恒流电路中，二次线圈向各灯具提供低压电源。一次线圈与二次线圈必须具有足够的绝缘强度。为了在机场助航灯光系统恶劣的使用条件下保证飞机的安全运行，隔离变压器应具有很高的可靠性和很长的寿命。

7.2　灯光回路恒流控制原理

调光器是用来调节机场目视助航灯光光强的一种电气设备，绝大部分民用航空机场目视助航灯光的光强分为五个等级（见表 7.1），军用机场目视助航灯光的光强分为三个等级。根据气象条件、能见度等要求，由塔台发出指令，调光器将灯光光强调整到所需要的光强等级，以做到既能满足飞行要求又能经济地使用灯光系统。

表 7.1 光强等级和回路电流对照表

调光级别	输出电流有效值 /A	恒流精度 /A
5	6.6/8.33	6.50 ～ 6.70/8.20 ～ 8.40
4	5.2/6.6	5.10 ～ 5.30/6.50 ～ 6.70
3	4.3/5.2	4.20 ～ 4.40/5.10 ～ 5.30
2	3.5/4.3	3.40 ～ 3.60/4.20 ～ 4.40
1	2.8/3.5	2.70 ～ 2.90/3.40 ～ 3.60

助航灯光系统要求调光器应具备以下两个基本功能。

（1）在规定的范围内，任意调整灯光亮度。

（2）在选定了灯光等级后，能够保持灯光亮度恒定。

另外，调光器还应具有显示回路参数和状态、检测故障及报警提示等一系列附加功能。因此，调光器的基本结构应包含以下四个部分。

（1）电源电压转换器件及其控制电路。

（2）回路电流、电压采样器件与信号处理电路。

（3）各种显示装置。

（4）故障检测与保护装置。

7.2.1 可控硅调光器的工作原理

作为一种较成熟且易于控制的电子器件，可控硅应用十分广泛。目前，各厂家生产的调光器，其电源电压的转换均采用可控硅来实现。

可控硅是一种具有单向导电性的电子器件，同时，又有触发开关的特性。在可控硅两极之间加上正向电压以后，可控硅是否导通，完全由触发极上是否加有触发信号来决定。

如图 7.2 所示的电路中，当正弦交流电源加在两只反向并联的可控硅两端时，交流电的正负半周将分别从可控硅模块的正向和反向可控硅上通过，但是何时能够通过，则由 G_1、G_2 上所加的触发信号决定。在适当的时刻向可控硅的触发极上施加对称的同步触发信号后，两只可控硅将在被触发的时刻分别导通，输出的波形是一种斩断的、正负半轴对称的正弦波，如图 7.3 所示。显然，可控硅输出电压的有效值将随触发角度的不同而变化。因此，通过控制触发信号的移相，改变可控硅的导通角，可以达到调压的目的。

由此可见，可控硅是调光器实现调压从而达到调光目的的核心器件。如何精确、灵活、可靠地控制可控硅，是调光器需要解决的一个主要问题。

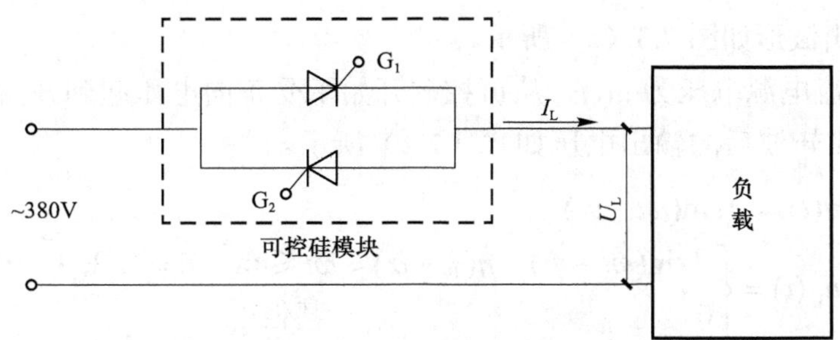

图 7.2　可控硅调光器基本原理图

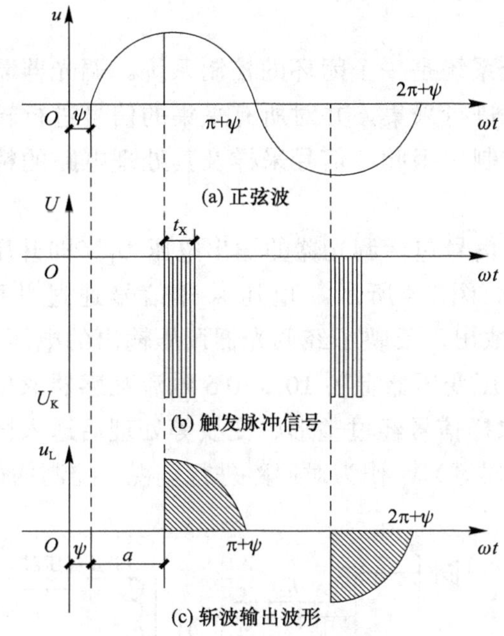

图 7.3　斩断的正弦波形图

1．触发脉冲

可控硅的导通由触发信号来控制，可控硅导通后，并不需要触发信号来维持其导通状态，因此，可采用“脉冲”触发的方式，以降低功耗和提高触发的可靠性，故调光器需要设置触发脉冲的发生电路。触发脉冲的发生电路多种多样，不同类型的调光器触发方式不同。

一般触发脉冲信号以一组脉冲串的形式存在，如图 7.3（b）所示。将此脉冲串分离为两组，通过触发脉冲变压器，使分离后的两路脉冲信号分别加到两只反向并联的可控硅的触发极上。改变脉冲串产生的时间，可以使可控硅的导通角在 0°～180°范围内变化，从而使输出电压 U_L 在 0～380V 范围内得以受控调节，达到调光与恒流的目的，斩波输出波形如图 7.3（c）所示。

设正弦交流电源电压为 $u(t)$，从可控硅开始承受正向电压起到开始导通这一角度为控制角 α，则斩波后的输出电压如式（7.2）所示。

$$
\begin{aligned}
&u(t) = A\sin(\omega t - \psi) \\
&u_{\mathrm{L}}(t) = \begin{cases} A\sin(\omega t - \psi) & n(\pi - \alpha) \leqslant \omega t \leqslant n\pi \quad n = 1, 2, 3, \cdots \\ 0 & \text{其他} \end{cases}
\end{aligned} \tag{7.2}
$$

式中，A 为正弦交流电源的幅值，这里取 A=380V。

2．信号采集

助航灯光恒流调光系统是一个闭环的控制系统。调光器需要对灯光回路中当前的电流、电压数值随时进行采集，并对所有采集的信号进行转换、分析和判断，最终进行调压和报警等控制。因此，信号采样及其处理电路的精度如何，将直接影响到调光器的性能。

一般调光器的采样信号包括调光器的输出电压 U_{L}（即升压变压器初级端电压）和灯光回路电流 I_{H}，如图 7.4 所示。电压采样信号通过并联在调光器输出端的 380V/3.8V 采样变压器取出，反映了经调光器调压输出的电压 U_{L} 的大小。电流采样信号是由安装在干式升压变压器上的 10 ∶ 0.5 电流互感器取出，反映了灯光回路中电流 I_{H} 的大小。两路取样信号经过整形、变换等处理后送入微处理系统（一般采用单片机、数字信号处理器等），作为对回路进行监视、控制的依据。

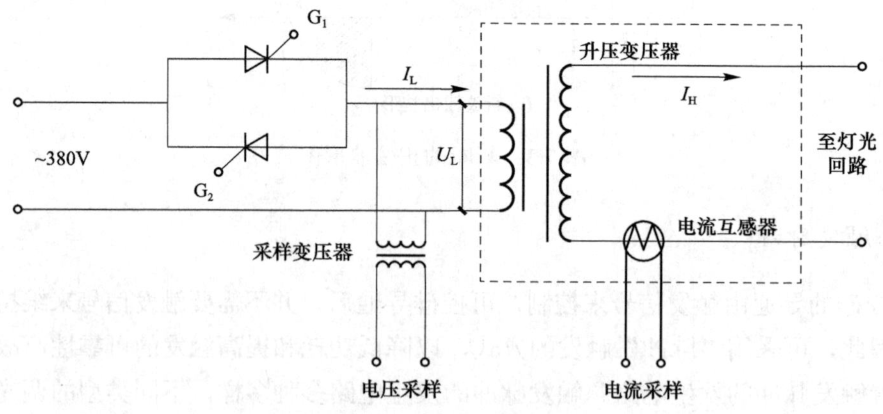

图 7.4　信号采集原理图

3．过流、过压保护

由于助航灯光回路负载动态变化范围大（100% 开路到 100% 短路），在调光器中需要配置过流和过压保护装置，如图 7.5 所示。

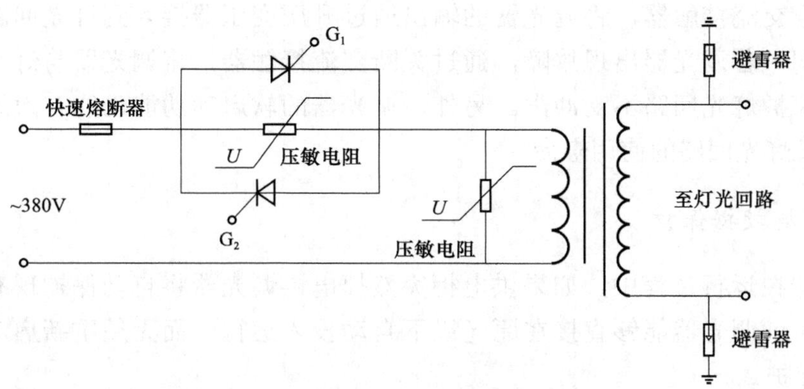

图 7.5　过流、过压保护装置示意图

串联在调光器输入端的快速熔断器，起到强过流保护作用，其保护速度快，能够较好地保护可控硅和低压供电设备。另外，单片机程序本身编有保护程序，单片机在每次过零检测周期内都读取来自灯光串联回路的电流值，当出现强过流时，单片机将关闭可控硅，切断升压变压器一次侧的输入。

并联在调光器输出端（即升压变压器初级）和可控硅两端的压敏电阻是针对负载和可控硅的过压保护器件。压敏电阻的特性是随着电阻两端电压的升高，其阻值线性减小；当两端电压达到压敏电阻门限电压时，其电阻特性进入非线性区，阻值将急剧下降。选用其门限电压为额定输出电压 1.5 ～ 2 倍的压敏电阻，当升压变压器一次侧或可控硅两端出现过压时，压敏电阻将有效地将负载或可控硅短路掉，起到保护灯光回路和可控硅的作用。图 7.6 所示为压敏电阻的伏安特性曲线。

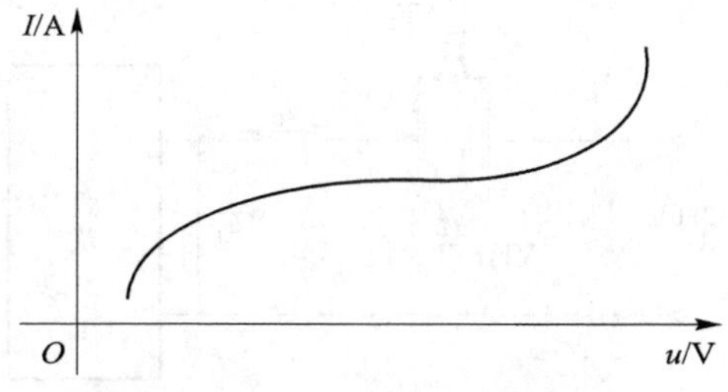

图 7.6　压敏电阻的伏安特性曲线图

由于跑道灯光设备工作在野外露天环境，为保护调光器和操作人员免受雷击的伤害，在升压变压器高压端分别接有避雷器。

4. 负载保护

调光器一般在控制器输出端与升压变压器一次侧输入端之间设置了交流接触器作为隔离环节，可以实现多重保护。调光器上电后首先自检，检测各功能元件正常后方可吸合交流接触器，将调光器的输出通过升压变压器接入到灯光回路。在调光器运行期间，若调光器出现故障，通过关断交流接触器，将调光器与灯光回路隔离开，能够保护灯光回路不受冲击。另外，调光器的软启动功能也能有效地保护灯光回路，延长灯光回路的使用寿命。

5．现场数据保护

调光器在运行过程中，如果供电柜突然掉电，调光器将自动保护现有数据。当电源恢复时，调光器能够直接在原光级下自动投入运行，而无须重新启动和定级，实现暂态保护。

7.2.2 正弦波调光器的工作原理

正弦波调光器是新一代的调光设备。其输出的是标准正弦波，不是被切削的正弦波。它是通过减少正弦波的振幅来调整电压，并保持完整的正弦波波形，不会造成波形畸变，不再有大量的谐波输出，而且保持频率不变。通过放大器提供需要的输出电压，不会对电网造成污染，能量转换效率可达 96%。这样的设备可以利用斩波电路制成，其可变输出可通过脉冲宽度调制获得。

正弦波调光器的原理如图 7.7 所示，在调光器主回路不变的情况下，采用绝缘栅双极晶体管（insulated gate bipolar transistor，IGBT）作为开关元件代替可控硅，利用脉冲宽度调制（pulse width modulation，PWM，简称脉宽调制）技术实现正弦波调光。

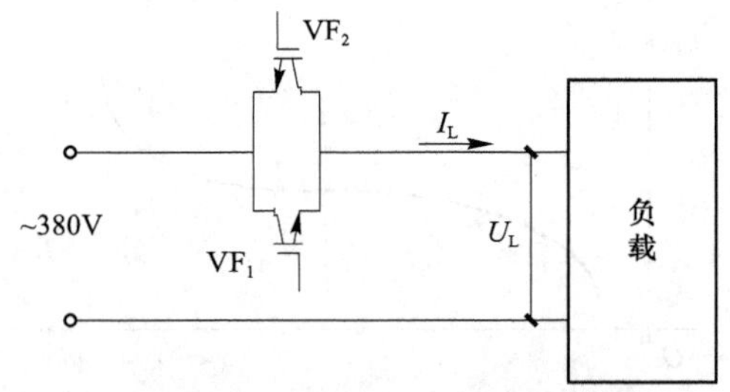

图 7.7 正弦波调光器原理框图

PWM 技术的理论基础是面积等效原理，就是将脉冲宽度变成等面积的脉冲高度。将正弦波分成 N 等份，在每一份上利用 IGBT 开关元件只导通部分角度，通过面积等效原理将这一导通的窄脉冲变成等宽而不等高的面积相同的脉冲，从而改变幅值的大小。N 等份变换后的脉冲形成了一条阶梯状的幅值降低的近似正弦波形，如图 7.8 所示，如果 N 取得足够大，并且将输出波形再经过滤波处理，则得到的结果将是光滑的正弦波形。图 7.9 所示为正弦波调光器的输出波形。

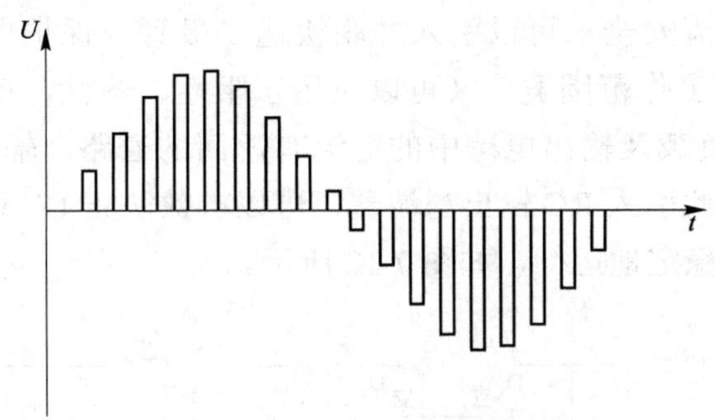

图 7.8　IGBT 调制后的波形图

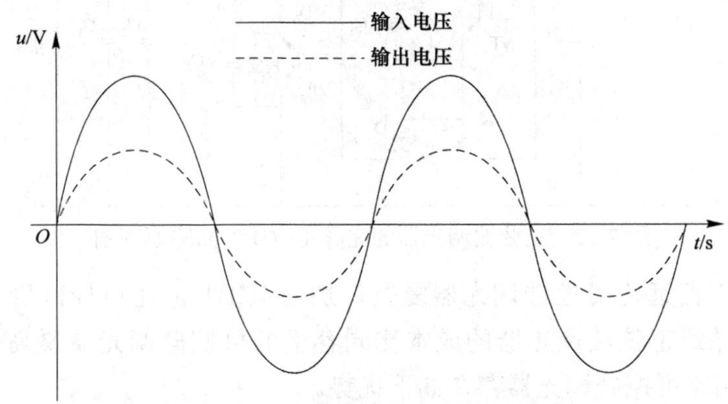

图 7.9　正弦波调光器的输出波形图

正弦波调光器可调节包括带有功率因数校正电容器的充气灯，或带有电感、电容性的各类灯源在内的各类灯光。用正弦波调光器调光时，灯具关断的时间比相控调光器短得多，从而降低对灯具寿命的影响。

由于大功率高速 IGBT 及其驱动保护线路成本较高，可以采用一个整流桥和一个 IGBT 取代双向的两个 IGBT，如图 7.10 所示。

为了使 IGBT 工作更安全，可以在输入端增加 LC 滤波，用以抑制输入的电压和电流尖峰干扰，如图 7.11 所示。

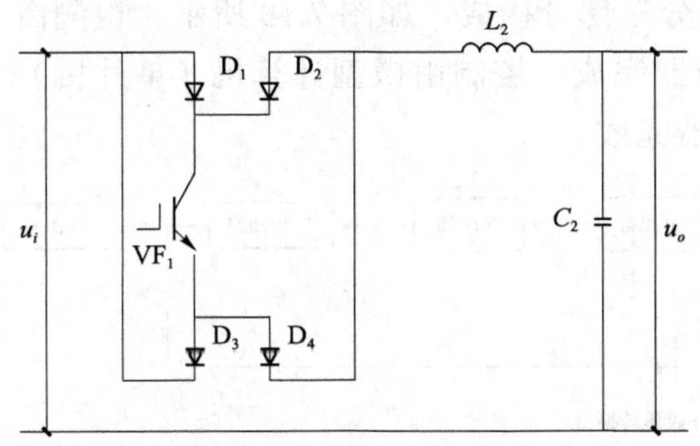

图 7.10　正弦波调光器的主 IGBT 回路原理图

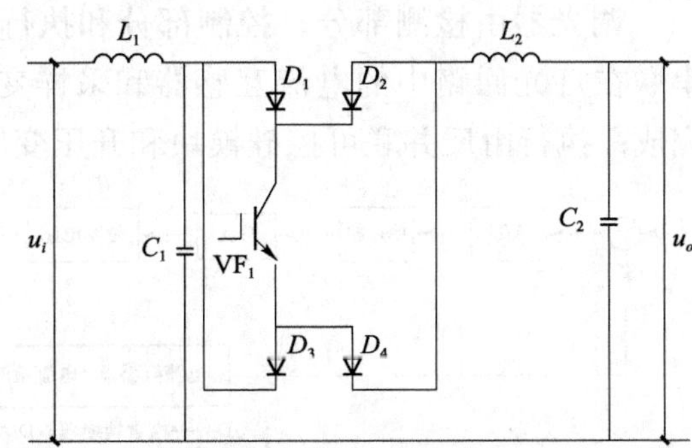

图 7.11　增加输入滤波的正弦波调光器的主 IGBT 回路原理图

为了使 IGBT 换流安全，可以引入并联快速二极管及保护电容；同时，可以引入换流环节以使它的工作范围宽广（可以应用于阻性、容性、感性电路），并使主 IGBT VF_1 关断时，负载及输出电感中的电流有返回的通路。输出部分为 LC，它本身为一个振荡器，为此引入 RC 输出滤波器，可以有效防止 LC 谐波振荡问题，使正弦波调光器可以安全稳定地运行，如图 7.12 所示。

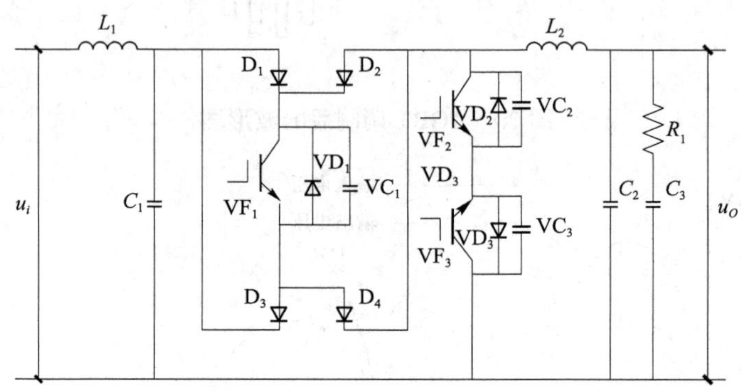

图 7.12　正弦波调光器的完整主 IGBT 回路原理图

正弦波调光器远比可控硅调光器复杂，加之 IGBT 远比可控硅贵，以及复杂的驱动和保护，导致正弦波调光器的成本比同容量的可控硅调光器要高得多。但是，正弦波调光器相比可控硅调光器存在如下优势。

（1）输出谐波分量几乎可以忽略（噪声和电噪声污染很低），对其他仪器和设备干扰甚小，无灯丝噪声。

（2）没有负载特性限制（适用于任何负载）。

（3）对电网电压和频率不敏感（在可控硅调光器不能使用的畸变严重的偏远地区的电网电、小柴油发电机的发电及小容量的直流逆变电，均可采用正弦波调光器）。

（4）节省供配电系统和灯具布线成本高达 40%。

7.2.3　灯光回路的恒流控制

调光器由检测部分、控制部分和执行部分三部分构成，如图 7.13 所示。检测由串联在灯光回路中的电流互感器和采样变压器完成；控制由微型计算机（单片机）完成；执行由反并联可控硅模块和升压变压器完成。

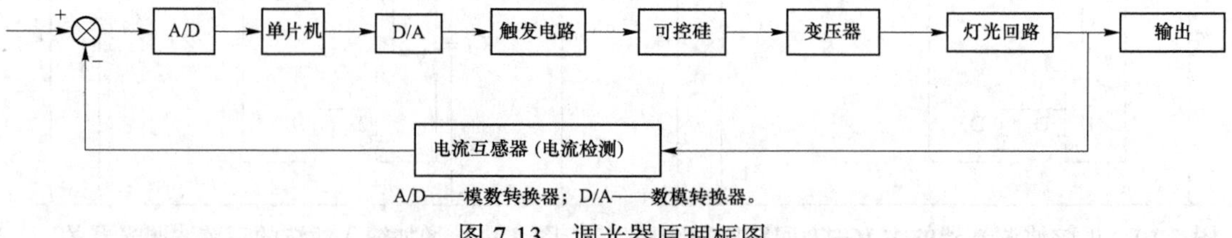

A/D——模数转换器；D/A——数模转换器。

图 7.13　调光器原理框图

调光器控制原理如图 7.14 所示。主回路将输入电压变成恒定所需输出的电压；单片机控制回路包括单片机系统、数据采集与处理、触发信号形成及按键指令和数码显示电路，完成采集、过程控制、保护和报警功能；触发脉冲电路用于对触发信号进行功率放大，触发可控硅控制级（触发板上有电压采样的整流、分压处理电路、声音报警信号控制电路）；同步电路通过过零检测，变换出和主回路工作电压相一致的基准信号。

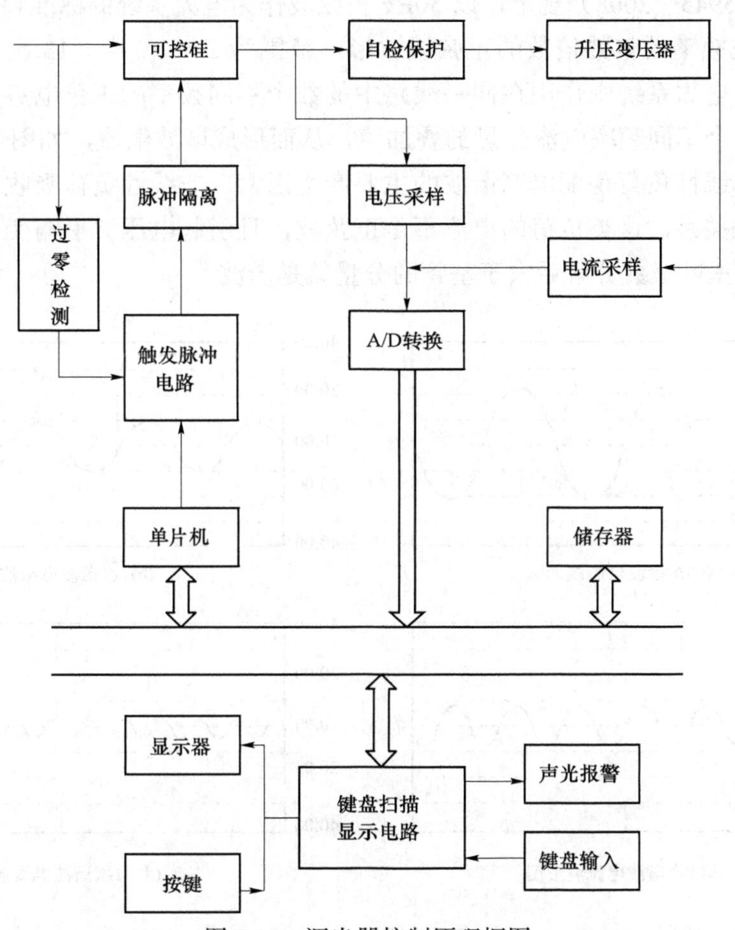

图 7.14　调光器控制原理框图

380V 单相交流电源经过接触器、可控硅及快速熔断器加到升压变压器一次侧，而其二次侧直接与灯光回路连接。正常工作时，可控硅对电压波形进行斩波，而可控硅的导通角是由主控驱动模块来驱动的，根据所设光级及灯光回路实际电流值自动调整导通角大小，从而自动调整灯光回路电压，以此实现灯光回路的恒流。在首次上电瞬间，时间继电器有 0.5s 的延时，以确保弱电控制部分及可控硅稳定工作后，接触器才可能吸合，这样可避免上电时可控硅误导通而对整个回路造成电流冲击。

7.2.4 灯光回路的谐波补偿

1. 电力系统谐波的基本特性

电力系统频率是指电力系统统一的一种运行参数，《电能质量　电力系统频率偏差》（GB/T 15945—2008）规定，以 50Hz 正弦波作为电力系统的标准频率。谐波则是指频率是基波频率的整数倍数的正弦波波形，范围为 2 ～ 30 次。13 次以上的谐波称为高次谐波。电力系统中作用在同一线路中的数个不同频率的正弦电势，使得电路中的电流成为各个不同频率电流分量的叠加值，从而形成谐波电流，如图 7.15 所示。从理论上看，非线性负荷是配电网谐波的主要产生因素。非线性负荷吸收电流和外加端电压为非线性关系，这类负荷的电流不是正弦波，且引起电压波形畸变。周期性的畸变波形经过傅里叶级数分解后大于基频的分量就是谐波。

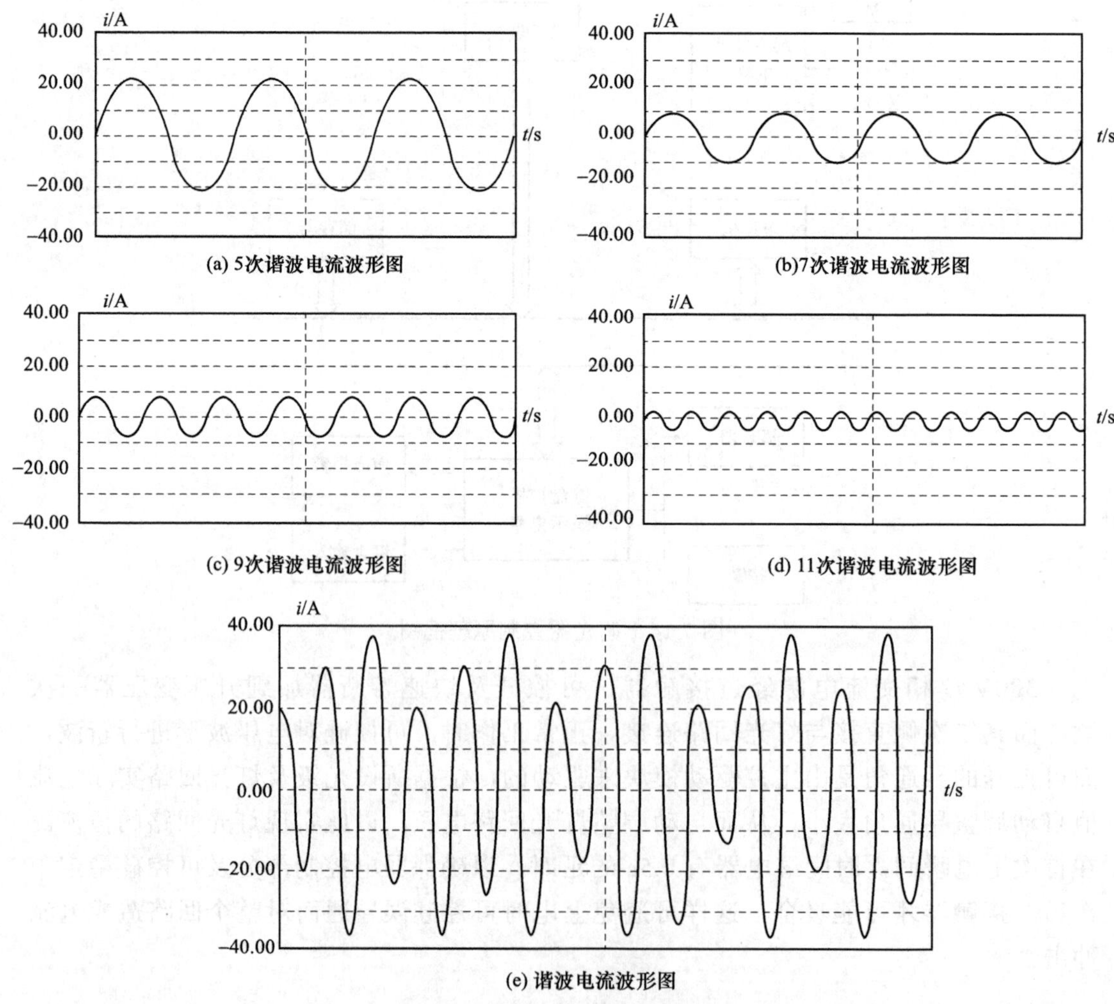

图 7.15　各次谐波电流波形图

叠加谐波后的电流信号见式（7.3）。

$$i(t)=A_0\sin(2\pi ft)+\sum_{j=1}^{m}A_j\sin(2\pi n_j t+\theta_j) \tag{7.3}$$

式中，首项为基波分量，其余项为谐波分量。其中，A_0、A_j 分别为基波信号和第 j 个谐波信号的幅值；f 为基波信号的频率；m 为谐波项的数量；n_j 为第 j 个谐波信号的频率；θ_j 为第 j 个谐波到基波的初始相位差。

谐波对电网中设备的危害很大，可造成电网的功率损耗增加，设备寿命缩短、接地保护功能失常、遥控功能失常、变压器和设备过热、电容器过流，甚至爆裂或着火引起火灾等。

2．助航灯光回路谐波的产生原因与治理方法

助航灯光回路中的主要设备是控制助航灯光开 / 关和强度的调光器，控制其所带的灯光回路电流保持在规定值。目前，助航灯光调光器基本采用可控硅斩波调压达到恒流输出的效果。由于可控硅采用调节导通角的形式调节输出电压，导致输出电压波形严重畸变，产生大量谐波，对电力系统本身造成污染，即通常所称的“电网公害”；谐波通过升压变压器加至灯光回路，使灯光回路电压谐波严重，对电缆的绝缘电阻、电力载波信号的传输均产生不利影响。

目前，谐波治理方法主要有两类：一类是无源滤波方式；另一类是有源滤波方式。其中，无源滤波为传统滤波方式。无源滤波器将主电路设计成比系统阻抗更低的电路，给谐波源电流提供一个低阻抗的通道，让绝大部分谐波电流流经滤波器，而不注入电网，属于被动型。有源滤波器是检测并分析谐波源电流中各次谐波的幅值和相位，然后由逆变产生电路生成幅值相等、相位相差 180° 的同次谐波电流，与谐波源电流中相应谐波电流叠加抵消，属于主动型。

无源滤波器起源早，市场应用普遍，目前国内技术已经基本成熟，国内厂家对其存在的缺点进行了很多次改进。例如，频点偏移问题，不少厂家加大了频点设计裕量，设计合适的 Q 值，能较好克服频点偏移问题。无源滤波器国产程度高，成本低。其并联在系统中，本身出现故障一般不会影响系统正常运行。对于系统中的谐波可以吸收大部分（约为 80%）。无源滤波在系统阻抗变化时存在与系统发生谐振的隐患，需要对各支路合理设计，控制谐振点在非整数次谐波处，通过仿真，准确了解各谐振点的位置，基本可避免与系统产生谐振。无源滤波对每一次谐波需单独设计一组单谐振滤波器，一般一柜中不超过 4 组单谐振滤波器，不能跟随负载变化调节，但目前国内有厂家采用编码法通过组合产生多种滤波通路来跟随负载变化调节滤波。

进口的有源滤波器是由 IGBT 组件和控制系统构成的变换设备，通过检测负载

谐波并根据所测谐波值控制 IGBT 发出大小相同方向相反的补偿电流来消除谐波电流，如图 7.16 所示，理论上能完全消除谐波（95% 以上）。有源滤波技术具有以下特点：频点不发生偏移；可同时处理多阶次谐波（2 ～ 51 次）；能自动跟随负载变化，响应时间一般在 6ms 以内；对于三相不平衡导致主导谐波不同的系统，有源滤波系统有分相独立滤波能力。但是，有源滤波技术是先检测，再产生，再去抵消，有一定的滞后性，如果检测不准，会放大谐波源电流；有源滤波器产生的谐波电流需要消耗能量，这些能量来自供电电源，对于谐波含量很大的情况，有源滤波器本身的能耗也较大；有源电路可采用并联或串联接入系统，如果串联，出现故障会导致供电断开，增加不安全因素；另外，国产有源技术的成熟产品较少，基本依靠进口，成本高。

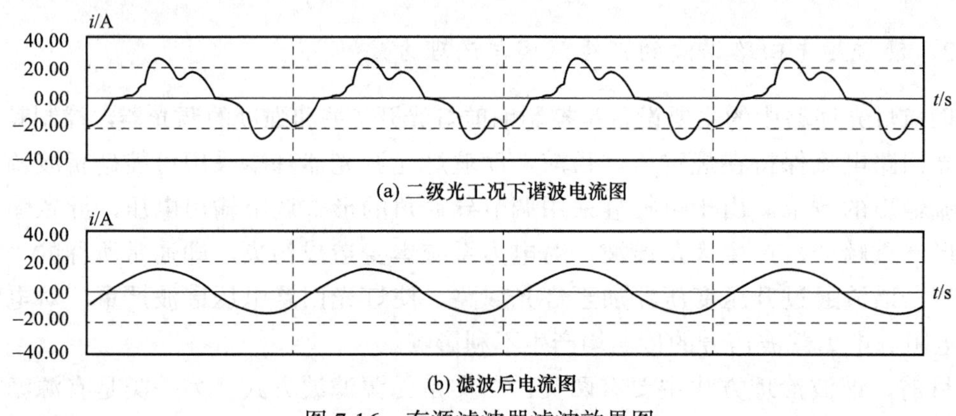

图 7.16　有源滤波器滤波效果图

7.3　顺序闪光灯系统

闪光灯又称为脉冲氙灯，是一种能在极短时间内发出很强的光的光源。脉冲氙灯可以产生连续光源不能获得的极强的瞬时功率，从而获得极强的瞬时光输出，它是目前除激光器外最亮的光源。另外，该灯不像连续光源一样永远点亮，仅是周期性地瞬时发光，因此，脉冲氙灯不仅平均功率低，而且对被照目标和环境影响也比较小，被广泛地应用于机场助航照明。

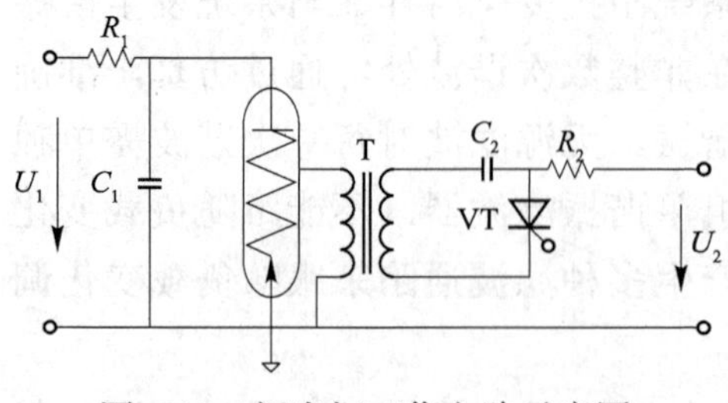

图 7.17　闪光灯工作电路示意图

1. 闪光灯工作原理

闪光灯工作电路由基本工作电路和触发电路组成，如图 7.17 所示。

闪光灯基本工作电路由直流电源 U_1、充电电阻 R_1、储能电容 C_1 和闪光灯组成。闪光灯在没有进入电离状态时，有几十兆欧的高电阻，电源通过电阻对电容 C_1 充电达到工作电压（高于或等于灯的着火电压）。此时，若在闪光灯管外缠绕的触发丝上施加高压脉冲（触发电压），灯内将产生电离火花线，电离火花将大大减少灯的内阻，使电容 C_1 中储存的大量能量能够在极短的时间内通过闪光灯放出，从而产生极为强烈的闪光。

触发电压由触发电路产生，触发电路由电压 U_2、电阻 R_2、电容 C_2、可控硅 VT 和变压器 T 组成。当 VT 关断时，电压 U_2 通过电阻 R_2 给电容 C_2 充电，在电容 C_2 上储存能量。当 VT 导通时，电容 C_2 和变压器 T 的电感谐振放电，在变压器 T 的副边即闪光灯管外缠绕的触发丝上产生几千伏的高压。在触发高压脉冲作用下，闪光灯气体被击穿，形成放电通道。

闪光灯的着火电压与充气气压、灯管的长度和直径、电极的形状和种类、触发丝的位置、触发脉冲的频率、灯内杂质气体等有关。同时，闪光灯的着火电压与触发电压是相关联的。当闪光灯两电极之间所加的电压小于着火电压时，无论触发电压多大，灯都不会产生闪光。

2．进近顺序闪光灯系统

进近顺序闪光灯系统由灯具、控制单元和灯具电源箱等组成。其可分为电阻充电式和开关电源充电式两种。

1）电阻充电式进近顺序闪光灯系统

电阻充电式进近顺序闪光灯系统原理框图如图 7.18 所示。

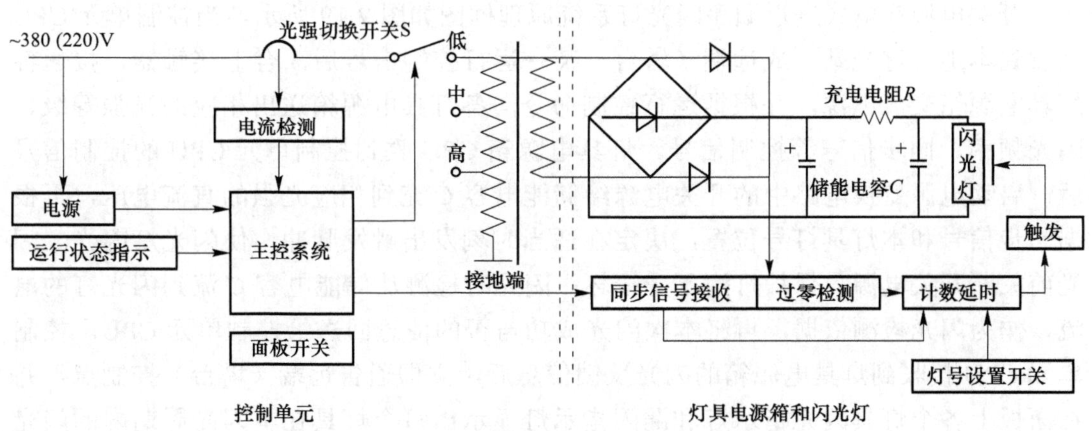

图 7.18　电阻充电式进近顺序闪光灯系统原理框图

主控系统根据面板开关设定光强等级，控制光强切换开关 S 吸合到相应的输出电源变压器抽头上，使变压器副边得到相应光强的交流电压，并送出同步控制信号。交流电压经过线路传送到灯具电源箱后，一方面整流滤波，经过充电电阻 R 限

流向储能电容 C 充电；另一方面从交流电压中取出过零点，经过与灯具灯号位置设置开关和从主控单元送来的控制信号同步综合后，决定本号灯具闪光时刻的计数延迟，由延迟后产生触发信号触发闪光灯亮。另外，主控单元根据每只闪光灯应闪时刻，延迟一段时间后，检测电源变压器的原边电流，如果主回路电流比较大，则说明相应灯号的闪光灯已经闪光，正在充电；如果检测电流较小，说明相应灯号的闪光灯没有闪光，没有消耗电流，是漏闪，显示漏闪信号。

从图 7.18 中可以看出，电阻充电式进近顺序闪光灯系统中的充电电阻 R 是一个恒定耗能元件，因此 R 不能太大，否则以高光强每秒闪两次时充电电流不够；但电阻 R 也不能太小，否则闪光灯在闪光后变成连续放电，会很快损坏闪光灯灯泡。充电电阻 R 的选取在设计中是很关键的一个环节。

电阻充电式工作方式的优点是线路简单、成本低且易于维修。但由于对于每只灯具闪光时刻的确定完全依赖于交流电源的过零点检测，而进近灯光系统中其他如调光器等晶闸管设备的使用，对电网总是不可避免地产生干扰，所以，这种工作方式的抗干扰能力较差。从灯具电源箱的控制结构上看，电阻充电式工作方式对电容两端的电压控制结构属于开环控制，电容上的电压与电网电压线性相关。电网电压波动时，电容上的电压是不稳定的，而闪光灯的光输出能量与电容电压的平方成正比，所以，当电网电压波动时，在同一光强等级下，闪光灯输出的平均有效光强将有显著变化。

2）开关电源充电式进近顺序闪光灯系统

开关电源充电式进近顺序闪光灯系统原理框图如图 7.19 所示。当控制单元 CPU 接收到本地（灯光站）或远端（塔台）某一运行控制信号后，合上接触器，接通各灯具电源箱交流电源，并根据运行控制命令向各灯具电源箱送出相应的光强等级、闪光频率、同步信号等控制信号。灯具电源箱 CPU 收到控制单元 CPU 的控制信号后，启动电源变换电路中的开关电源给储能电容 C 充到相应光强的直流电压，再根据同步信号和本灯具灯号位置，决定在适当时刻发出触发脉冲，使闪光灯闪光。闪光前关断开关电源，保护灯泡不受损坏；闪光时检测从储能电容 C 流到闪光灯的电流，作为闪光检测依据，再将本次闪光成功与否的信息回送给控制单元 CPU。控制单元 CPU 接收到灯具电源箱的闪光反馈信息后，立即通告远端（塔台）控制点，并在面板上各个灯具闪光指示灯和漏闪指示灯显示出每个灯具在本闪光周期内的闪光情况。

开关电源充电式进近顺序闪光灯系统虽然线路比较复杂，维修起来对技术人员的要求较高、技术投入大、价格比较高，但是该系统没有恒定耗能元件，功耗较低，而且控制灵活，可靠性高。

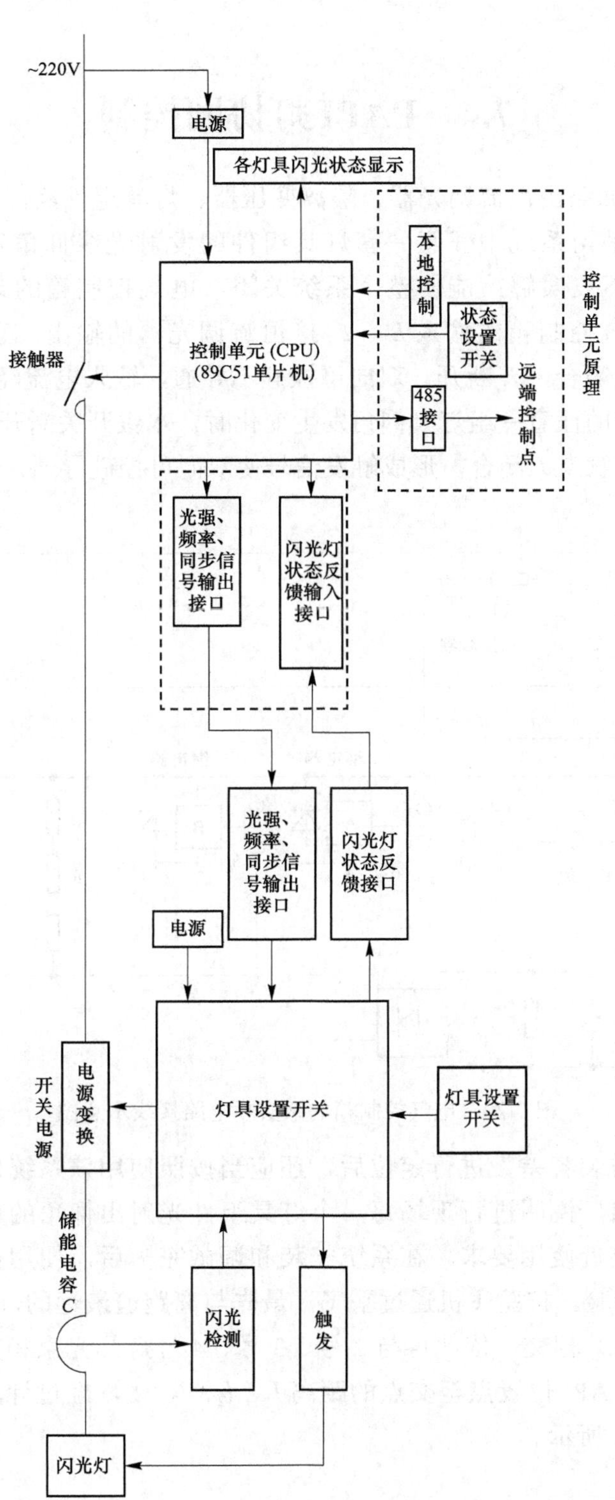

图 7.19　开关电源充电式进近顺序闪光灯系统原理框图

7.4 PAPI 灯协同控制

PAPI 系统主回路由恒流调光器、隔离变压器、灯具组件经回路电缆连接组成。控制回路的作用是当系统中任意一套灯具组件的发射光线仰角发生意外变化时，为保证引导信号不被误解，能使整个系统关闭。电气控制箱的某实际电路接线如图 7.20 所示。电气控制箱的输入 L_1、L_2 接恒流调光器的输出，正常情况下，PAPI 系统中的水银开关闭合，J_1 断开，双向可控硅不导通，输入电流经 W_1、W_2 向灯泡供电。当四组灯具中的任意一组灯具仰角发生变化时，水银开关断开，即 X_7、X_8 断开，时间继电器工作，触点 J_1 闭合，形成触发信号使双向可控硅导通，输入电源被短路，PAPI 停止工作。

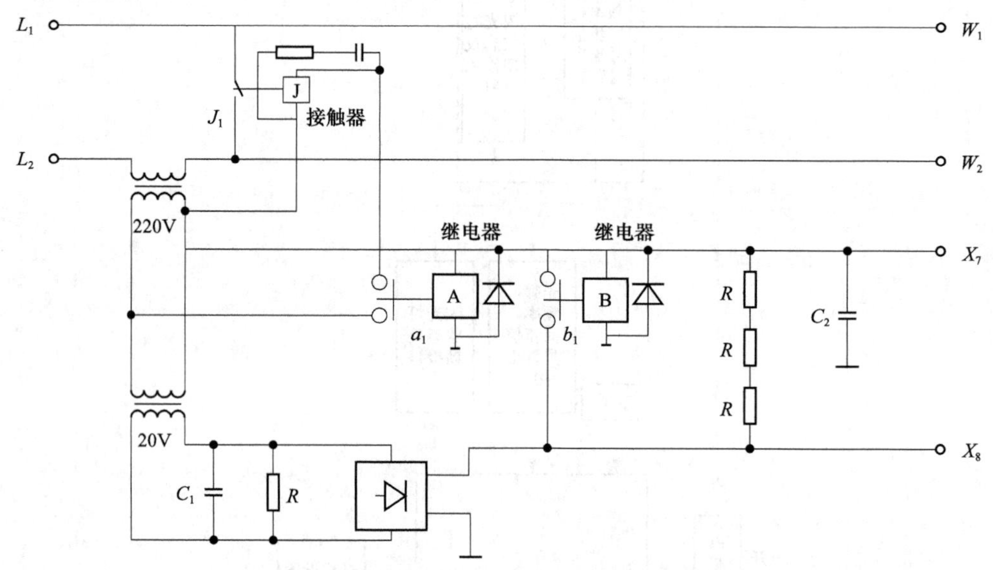

图 7.20 电气控制箱的某实际电路接线示意图

系统按照“安装容差”进行定位后，还应当按照使用该系统机场已经确定的下滑角度及设备的出厂说明进行现场每一个灯具组件光射出仰角的现场调试，以使整个系统尽可能地接近使用要求。在系统安装和调试完毕后，使用校验飞机对系统光束仰角进行空中检验。校验飞机通过平飞，最先与离跑道最远的灯具（1 号灯）光束中心（红白分界面）相交，依此再与 2 号、3 号、4 号灯具光束相交，并通过仪表测出飞行高度 H 和 PAPI 位置点至交点的距离 l_1、l_2、l_3、l_4，经过计算可得出各灯具光束仰角，如图 7.21 所示。

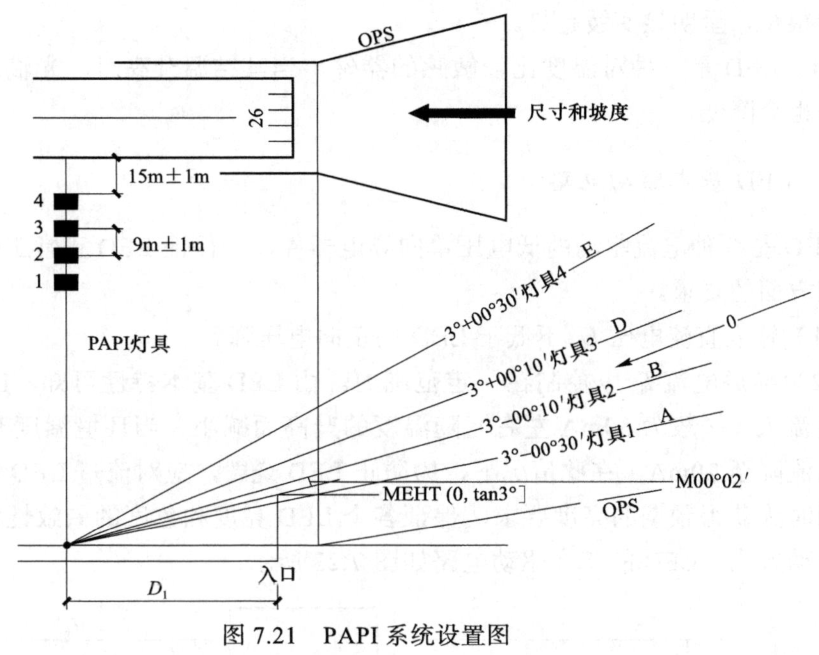

图 7.21　PAPI 系统设置图

7.5　LED 助航灯光的调光原理

7.5.1　LED 驱动和调光原理

1．LED 基本特性

LED 是一种电光转换器件，像普通二极管一样，是一个含有 PN 结的半导体器件，具有单向导电性。

（1）LED 有一个门限电压，只有加在 LED 两端的电压高于门限电压时，LED 才会导通发光。普通硅二极管的导通门限电压为 0.5 ～ 0.7V，而 LED 的门限电压通常为 1.5 ～ 3.5V。LED 的门限电压和正常工作时的正向电压降与 LED 的光色有关，红光、绿光、黄光等 LED 的正向电压降（VF）通常为 0.4 ～ 2.6V，白光 LED 的正向电压降通常为 3 ～ 4.2V。

（2）LED 具有非线性的伏安特性曲线，如图 7.22 所示，通过 LED 的电流与加在它两端的电压不成正比。

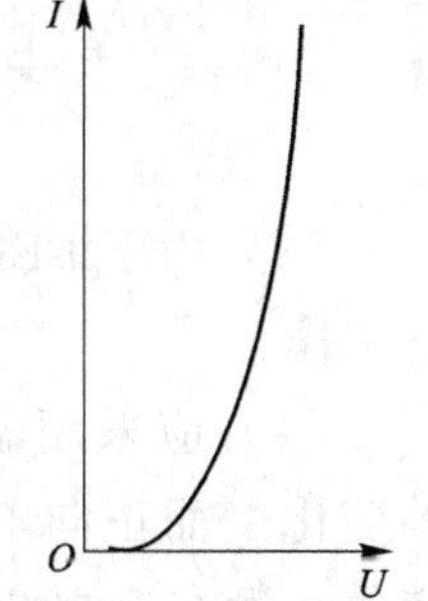

图 7.22　LED 的典型伏安特性曲线

（3）LED 的光通量输出随流过 LED 电流的增大而增加，但不成正比。当光通量增加到一定程度后，其随电流增加而增加的量很少，呈明显变缓趋势。

（4）LED 是一种对温度比较敏感的器件，当其结温升高时，光输出将减少，正向电压也会降低。

2．LED 基本驱动电路

LED 是一种电流驱动的低电压单向导电器件，为保证 LED 正常工作，必须满足以下四方面的要求。

（1）输入直流电压 U_1 不低于 LED 的正向电压降。

（2）导通电流 I_{in} 应控制在一定范围内。由 LED 基本特性可知，LED 所允许的额定电流 I_n（一般为 30mA 左右）随温度的升高而减小。当环境温度升至 50℃时，额定电流降至 20mA，在此情况下，为防止 LED 烧毁，应对流过 LED 的电流加以限制；同时为获得预期的亮度要求，保证各个 LED 亮度和色度的一致性，宜采用恒定电流驱动方式。LED 的基本驱动电路如图 7.23 所示。

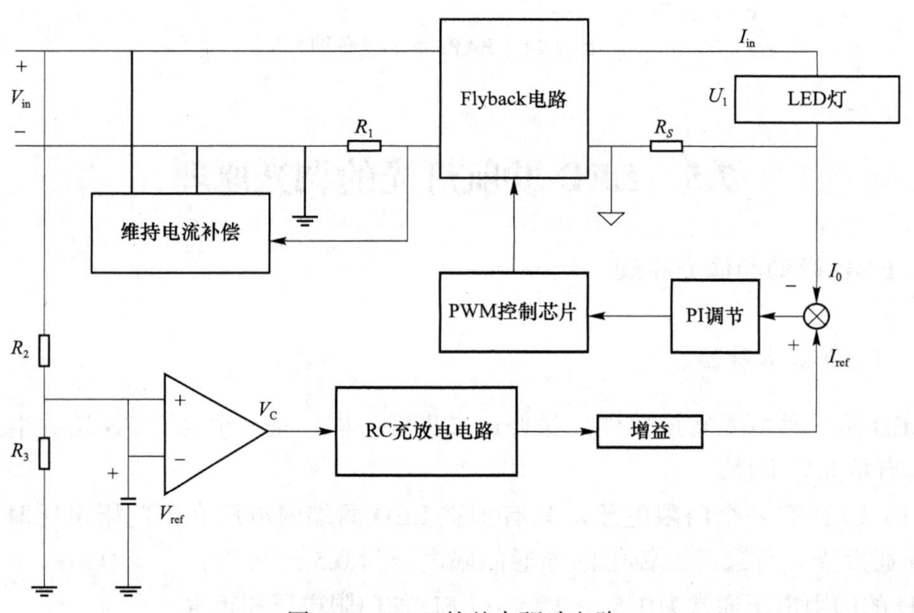

图 7.23　LED 的基本驱动电路

（3）由于 LED 电流与其光能量之间的非线性关系，LED 应在光效较高的电流值下工作。

（4）应采用温漂抑制功能的电路。由于温度变化会造成导通电流 I_{in} 和电压 U_1 的变化，而正向电压与电流成指数关系，极小的电压变化也会使电流、光强有很大变化，没有温漂抑制驱动电路会造成 LED 功耗过高而永久损坏。

3. LED调光原理

调光是使光源工作在指定的电流或电压下，得到所要求的光强。依据调整电参量及方式的不同，调光主要有线性调光、可控硅调光和PWM调光三种方式。

1）线性调光

线性调光是利用分压原理，通过改变电路中电阻的大小，来改变光源两端电压，从而达到调节亮度的目的。其优点是应用简单，不产生干扰；缺点在于不灵活、效率低下，在降低电流的同时，会引起光谱偏移，而且还会因为分压产生过多的热量损耗。

2）可控硅调光

可控硅调光是白炽灯和节能灯应用中被普遍采用的一种调光方式。其工作原理是将输入电压的波形通过导通角切波之后，产生一个切向的输出电压波形。应用切向的原理，可减少输出电压的有效值，以此来降低普通负载（电阻负载）的功率。可控硅调光的优点在于工作效率较高，性能稳定；缺点是可控硅导通后需要一个维持电流来保持导通，否则会恢复到截止状态。不同的可控硅维持电流不同，通常在几毫安至几十毫安之间，有的甚至达到50mA。功率越大，需要的维持电流就越大，如果维持电流不够，则导通角不稳定，输出的波形也会不均匀，而且会产生颤动和尖峰，当将这样的不稳定输出加到LED上时就会出现闪烁。普通的可控硅调光器需要进行设计改进才能用于LED的调光。

3）PWM调光

PWM是指通过控制逆变电路开关器件的通断，使输出端得到一系列幅值相等的脉冲，用这些脉冲来代替正弦波或所需要的波形。即在输出波形的半个周期中产生多个脉冲，使各脉冲的等值电压为正弦波形，所获得的输出平滑且低次谐波少。按一定的规则对各脉冲的宽度进行调制，即可改变逆变电路输出电压的大小，也可改变输出频率。在进行脉冲宽度PWM调光时，需要提供一个额外的脉冲宽度调节信号源。通过改变输入的脉冲信号占空比来调制LED驱动芯片对功率场效应管的栅极控制信号，从而达到调节通过LED电流大小的目的。这种调光技术的优点是应用简单、效率高、精度高且调光效果好；缺点是由于一般LED驱动器都基于开关电源原理，当PWM调光的频率在20～200kHz之间时，LED驱动器周围的电感和输出电容容易产生人耳听得见的噪声。

另外，在进行PWM调光时，调节信号的频率与LED驱动芯片对栅极控制信号的频率越接近，线性效果就越差。

4. LED驱动集成电路

LED驱动芯片按类型可分为恒压式驱动芯片、恒流式驱动芯片及脉冲式驱动芯片。

1）恒压式驱动芯片

恒压式驱动芯片一般以 DC/DC 为主。其优点是芯片成本便宜且没有复杂的外围电路；缺点是由于温漂造成 LED 输出电流不可控，无法保证 LED 亮度的一致性。其代表芯片是 74HC595，一般用于驱动 LED 显示屏，具有 8 位移位寄存器和一个存储器，具备三态输出功能。通过移位寄存器实现多路 LED 的控制。

2）恒流式驱动芯片

恒流式驱动芯片解决了恒压式驱动的电流不可控问题。简易的外围控制接口可灵活设置所需要输出的电流大小。但该类芯片价格比恒压芯片价格高许多且外围电路复杂。代表芯片是 AMC7135、TB62726。

如图 7.24 所示，AMC7135 是 1 个 LED 低压差固定式恒流驱动芯片。其是一款低静态电流、低压差的 LED 恒流驱动器。输出电流范围可从 100mA 到 400mA 步进调节，每步值为 10mA。无须外接任何元件即可构成一个 LED 恒流驱动电路。内部自带软启动、温度保护、低压保护功能。

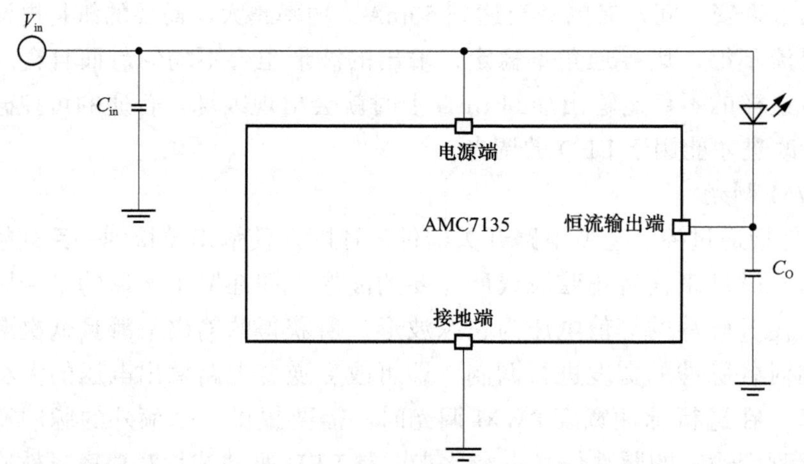

图 7.24　典型恒流式驱动芯片电路

3）脉冲式驱动芯片

以高频率的脉冲发生器输出接口向 LED 灯供电，脉冲信号频率很高，人眼无法感觉出 LED 的频闪，所以，该方式既符合视觉需要又有效节约了电能输出，而且该类型芯片的工作频率一般可由外部接口控制。

目前，该类型芯片振荡频率一般为 100 ～ 500kHz，其驱动能力仅适用于小功率应用。脉冲式驱动芯片可分为脉冲式升压芯片和脉冲式升降压芯片。

如图 7.25 所示，AMC7150 是一种仅需要外加 5 个外部元件的 PWM 功率 LED 驱动器 IC，适合用作汽车和普通照明功率 LED 的驱动，开关频率在 200kHz 之内可由外部电容编程，驱动电流从几毫安到 1.5A，可通过改变外部电阻设置来改变电流。

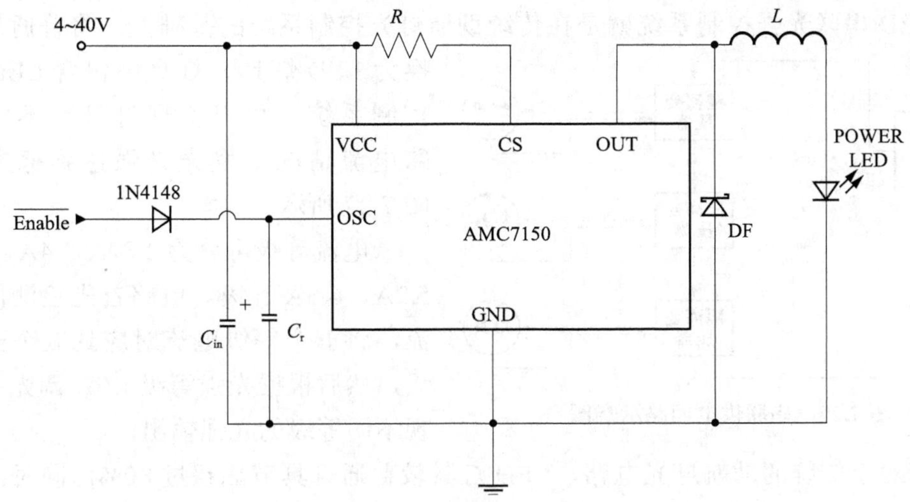

Enable——使能端；VCC——输入电压；CS——峰值电流；OUT——输出电压；OSC——振荡调速电容；GND——接地端；POWER LED——电源指示灯。

图 7.25　典型脉冲式驱动芯片电路

7.5.2　LED 助航灯光电路结构

1．交流串联供电结构

1）传统助航灯光电路结构地端

传统助航灯光电路如图 7.26 所示，其功率电路采用的是 AC—DC—AC 方案，由整流和逆变部分组成。整流部分采用二极管全桥不控整流，将三相交流电变为直流。逆变部分采用智能功率模块，其内部不仅封装了门极驱动控制电路，而且还有故障检测电路和各种保护电路，缩小了调光器体积，提高了系统的安全性和可靠性。逆变后经过 LC 滤波、升压，最后经隔离变压器处理后与机场的灯光回路相连接。

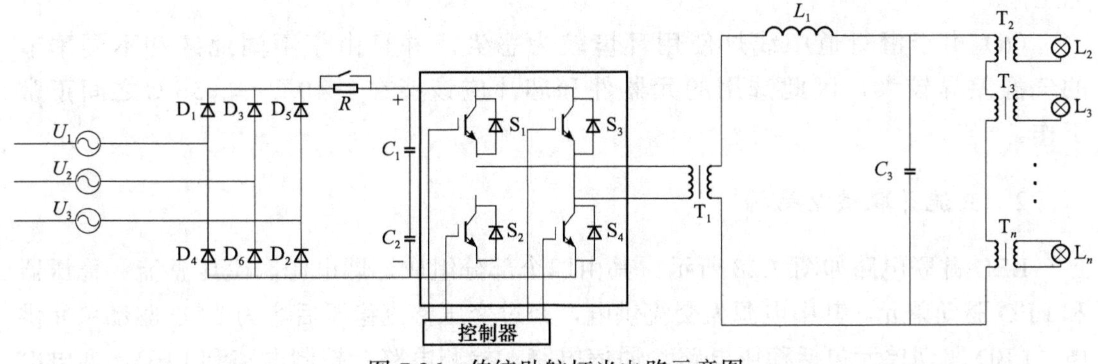

图 7.26　传统助航灯光电路示意图

2）串联供电的LED助航灯光系统

LED串联光强控制系统就是在传统助航灯光控制系统的基础上，将普通灯具替换为LED灯具。灯具中包含LED光强控制系统，可以实现灯具在不同主回路电流情况下发光光强达到标准，如图7.27所示。

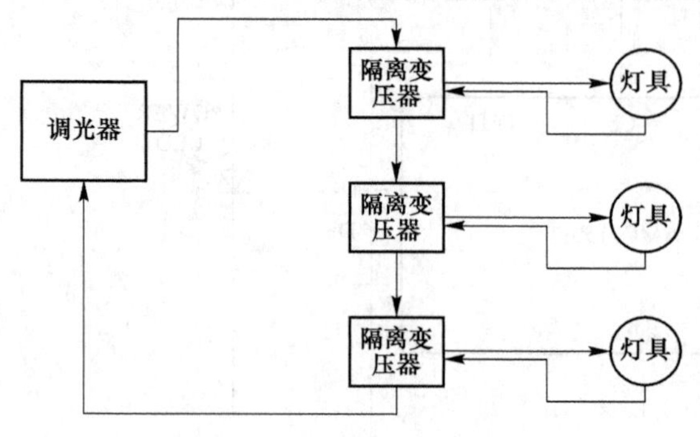

图7.27 串联供电回路示意图

电流等级可分为2.8A、3.4A、4.1A、5.2A、6.6A五级。电路首先检测回路电流，将五个等级电流对应到五个光强等级，然后根据光强等级LED调光电路实现不同等级的光强输出。

相对于传统的助航灯光电路，LED灯具较普通灯具节能超过80%，同时，这种串联结构可在传统灯光回路基础上仅通过替换灯具即可实现系统升级，一次投入成本较低，虽然隔离变压器和线路损耗仍然严重，但是总体效率提高明显，节能效果也很显著。

3）串联供电LED灯具的基本要求

串联供电LED灯具的基本要求如下。

（1）用户可以根据需要选择不同的光级，不同的光级同时对应不同的LED驱动电流或电压，保证LED发光强度符合光强等级要求。

（2）灯具接入传统回路，应保持传统回路的各项电参数不变。

（3）电路能将交流输入转化为直流输出，否则LED会有闪烁，严重影响飞行员的观察。

（4）由于LED光效较高，在相同光强条件下，用的功率较小。因此，在6.6A下，输入的电压为2～3V，电压过低，输入需要进行升压。

（5）电路的功率因数应尽量提高，避免给主回路带来过大谐波，影响其他单元的工作。

（6）由于滑行道中线灯使用环境较为恶劣，并且由于不同地区和不同季节的气温差异较大，因此选用的元器件和芯片应该能在−40℃～+55℃之间正常工作。

2．交流并联供电结构

LED并联电路如图7.28所示。其由四个部分组成，即电源、变压整流、稳压器和LED驱动单元。其中电源为交流供电，经过变压整流稳压后，为LED驱动单元供电。LED驱动单元包括稳压电路、通信电路、检测电路、控制电路和LED，通电电路用于获取光级控制指令，控制电路用于控制 LED 的光强，检测电路用于保证 LED 灯达到指定的光强。

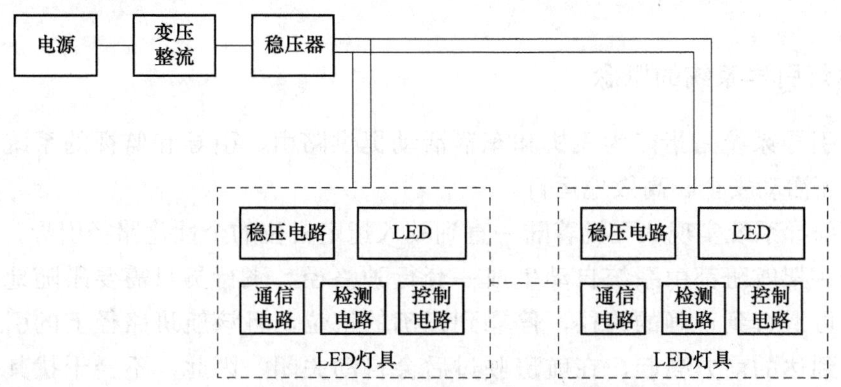

图 7.28 并联供电的 LED 助航灯光系统电路结构

与传统的助航灯光电路不同，交流电源在经过变压、整流、稳压后直接向多个 LED 灯具支路供电。每个独立的 LED 灯具中，LED 控制电路通过采样每个 LED 支路的电流对 LED 的发光强度进行控制。

3. 太阳能供电结构

太阳能供电 LED 灯具的电路如图 7.29 所示，包括光伏组件、控制电路、检测电路、通信电路和 LED 驱动电路五个部分。光伏组件负责太阳能的电能转化、充电和放电控制；控制电路负责根据光级指令控制 LED 的发光强度；检测电路负责监控 LED 的发光状态，反馈给控制电路；通信电路负责接收光级调整指令，并发送给控制电路。目前，大部分太阳能灯具的通信电路基于无线链路实现指令接收和发送。

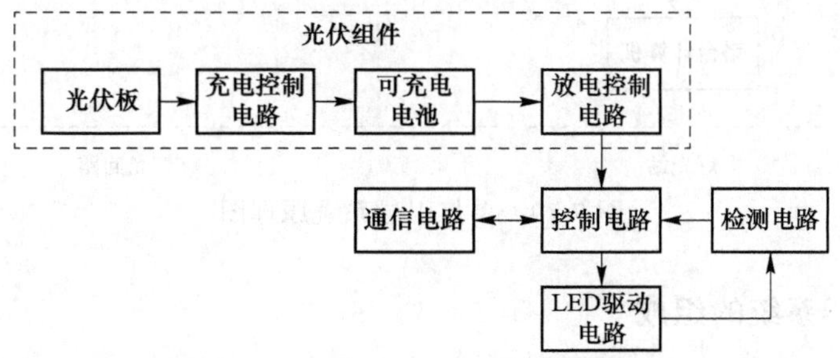

图 7.29 太阳能供电 LED 灯具电路结构

新型 LED 灯具具有结构新颖、成本低、使用寿命长、节电效果好等特点，可广泛应用于航标灯和航空障碍灯。因其安装方便，可实现快速铺设以满足军队飞机夜间紧急起降的需求，故广泛应用于军航临时机场中。

7.6 单灯引导系统

7.6.1 单灯引导系统的概念

单灯引导系统是指能为飞机和车辆活动提供路由、引导和监视的系统。其能保证机场地面活动安全、高效地运行。

单灯引导系统实现从飞机着陆一直到驶入指定机位的个性化路径引导，如图 7.30 所示。每一架航班都由系统自动生成一套行驶路径，飞行员只需要跟随地面亮起的引导灯即可滑行到正确的路径，停靠到正确的机位，且该航班路径上的引导灯只在航班即将到达的前方亮起，在航班驶过后会自动关闭，因此，不会干扰其他航班的行驶路径，保证航班“各行其道”。

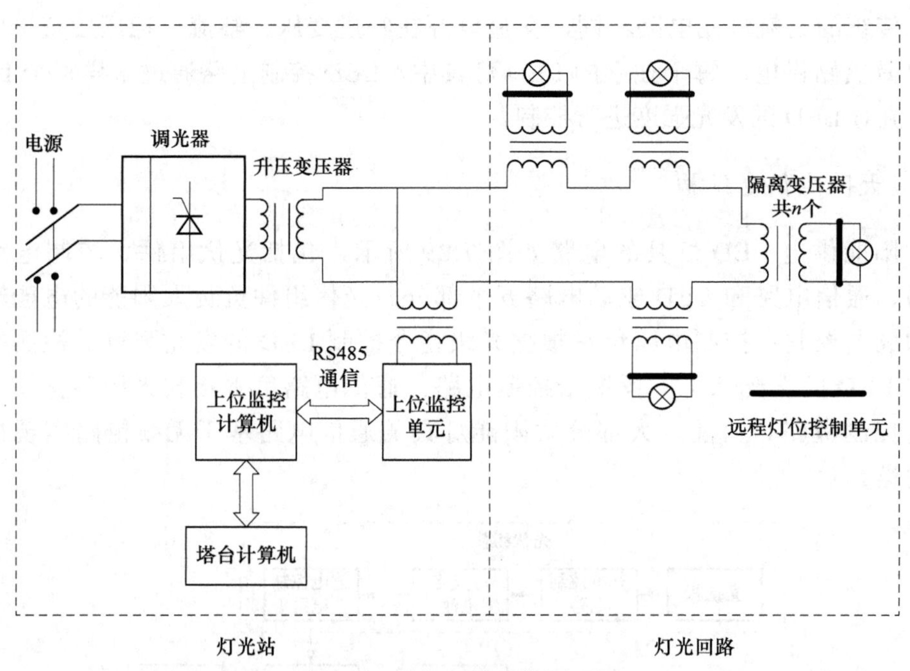

图 7.30 单灯引导系统原理图

7.6.2 单灯引导系统的组成

单灯引导系统主要由主计算机、灯光照明控制系统、位置传感器等组成。某国际机场单灯引导系统如图 7.31 所示。

（1）主计算机是整个系统的主控制器，接收位于滑行道的传感器传输的飞机位置、身份信息和行进方向等信息。基于来自传感器的信息，主计算机确定照亮哪组滑行道灯光以向飞机提供必要的视觉灯光引导。主计算机还可以检测飞机之间潜在的滑行道线路冲突、不正确的飞机转弯行为和任何的异常系统操作。

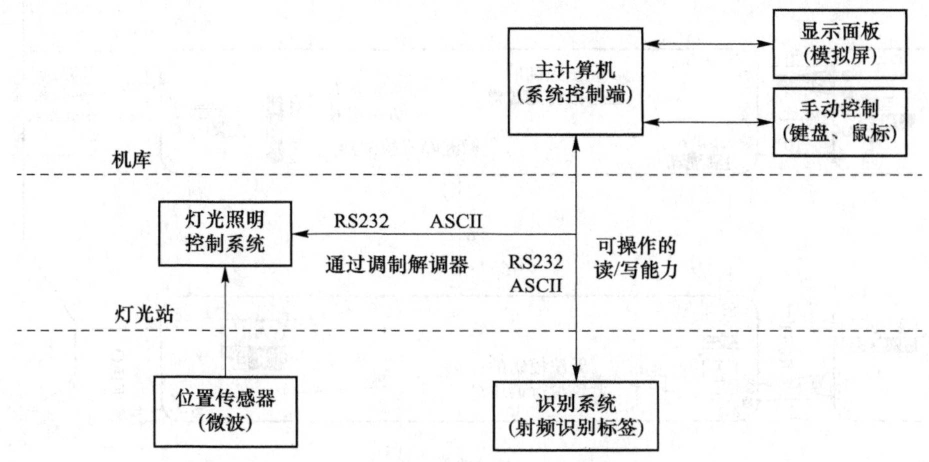

图 7.31　某国际机场单灯引导系统示意图

当一架飞机进入滑行道时，主计算机显示面板将显示飞机的进入跑道地点、位置和身份信息，并将继续跟踪飞机轨迹。滑行道灯将亮起，以显示飞机将要遵循的路线。显示面板上同时还会显示其他有价值的信息，如系统中飞机数量及飞机之间潜在的交通冲突的位置。另外，如果飞机偏离指定的滑行路线，滑行道灯、传感器或计算机系统发生故障，显示面板将会向空中交通管制员发出警告。如果计算机完全瘫痪，所有滑行道照明都会自动亮起，以方便飞机继续滑行。

（2）位于机场灯光站的照明控制计算机是单灯引导系统一个主要的子系统，该计算机根据主计算机发出的指令执行相应的操作。在主计算机分析需要为特定飞机照亮特定的滑行道灯之后，向照明计算机发出指令，照明计算机将通过适当的电缆发送信号以照亮所需要正确的滑行道灯。照明计算机设备还监测所有滑行道灯和飞机位置传感器，并通过这些组件通知主计算机发生的任何故障。

如图 7.32 所示，跑道由十二组微波探测器组成。当飞机通过探测器时，探测器传递信号到照明计算机，确认飞机已经通过该位置；然后由照明计算机将该信息发送到主计算机并在显示面板上显示飞机位置。当飞机经过每个探测器且后面没有其他飞机需要跑道灯引导时，飞机后面的跑道灯将会自动关闭。在飞机不正确转弯或飞机之间存在路由冲突时，探测器可用于发出空中交通管制警报。

（3）单灯引导系统另一个主要的子系统是射频识别（radio frequency identification，RFID）系统。该系统用于识别飞机。飞机配有一个识别标签，当飞机接近读取器时，RFID 系统获取飞机身份信息，然后将该信息连同读取器的位置发送到主计算机，从而可以在显示面板上显示飞机的身份信息和位置信息。

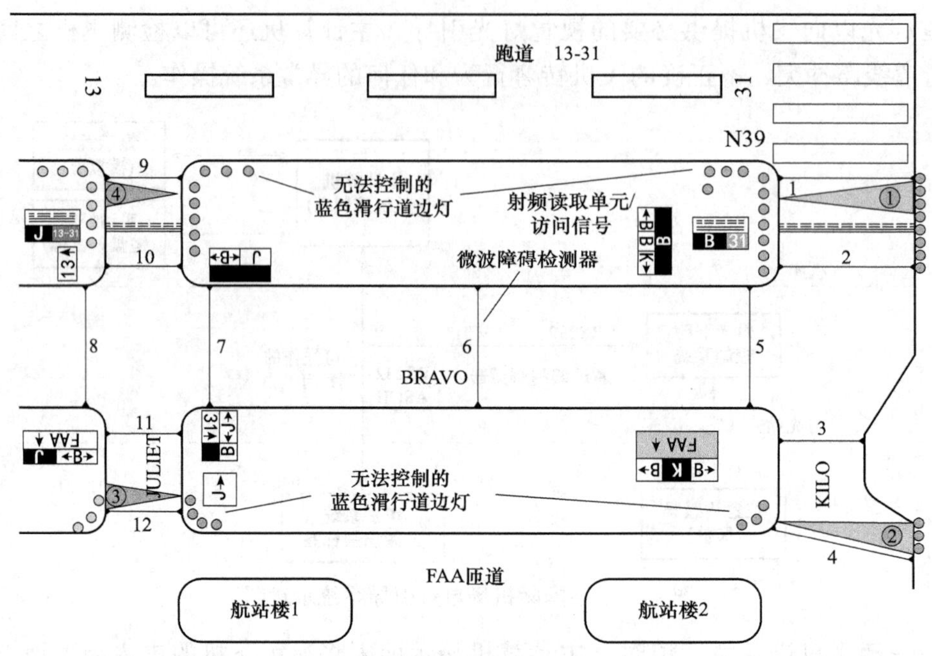

图 7.32 位于滑行道的单灯引导系统组成部分

7.7 助航灯光回路参数计算

在进行助航灯光设计和运行维护时，需要掌握回路具体参数内涵及计算方法。

7.7.1 回路参数定义

助航灯光回路参数包括回路中的单灯功率、灯具数量、导线长度、导线电阻、漏电流、回路绝缘电阻、回路功率、调光器设计功率等。

（1）单灯功率 P_i。单灯功率 P_i 是指第 i 盏灯的功率，一般是指其在最大允许工作电流时的功率。在不同光强等级时回路电流不同，单灯功率也不同，由单灯的阻抗 R_i 决定。单灯功率 P_i 为

$$P_i = I^2 R_i \tag{7.4}$$

各类灯具功率见表 7.2。

表 7.2 各类灯具单灯功率一览表 单位：W

序号	灯具名称	卤素灯功率 立式 / 嵌入式	LED 功率	序号	灯具名称	卤素灯功率 立式 / 嵌入式	LED 功率
1	跑道中线灯	96	25	2	跑道边灯	150/210	30

续表

序号	灯具名称	卤素灯功率 立式/嵌入式	LED 功率	序号	灯具名称	卤素灯功率 立式/嵌入式	LED 功率
3	接地带灯	48	13	8	滑行道中线灯	48	10
4	跑道入口灯	150/210	25/50	9	中间等待位置灯	48	8
5	进近翼排灯	150/315	25/50	10	快滑出口中线灯	48	10
6	PAPI 灯	315	120	11	跑道入口警戒灯	200/48	92
7	滑行道边灯	48/48	12	12	顺序闪光灯	160/160	300

（2）回路灯具数量 N_L。回路灯具数量 N_L 是指单个回路灯具的数量。与灯光构形及回路灯具接法有关。因此，需要准确掌握机场各类跑道类型要求的灯具布局间隔和两端设置情况。采用“隔灯串联”接法时灯具数量需减半，回路数增加一倍。

（3）回路导线长度 L。回路导线长度 L 是指回路从灯光站调光器出发按施工路线布置到机场场道灯光位置处，依次连接涉及的灯具隔离变压器原级后返回灯光站调光的另一端，所需要的线缆长度。助航灯光导线电缆是专门特制电缆，其绝缘特性、接地和电阻率等指标有专门规定。

（4）漏电流。按照国际民用航空组织规定，灯光回路导线的单位漏电流限定不大于 1μA/100m，灯具接头的漏电流限定不大于 2μA/ 个。

（5）回路绝缘电阻 R_a。回路绝缘电阻 R_a 是指助航灯光悬浮的串联回路对大地的电阻。受水分和温度等条件影响较大，干燥天气下，实际回路绝缘电阻应为理论计算值的 5 倍；潮湿天气下，实际回路绝缘电阻应为理论计算值的 2 倍。

（6）回路功率。回路功率是指灯光串联回路中灯具、导线等全部损耗的总功率。其包括全部灯具功率、隔离变压器功率、导线损耗功率等。

（7）调光器设计功率。对于单回路调光器，调光器设计功率为调光器所带负载功率加上其负载裕量之和。一般负载裕量为负载的 10% 左右。当一个调光器有多个负载回路时，调光器设计功率为每路设计功率之和。

7.7.2　回路参数计算方法

1．调光器设计功率计算方法

根据灯光供电回路的具体设计，综合运行标准等规范选择调光器容量。主要根据灯具总功率 P_1、隔离变压器功率 P_2、一次线缆功率损耗 P_3 和调光器运行裕量 η 各因素来计算调光器的功率。调光器设计功率分以下两步进行计算。

第一步：单回路总功率计算。单回路总功率为灯具总功率、隔离变压器功率和一次线缆损耗功率之和。

$$P_0 = P_1 + P_2 + P_3 \tag{7.5}$$

① 灯具总功率 P_1 为

$$P_1 = \sum_{i=1}^{n} P_{1i} N_i \tag{7.6}$$

式中，P_{1i} 为第 i 类灯的单灯功率；N_i 为第 i 类灯数量；n 为灯具种类。

② 隔离变压器功率 P_2。隔离变压器功率消耗主要体现在电感和电阻两个方面。电感消耗由回路交流信号幅值、频率成分、电感量决定，一般为灯具额定功率的 15% ～ 20%。电阻消耗功率由回路平均有效电流和变压器的阻值决定，即 I^2R。回路隔离变压器功率 P_2 为

$$P_2 = 0.2P_1 + I^2 R_{总} \tag{7.7}$$

式中，$R_{总}$为每个隔离变压器电阻值之和。

③ 一次线缆损耗功率 P_3。从调光器到隔离变压器线缆称为一次线缆，其长度用 L_C 表示。如采用直径为 6mm 的专用线缆，其在 6.6A 下每千米的损耗功率为 131W。

第二步：调光器设计功率计算。

$$P = 1.1P_0 \tag{7.8}$$

调光器运行裕量一般取 $\eta = 10\%$。

调光器功率规格有 2.5kV · A、4kV · A、5kV · A、7.5kV · A、10kV · A、12.5kV · A、15kV · A、20kV · A、25kV · A 和 30kV · A。

在调光器的配备数量上国内机场多采用四主一备，同时配备切换柜。

2. 回路绝缘电阻计算方法

绝缘电阻是指在绝缘体的临界电压下，加于被试设备上的直流电压与流过的泄漏电流的比值。绝缘电阻是线缆最基本的电气性能之一，它反映了电线电缆产品在正常工作状态下的电气绝缘性能。

回路绝缘电阻为

$$R_a = \frac{U_0}{I_0} \tag{7.9}$$

$$I_0 = I_1 + I_2 \tag{7.10}$$

式中，U_0 为直流电压（取 5000V）；I_0 为回路总漏电流；I_1 为线缆的漏电流；I_2 为灯具接头漏电流。

3．计算举例

下面以长为 3600m、宽为 60m 的 4F、Ⅲ类精密进近跑道为例，计算跑道边灯—跑道入口灯—跑道末端灯回路容量，并选择合适容量的调光器，同时计算回路绝缘电阻。

1）调光器设计功率

（1）灯具总功率 P_1。跑道边灯—跑道入口灯—跑道末端灯回路中为保证一定的构形而采用隔灯串联的形式，每台调光器负责一半数量灯具的调光任务。

跑道长为 3600m，需要设置跑道边灯（单侧）数量为 3600÷60−1=59（盏），跑道入口灯数量为 60÷3+2=22（盏），跑道末端灯数量取 12 盏，故 1 台调光器负责调光的灯具种类和数量为 59 盏跑道边灯、11 盏跑道入口灯和 6 盏跑道末端灯。

上海航空机场设备有限公司（AirSafe）的立式跑道边灯、立式跑道入口灯和立式跑道末端灯的额定功率分别为 150W、150W 和 100W。

灯具总功率：

$$P_1=\sum_{i=1}^{n} P_{1i}N_i=150\times59+150\times11+100\times6=11100\text{（W）}$$

（2）隔离变压器功率 P_2。隔离变压器消耗的功率为（一般单个线圈电阻 R 约取 0.05Ω）

$$P_2=0.2P_1+I^2R_{总}=0.2\times11100+6.6\times6.6\times0.05\times(59+11+6)=2386\text{（W）}$$

（3）一次线缆功率损耗 P_3。

$$L=L_1+2L_2=(3600+60)\times2+2L_2=11000\text{（m）}$$

$$11000\text{m}=11\text{km}$$

L_2 为调光器与灯光回路的距离，一般可取 1 ～ 2km。

采用直径为 6mm 的线缆，其在 6.6A 下每千米的损耗功率为 131W。

$$P_3=131\times11=1441\text{（W）}$$

综上：回路总功率 $P_0=P_1+P_2+P_3=11100+2386+1441=14927$（W）。

调光器运行时一般留有 10% 的裕量，故线路运行时的总功率：

$$P=1.1P_0=1.1\times14927\approx16420\text{（W）}$$

$$16420\text{W}=16.42\text{kW}$$

应选择 20kV · A 的调光器，数量为 2 台。

在实际运行中，为保证灯具构形和运行标准，灯具一般采用隔灯串联，因此，本例题中粗略认为 2 台调光器所带灯具数量相等。实际上 2 台调光器所带灯具数量可能会略有不同。

2）回路绝缘电阻的计算

绝缘电阻理论值的计算过程如下。

一次线缆长度为

$$L=L_1+2L_2=(3600+60)\times 2+2L_2=11000\text{（m）}$$

灯具总数为76盏，线缆的单位漏电流为1μA/100m，灯具接头的漏电流为2μA/个，则回路总的漏电流为

$$I_0=\frac{1\times L}{100}+2\times N=\frac{1\times 11000}{100}+(59+11+6)\times 2=262(\mu\text{A})$$

回路绝缘电阻的理论计算值为

$$R_a=\frac{U_0}{I_0}=\frac{5000}{262}\approx 19(\text{M}\Omega)$$

本章小结

本章主要介绍了机场目视助航灯光调光系统的调光和恒流原理，包括可控硅调光器和正弦波调光器的工作原理、灯光回路的谐波补偿等；进近顺序闪光灯系统的工作原理；PAPI系统的协同控制；调光器功率选择方法和回路绝缘电阻的计算方法，以及LED的驱动和调光原理等。

思考题

1．简述机场目视助航灯光调光系统的重要性。

2．画出助航灯光系统示意图，并简述调光器的调光基本原理。

3．为什么要引入正弦波调光器？正弦波调光器的工作原理是什么？

4．简述目视助航灯光调光系统的隔离变压器特点。

5．目视助航灯光调光系统为什么要采用恒流调节？

6．画出调光系统控制原理图，并说明其工作原理。

7．顺序闪光灯的工作原理是什么？

8．PAPI灯的工作原理是什么？其控制特点是什么？

9．简述LED交流串联供电和交流并联供电的原理。

10．描述LED的三种调光方式，并说明原理。

11．助航灯光的单灯引导系统的基本组成有哪些？它们的作用分别是什么？

12．试计算Ⅱ类运行下，跑道长度为3600m时，跑道中线灯回路功率的大小，并确定调光器的容量和数量。

第8章 目视助航监控技术

目视助航监控系统是指通过计算机监控技术及网络技术对机场助航灯光与其电源等的工作状态进行实时监视、控制与数据处理的监控网络系统。

鉴于对目视助航设施实施监控的重要作用，国际民用航空组织《国际民用航空公约》附件 14（第八版）和《机场设计手册》（Doc 9157 号文件）建议采用监控系统指示灯光系统的运行状态；为管制航空器目的而使用的灯光系统必须有自动监控；对可能影响管制功能的灯光系统任何故障信息和灯光运行状态进行报警与显示，并自动传递给航空器管制和灯光运行维护人员；监控系统还应对机坪照明、标记牌等设施进行控制和状态显示；当灯光运行状态发生变化时在 2s 内显示跑道等待位置停止排灯状态，5s 内显示其他类型目视助航设施灯光状态；在跑道视程不足 550m 时，对重点灯光的可用性水平降低及降到不能继续使用程度的信息能自动传递并显示给空管服务部门和运行维护人员。中国民用航空局《民用机场飞行区技术标准》（MH 5001—2021）也对实施目视助航监控提出了对应的要求。基于上述标准建立机场目视助航监控系统。

8.1 监控系统功能

飞行员从空中直接实时监控助航灯光从而保证飞行引导是最理想的方式，但是客观上难以实现，而间接监控助航灯光回路控制系统及其电源系统可行。设置目视助航监控系统可实现目视助航设施的分等级集中监控，并重点通过监控调光器连接的回路、设备及供电系统。

1. 监视和控制的对象

监视和控制的对象具体包括进近灯（顺序闪光灯、坡度灯及翼排灯）、跑道灯（接地带灯、跑道中线灯、跑道边灯、跑道入口灯、跑道末端灯等）、滑行道灯（滑行道中线灯、滑行道边灯、停止排灯等）、滑行道引导标记牌、柴油发电机组、灯光站高低压母线电源等。按照跑道等级需要重点监控对象见表 6.1。

2．监视和控制功能

以实际运行监控要求和经济性为目标，通过调光器重点监控状态参数包括以下七项。

（1）灯光回路的开关及光级远程控制。

（2）灯光回路的指令和实际状态，指令和实际状态是否相符的自动判定。

（3）控制状态监视：手动、遥控状态。

（4）灯光回路的电流、电压和功率值显示。

（5）灯光回路是否有供电电源、开路故障、负载变化情况的自动判定。

（6）监视回路电缆的绝缘电阻检测并自动判定电缆的绝缘情况。

（7）回路坏灯数量或比例的判定，以至准确判定失效灯的数量和位置。

另外，还将进行其他助航设备的控制与运行情况监视。

比较繁忙的机场，监控系统需要准确地显示助航灯光的状态，对于关键的灯光回路，除应具有上述各项监控功能，还需要加装故障灯定位装置。

目视助航监控系统涉及塔台、主（次）灯光站两类工作场所。

3．监控模式

监控的工作模式有三种，如图 8.1 所示。

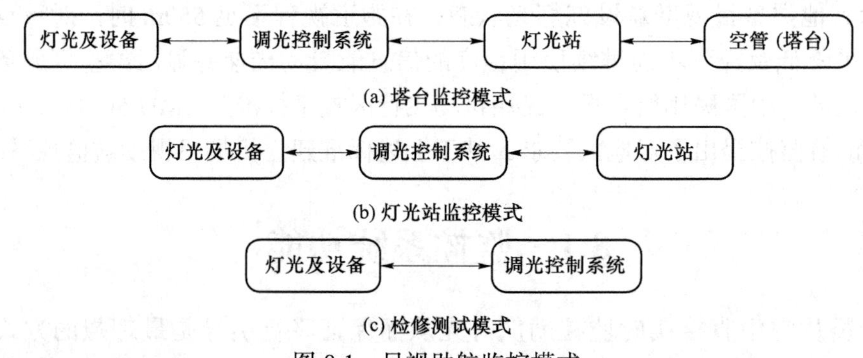

图 8.1 目视助航监控模式

模式一：空中管制人员根据运行要求，将灯光控制指令由塔台发送到灯光站，并控制对应的调光器及其他设备；调光器和其他监控设备不仅能够控制回路灯光，而且能够采集回路灯光运行状态；灯光站监控系统采集、反馈调光器及其他运行设备的实时运行信息及时显示并发送至塔台灯光监控系统；如果出现设备故障或系统故障，灯光站监控系统进行报警以便人工处理，并将信息发至塔台监控系统。

模式二：在突发情况及其他必要情况下，塔台工作站的操作权利可以下放给各灯光站，由其代理执行灯光控制程序，此时按照灯光站监控模式运行。

模式三：在灯光站进行单回路灯光及设备的维护或测试时，调光器变为就地工作模式，并可直接监控灯光回路。

8.2　监控系统组成结构

1．逻辑层次

基本的目视助航监控系统如图 8.2 所示，系统可分为以下三个层次。

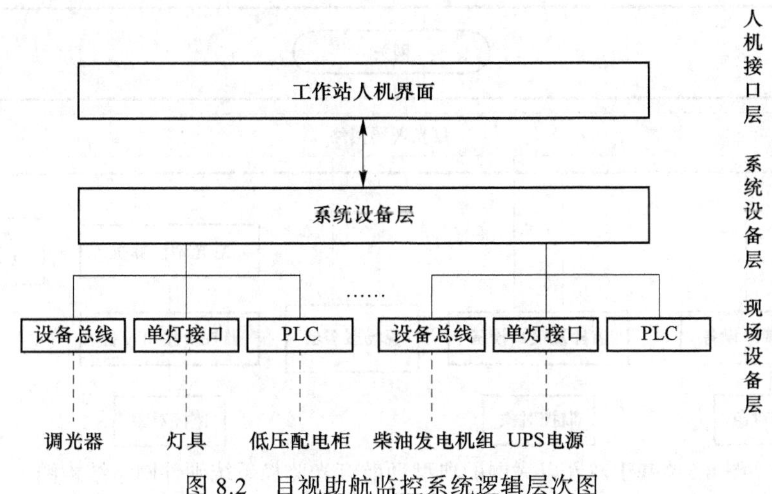

图 8.2　目视助航监控系统逻辑层次图

第一层：人机接口（human machine interface，HMI）层。人机接口层包括塔台、灯光站的人机操作界面及最高层的可视化对象、管理功能等，涉及各工作站计算机、灯光模拟屏计算机、电力模拟屏计算机、停止排灯操作面板等。

第二层：系统设备层。系统设备层主要包括通信主机，如灯光站监控计算机、单灯监控服务器、PLC 等设备，这一层的设备在正常运行时，不需要运行人员直接操作。

第三层：现场设备层。现场设备层是指现场的各类助航灯光设备，主要包括调光器、单灯监控主机/单元、各类灯具、柴油发电机组、UPS、电力电源、灯光模拟屏等。

2．监控系统组成及工作原理

图 8.3 所示为基于双冗以太网的典型助航灯光监控系统硬件网络结构。从图 8.3 中可以看出，监控系统主要由以下三部分组成。

1）人机交互系统

人机交互系统是指操作人员发送控制指令和获取运行状态信息的系统，可为机场交通控制塔台操作人员提供人机界面，是整个助航灯光监控系统的操作控制中心；

可实现各项开关操作、各类灯光控制、集中警报、信息查询，包括全局开 / 关灯、组控制开 / 关灯、停止排灯操作、警报 / 运行信息处理等。

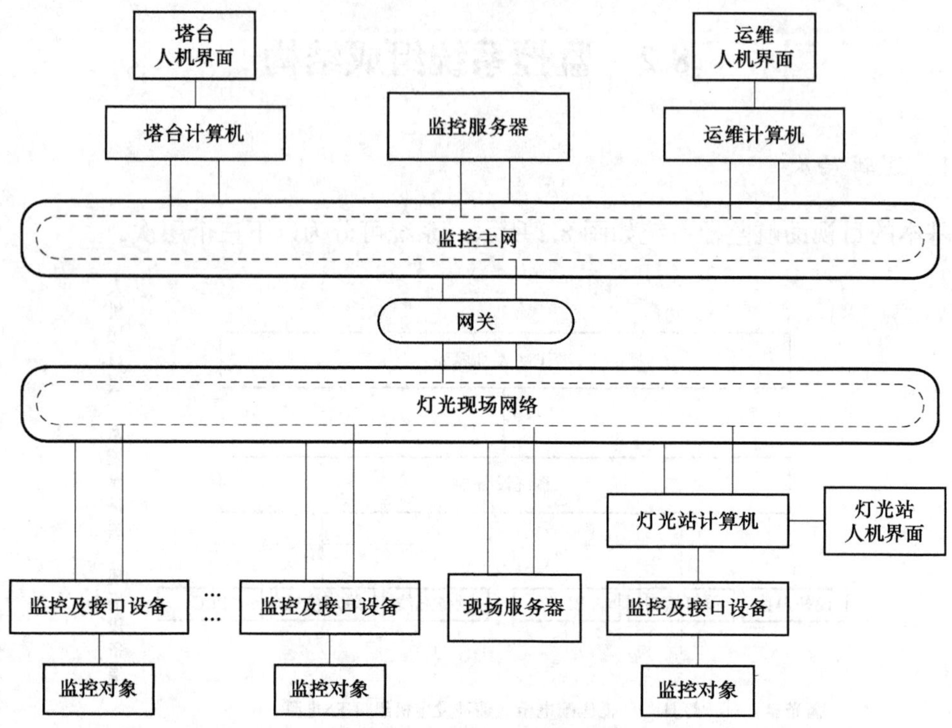

图 8.3 基于双冗以太网的典型助航灯光监控系统硬件网络结构图

2）监控信息网络

为了保证系统运行安全可靠，一般可以设置监控主网和灯光现场网两个具有冗余功能的监控信息网络，双网通过网关连接。

监控主网使监控系统通过广域网在机场交通控制塔台、运行中心、灯光站及维修站间建立冗余主干通信网络。根据实际情况可设计成环形网络或星形网络，使用光缆、双绞线或无线网络通信。为了增加通信系统的可靠性和安全性，网络中使用双冗余通信网络。

现场的监控及接口设备与灯光站计算机采用现场总线方式构建成冗余的现场通信网络。

简化的通信网络可用一个双环网代替上述两个网络连接所有设备。

3）监控计算机

监控计算机是指监控系统通信网络的各个节点计算机，接收指令和运行系统程序。同时，灯光站计算机也可作为现场通信网络的主机，通过灯光现场网络和监控及接口设备来监控各类助航灯光设备。

（1）处于灯光现场网络上的监控及接口设备通过串行接口、开关量接口或模拟量接口等实现对单个灯具、灯光回路、调光器、供电设备、备用电源等监控对象的监视和控制。

（2）目视助航监控系统的软件系统是基于网络环境运行的系统，包括应用程序、数据库及图形程序等。系统的模块化开发、扩展有助于适应机场规模不同、监控复杂程度不同的需求。可对监控的目视助航对象信息、系统网络节点和监控设备进行监视并用于对各种故障的处理，保存所有的事件、故障和相关信息，生成各类报告和输出。

（3）其他设备还包括机柜、UPS、PDU、打印机等。

8.3　监控系统硬件及网络连接

建立目视助航监控系统需要配置专门的硬件设施，表 8.1 列出了需要布置在塔台、灯光站和维护中心的监控系统硬件设施，主要包括人机交互工作站、网络接口设备和工作站等。

表 8.1　设备描述表

安装位置	设备名称	功能描述
塔台	人机交互工作站	空中管制员运行操作
	PLC 模块	处理塔台的数字量输入输出信号（停止排灯控制箱，气象信息接口等），它直接连接到系统以太网上
	光电转换模块	处理到灯光站的光纤网连接
	光纤分线盒	地下光纤到单对光纤线路的转换
灯光站	HMI 工作站	灯光值班人员运行操作
	本地控制服务器	监控灯光站调光器的 J-BUSA 通信连接。（channel 1/2）监控灯光站的 AGLAS 系统，执行信息后台处理。 通过 OPC SERVER 提供给模拟屏有效的显示数据
	光电转换模块	处理到灯光站及塔台的光纤以太网连接
	光纤分线盒	地下光纤到单对光纤线路的转换，该光纤经气象站至塔台
	AGLAS Master	对各带单灯监控单元回路的监控
	灯光模拟屏工作站	对灯光运行回路的监视及显示
	电力模拟屏工作站	对灯光站高低压、油机、UPS 等运行参数的监视
维护中心	HMI 工作站	灯光值班人员运行操作
	光电转换模块	HMI 计算机站
	光纤分线盒	地下光纤到单对光纤线路的转换

调光器的入网接口方式一般有以下三种。

接口方式 1：具有网络接口的调光器可以通过以太网络与监控计算机相连，如

图 8.4 方式 1 所示。

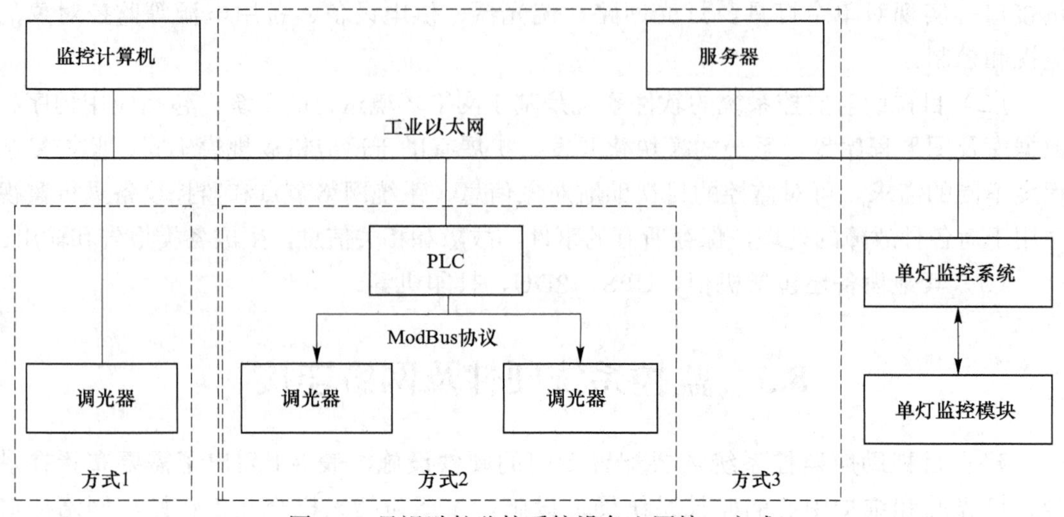

图 8.4　目视助航监控系统设备入网接口方式

接口方式 2：基于 PLC 建立监控网络对灯光站各调光器、UPS 等现场设备控制和监视。通过计算机与 PLC 的通信连接，实现计算机对所有现场设备的监控，如图 8.4 方式 2 所示。

在小型民航机场和通航机场中，由于需要监控的设备较少，一般采用计算机与 PLC 的直连。该种模式下，每一个控制计算机和监视计算机都与各 PLC 相连接，PLC 向所有监控计算机监控界面更新监控点的状态。具有控制权限的计算机通过组态软件向 PLC 发送控制指令，更新 PLC 的监控点的状态。调光器与 PLC 通过专门的现场总线来控制。每个调光器有唯一的从站号（地址），以响应通信控制主站（本地控制计算机）的循环检测。一般使用 ModBus 协议时采用一对屏蔽的双绞通信线（RS485）。

接口方式 3：在中大型机场中，直连控制无法完成全部助航灯光设备的集中监控，大多采用基于数据服务的集中监控模式，如图 8.4 方式 3 所示。该模式中，所有 PLC 通过组态控制服务器与其他监控计算机进行交互。当监控点状态改变时，PLC 更新服务器中的状态，服务器负责更新客户端监控计算机的状态。同时，如果监控计算机需要改变监控点的状态，它只需要将控制指令发送到服务器，更新组态控制数据库，再由服务器更新 PLC 的状态。

单灯监控系统接入监控网络：大多单灯监控系统采用电力载波通信技术来实现控制中心和灯具控制单元的通信，也有采用基于无线电或光纤的通信方式。

实际监控系统可能会形成图 8.4 所示的三种模式混合在一起的方式，具有一定实用性。

8.4　监控软件系统

监控软件系统包括应用程序和数据库等，以模块形式运行于网络环境中的多台计算机和服务器上。监控软件系统结构如图 8.5 所示。该系统可分为基础层和监控层两部分。

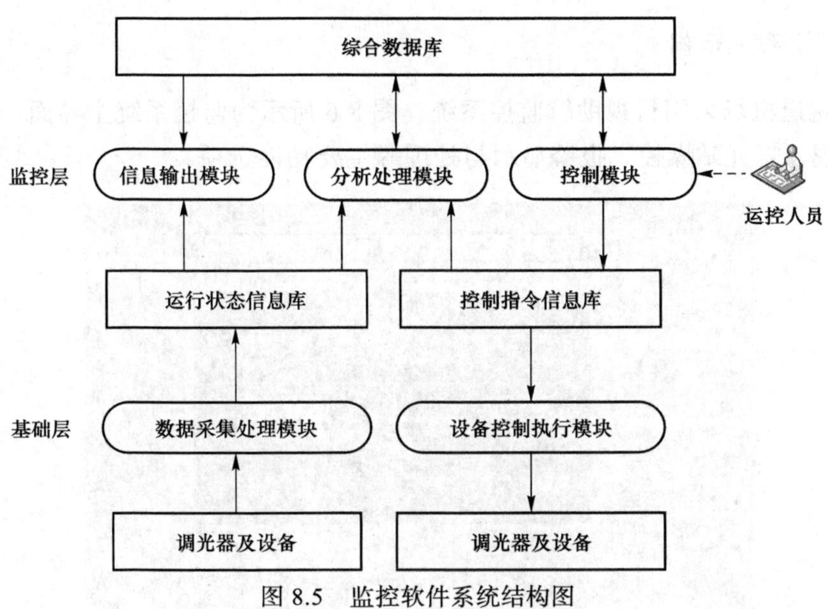

图 8.5　监控软件系统结构图

1．基础层软件

基础层软件模块由数据采集处理模块和设备控制执行模块组成。

（1）数据采集处理模块采集调光器等设备输入的灯光回路运行状态信息和调光器自身信息，经分组和分析处理后形成以飞行引导为主的包含整体进近、跑道、滑行道等信息的运行状态信息库。

（2）设备控制执行模块将从控制指令库实时提取灯光控制信息，经解析形成对每个调光器、灯光回路以至于单个灯光的控制指令。

基础层软件模块可以是运行于 PLC 控制器上的程序，也可以是监控计算机上执行的基础监控模块。

2．监控层软件

监控层软件由信息显示模块、分析处理模块、控制模块和综合数据库组成。

（1）信息显示模块完成空中交通管制人员和系统运维人员所需要的状态信息实时显示、报警信息推出、综合分析和历史信息查询及报告打印输出等功能。

（2）分析处理模块负责整个系统的数据加工处理，提取越线数据、计算统计信息、综合判断故障及原因等，结果将存入综合数据库。

（3）控制模块负责完成运控指挥人员的开关灯光回路、调整光强等级、改变运行方向等整体、成组和单一灯光控制指令的生成，并发送到指令信息库和综合数据库。

3．监控系统示例

某单跑道机场采用目视助航监控系统。图 8.6 所示为监控系统主界面，展示了设备状态监视、灯光站操控、报警显示与处理等主要功能选项。

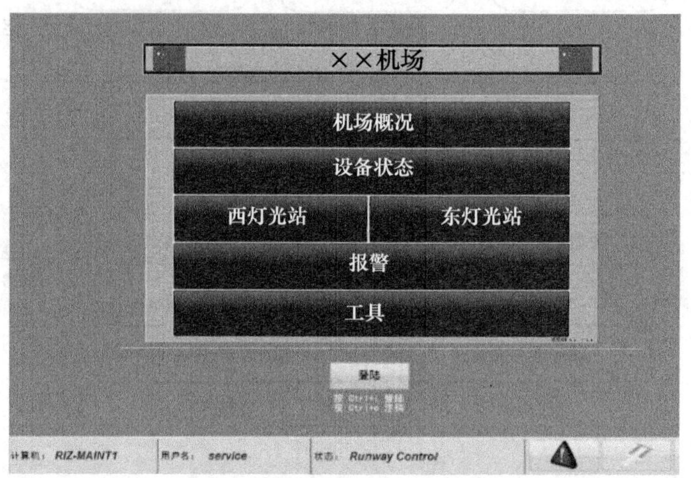

图 8.6　监控系统主界面

图 8.7 展示了监控系统的操控界面。其中，图 8.7（a）所示为机场全局灯光的开启关闭、光强等级设置及跑道运行方式切换操作界面；图 8.7（b）所示为分组设置灯光系统操控界面，包括单独设置跑道、滑行道开闭，光强等级设置等功能。

图 8.8 所示为报警显示与处理界面。图 8.8（a）所示为各类报警信息查询界面，按颜色灰、黄、红依次提升等级；图 8.8（b）所示为报警处理界面，处理后的报警信息单击确认后可人工消除报警显示。

其他操作界面可参考实际系统用户操作手册。

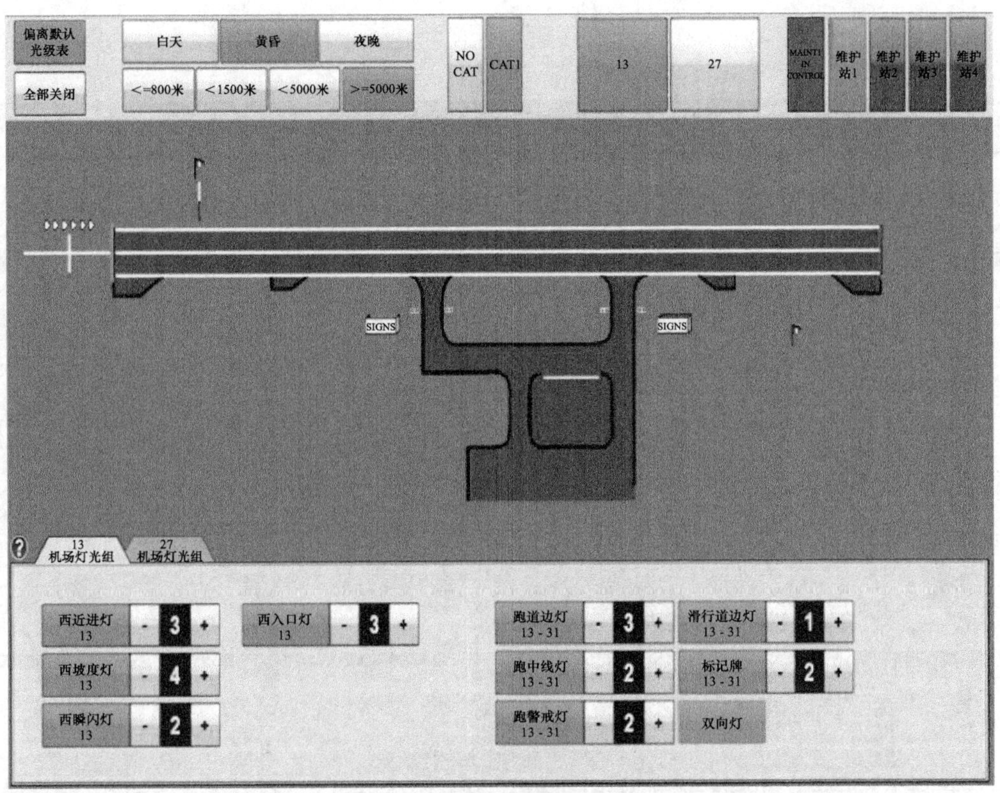

(a) 机场全局控制

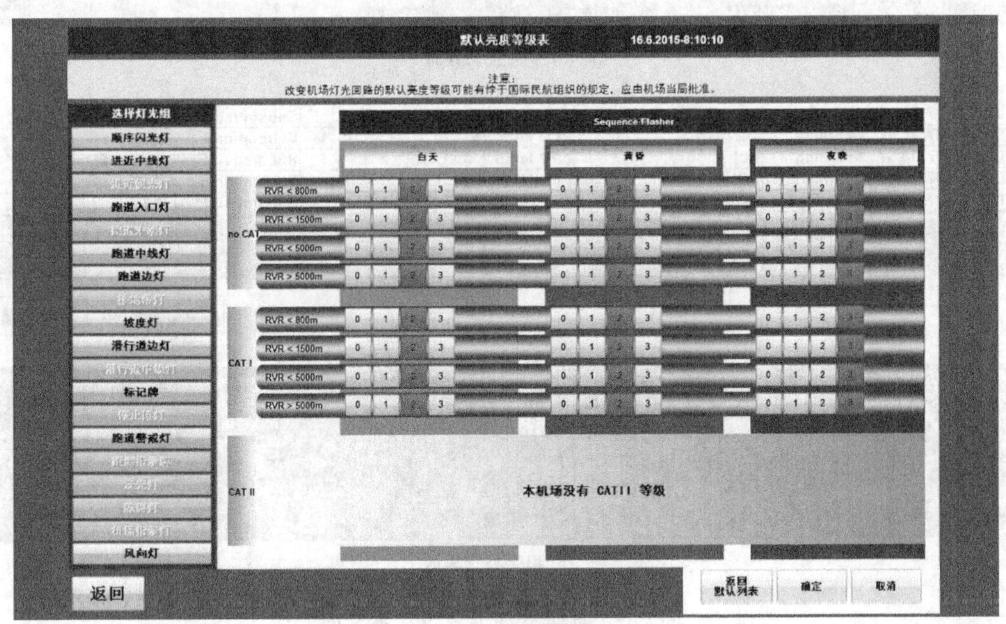

(b) 成组控制

图 8.7　监控系统控制界面

实时报警 | 报警存档

	序号	日期	时间	类型	文本消息	报警地点	报警项
1	3755	17/06/2015	15:06:59	预警	顺闪处于禁用模式	东灯光站	东顺闪
2	2687	17/06/2015	15:06:38	预警	顺闪处于禁用模式	东灯光站	东顺闪
3	2696	17/06/2015	15:06:37	运行信息	请求自动模式	东灯光站	东顺闪
4	3755	17/06/2015	15:06:31	预警	顺闪处于禁用模式	东灯光站	东顺闪
5	2688	17/06/2015	15:06:18	预警	顺闪处于维护模式	东灯光站	东顺闪
6	2687	17/06/2015	15:06:18	预警	顺闪处于禁用模式	东灯光站	东顺闪
7	2694	17/06/2015	15:06:18	运行信息	请求禁用模式	东灯光站	东顺闪
8	2688	17/06/2015	15:06:02	预警	顺闪处于维护模式	东灯光站	东顺闪
9	2695	17/06/2015	15:06:02	运行信息	请求维护模式	东灯光站	东顺闪
10	2845	17/06/2015	15:04:03	预警	调光器被禁用	东灯光站	东进近灯（甲）
11	1777	17/06/2015	15:03:46	预警	调光器被禁用	东灯光站	东进近灯（甲）
12	1786	17/06/2015	15:03:46	运行信息	请求自动模式	东灯光站	东进近灯（甲）
13	2845	17/06/2015	15:03:35	预警	调光器被禁用	东灯光站	东进近灯（甲）
14	1778	17/06/2015	15:03:29	预警	调光器处于维护模式	东灯光站	东进近灯（甲）
15	1777	17/06/2015	15:03:29	预警	调光器被禁用	东灯光站	东进近灯（甲）
16	1784	17/06/2015	15:03:28	运行信息	请求禁用模式	东灯光站	东进近灯（甲）
17	1778	17/06/2015	15:03:12	预警	调光器处于维护模式	东灯光站	东进近灯（甲）
18	1785	17/06/2015	15:03:12	运行信息	请求维护模式	东灯光站	东进近灯（甲）
19	1690	17/06/2015	15:01:05	维护预警	禁用	西灯光站	附件101
20	818	17/06/2015	15:00:56	维护预警	禁用	西灯光站	附件101
21	827	17/06/2015	15:00:55	运行信息	请求自动模式	西灯光站	附件101
22	1690	17/06/2015	15:00:43	维护预警	禁用	西灯光站	附件101
23	819	17/06/2015	15:00:41	维护预警	维护模式	西灯光站	附件101
24	818	17/06/2015	15:00:41	维护预警	禁用	西灯光站	附件101
25	825	17/06/2015	15:00:41	运行信息	请求禁用模式	西灯光站	附件101
26	819	17/06/2015	15:00:26	维护预警	维护模式	西灯光站	附件101
27	826	17/06/2015	15:00:26	运行信息	请求维护模式	西灯光站	附件101
28	1659	17/06/2015	14:59:14	维护预警	禁用	西灯光站	西风向灯
29	787	17/06/2015	14:58:54	维护预警	禁用	西灯光站	西风向灯
30	796	17/06/2015	14:58:54	运行信息	请求自动模式	西灯光站	西风向灯
31	1664	17/06/2015	14:58:52	维护预警	存在严重错误	西灯光站	西风向灯
32	1660	17/06/2015	14:58:52	维护预警	维护模式	西灯光站	西风向灯
33	1659	17/06/2015	14:58:52	维护预警	禁用	西灯光站	西风向灯
34	1658	17/06/2015	14:58:52	报警	无反馈	西灯光站	西风向灯
35	1664	17/06/2015	14:58:40	维护预警	存在严重错误	西灯光站	西风向灯
36	1658	17/06/2015	14:58:40	报警	无反馈	西灯光站	西风向灯
37	788	17/06/2015	14:58:37	维护预警	维护模式	西灯光站	西风向灯
38	787	17/06/2015	14:58:37	维护预警	禁用	西灯光站	西风向灯
39	794	17/06/2015	14:58:37	运行信息	请求禁用模式	西灯光站	西风向灯
40	1660	17/06/2015	14:58:30	维护预警	维护模式	西灯光站	西风向灯
41	788	17/06/2015	14:58:16	维护预警	维护模式	西灯光站	西风向灯
42	795	17/06/2015	14:58:15	运行信息	请求维护模式	西灯光站	西风向灯
43	934	17/06/2015	14:54:01	维护光级	调光器维护光级为 3	西灯光站	西进近灯（甲）
44	931	17/06/2015	14:54:01	维护光级	调光器维护光级为 0	西灯光站	西进近灯（甲）
45	928	17/06/2015	14:54:01	实时光级	调光器实时光级为 3	西灯光站	西进近灯（甲）

Ready　　Pending: 177 To acknowledge: 21 Hidden 0 List: 1000

15:10:32 17.06.2015 | 计算机： RIZ-MAINT1 | 用户名： service | 状态： Runway Control

(a) 报警查询界面

13/04/05	07:34:36	Warning	R1	EFD level 1	Substation E	36L-18R	In
13/04/05	07:34:37	Warning	TC5	EFD level 1	Substation E	36L-18R	In
13/04/05	07:34:37	Warning	TC1	EFD level 1	Substation E	36L-18R	In
13/04/05	07:34:38	Warning	SB3	EFD level 1	Substation E	36L-18R	In
13/04/05	07:34:44	Warning	P2/4	local mode	Substation F	36L	In
13/04/05	07:34:51	Alarm	R1	No feedback	Sub C	06-24	In
13/04/05	07:34:51	Alarm	R2	No feedback	Sub C	06-24	In
13/04/05	07:34:51	Alarm	S1	No feedback	Sub C	06	In

13/04/05	07:34:37	Warning	TC1	EFD level 1	Substation E	36L-18R	In
13/04/05	07:34:38	Warning	SB3	EFD level 1	Substation E	36L-18R	In
13/04/05	07:34:44	Warning	P2/4	local mode	Substation F	36L	In
13/04/05	07:34:51	Alarm	R1	No feedback	Sub C	06-24	In
13/04/05	07:34:51	Alarm	R2	No feedback	Sub C	06-24	In
13/04/05	07:34:51	Alarm	S1	No feedback	Sub C	06	In
13/04/05	07:34:51	Alarm	S1	C1 on/off Discordance	Sub C	06	In
13/04/05	07:34:51	Alarm	S1	No feedback	Sub C	06	In

(b) 报警处理界面

图 8.8　监控系统报警与处置界面

8.5　助航灯光物联网技术

鉴于物联网技术的广泛应用，将相关技术引入助航灯光系统，按物联网模式建立，实现更高水平的监督、工况识别、故障定位、云监控及统计分析，以提高助航灯光监控水平。

8.5.1　灯光物联技术体系架构

助航灯光的感知物联技术是基于物联网（internet of things）思想，智能感知、识别技术与物联通信技术形成有机的融合。助航灯光感知物联技术体系架构主要由机场应用层、数据处理层、物联通信层和物联感知层构成，如图 8.9 所示。

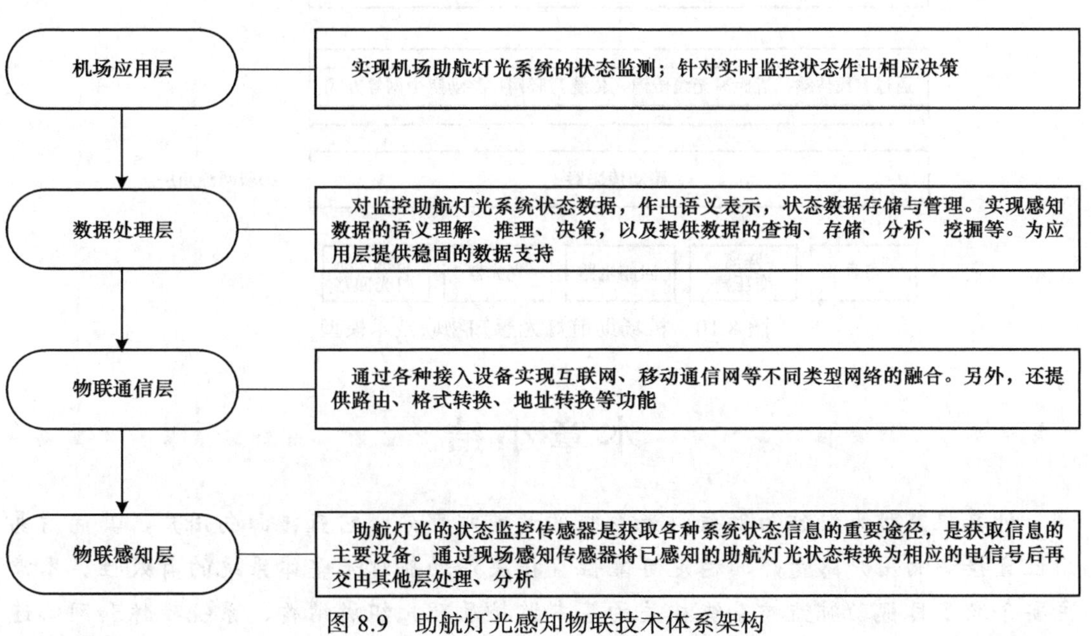

图 8.9　助航灯光感知物联技术体系架构

8.5.2　灯光的感知物联技术应用模型

通过对机场助航灯光的感知物联技术的定义、架构分析和关键技术分析，为机场助航灯光感知物联技术的模型构建提供了理论基础。以机场助航灯光物联感知系统为基础建立的模型如图 8.10 所示。模型中机场实际灯光系统运行状况通过物联网感知传感器采集，通过物联通信层传输到数据存储与处理的云服务器端，处理后的数据为用户查询提供保障，形成了数据处理层。在机场应用层将根据具体机场用户需求从数据处理层的云端服务获得需要的信息。助航灯光物联网技术具有研究和应用价值，值得关注和深入研究。

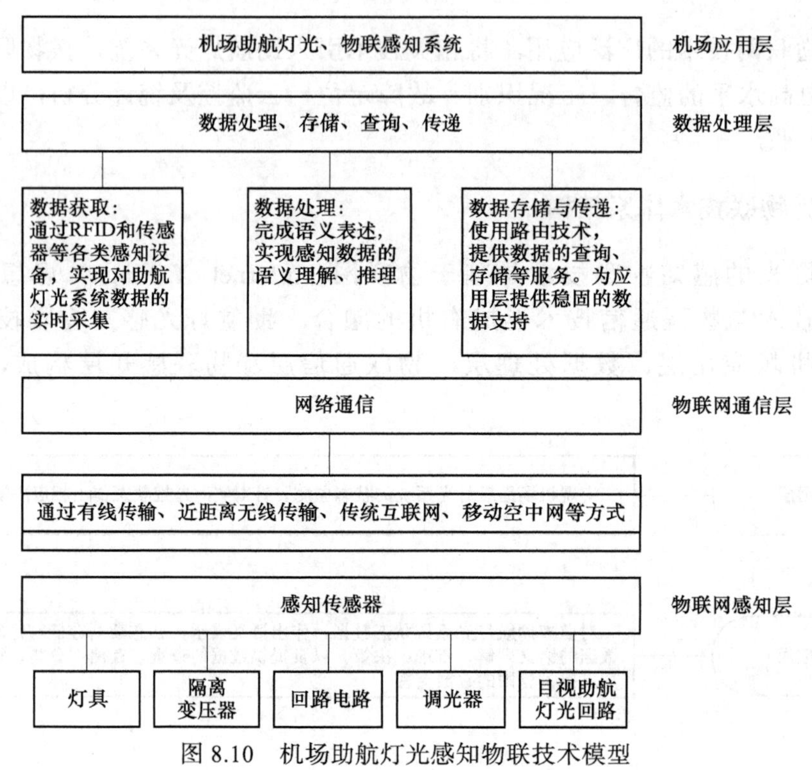

图 8.10 机场助航灯光感知物联技术模型

本章小结

计算机监控系统作为助航灯光系统的最前端部分，它直接面向用户，其简洁易用性直接影响用户感受，其稳定可靠性直接决定助航灯光整体系统的有效性。本章主要介绍了目视助航监控系统相关的基本监控原理、组成结构、系统硬件和网络连接及软件系统的组成与功能。

思考题

1. 目视助航监控系统监视和控制哪些具体对象？具体监视控制哪些内容？
2. 目视助航监控系统的逻辑层次结构是什么？该系统由哪几部分组成？
3. 建立目视助航监控系统需要哪些专门硬件？被监控的目视助航对象有哪几种

方式联入系统？

4．目视助航监控的软件系统由哪几部分组成？如何工作？

5．单跑道机场目视助航监控系统接入信号有哪几种？对于 3000m 长的 4D Ⅱ 精密进近跑道，估计接入的每类信号的数量。

第9章 灯光系统的检测与诊断

灯光系统的检测主要是对其各组成部件和系统，如灯具、隔离变压器、回路电缆、调光器和供电系统等，进行电学、光学、设备完好性、运行环境等参数的检测，进而根据助航灯光的故障现象诊断故障原因，开展必要的预防性维护以保证灯光系统长期正常地运行。

9.1 灯光系统检测内容和方法

助航灯光系统在长期运行过程中受到恶劣天气、机械损伤、设备质量等因素影响，系统的电流、电压、光强、构形等参数可能会产生误差，灯光回路、调光器、供电系统等可能会出现故障。为保证飞行器的安全运行，《民用机场助航灯光系统运行维护规程》（AP-140-CA-2009-1）规定了各助航设施的运行标准与允许误差及助航灯光系统的检测与维护。

以进近灯和闪光灯为例，首次投入运行时，进近灯和闪光灯要求亮灯率为100%；投入运行后，进近灯要求亮灯率不低于95%，不允许一排中有两个相邻的灯具不亮，不允许两组相邻的横排灯具不亮，闪光灯至多一个灯具不亮。跑道两端的进近灯光系统需要每天巡视一次，进入离跑道端300m内的进近灯具作业前要先得到塔台的许可；顺序闪光灯的闪光频率低于120次/min，漏闪率高于1%时，应通知灯光技术人员进行维护调整。

根据《民用机场助航灯光系统运行维护规程》（AP-140-CA-2009-1）规定，助航灯光系统在投入运行后允许有一定的误差，而当助航灯光系统的误差超过规定的范围时，将影响飞行器的安全运行，为此，有必要对相关助航设施的参数进行定期检测。

9.1.1 灯光系统检测内容

1．检测对象

助航灯光系统检测对象包括灯具、隔离变压器、回路电缆、目视助航灯回路、调光器及供电系统。

1）灯具

对灯具的检测包括机械、光学、电学特性的检测，如灯具是否完好、安装是否符合规范；还要检测灯具是否能正常工作，颜色、光级亮度是否满足要求等。

2）隔离变压器

助航灯光回路的隔离变压器是一种经特殊工艺制造的特种变压器，兼有电压互感器和电流互感器的优点，可以使流过一次侧和二次侧的电流值保持相同，且能较长时间耐受二次侧开路和短路故障。隔离变压器连接器的绝缘情况也是影响回路绝缘的一个因素。隔离变压器一次接头插接不紧或隔离变压器箱进水都容易导致绝缘下降。所以，在助航灯光系统的维护工作中，要定期检测隔离变压器箱的积水情况、隔离变压器自身及其接头连接器的绝缘情况。

3）回路电缆

在民用机场助航灯光供电系统中，灯光电缆作为传输电能的主要设施，会随着使用时间的推移，因物理、化学性因素的破坏而出现故障。引发的后果，轻则造成航班复飞，重则导致机场关闭；而灯光电缆的敷设长度动辄过万米，敷设范围数十平方千米，也给故障的排查带来很大不便。

机场助航灯光电缆是经工业电子加速器所产生的电子射线对高分子材料进行改性而获得的绝缘材料，它具有机械强度高、耐老化性能和电性能优良等特点，使用寿命长，能够保障飞行的安全性和可靠性。电缆主要由金属导体和绝缘体两大部分组成，具体由导体芯线、绝缘层、半导电层、金属屏蔽层、外护套层五部分组成。因此，灯光电缆故障也可分为电缆开路故障、电缆对地绝缘降低故障及同时含有这两种故障的复合型故障。

（1）导体故障（开路故障）。顾名思义，导体故障是灯光电缆中的金属导体所出现的故障，主要是指芯线导体和金属屏蔽层故障。下面以导体芯线为例来说明导体故障。

图 9.1 为电缆芯线金属导体等效电阻图。在图 9.1 中，电缆芯线的正常电阻值应为

$$R_{AA'}=\frac{\rho L}{S}=R_0 \tag{9.1}$$

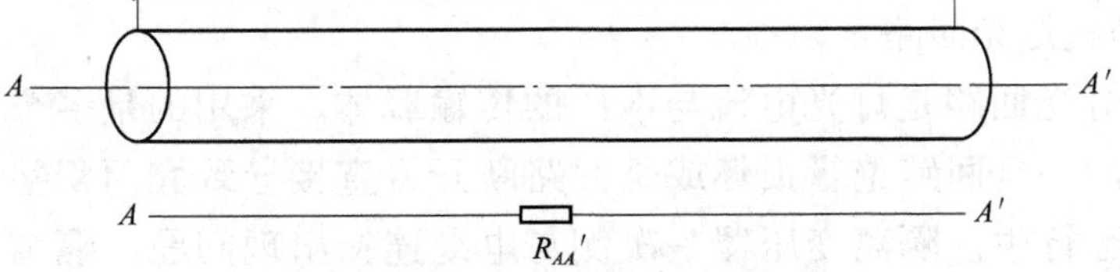

图 9.1　电缆芯线金属导体等效电阻图

式中，L 为电缆长度；S 为芯线截面面积；ρ 为导体电阻率。因此，当电缆成型后，其电阻值 R_0 是一个定值（一般为毫欧级）。所以，只有当 $R_{AA'}$ 远远大于 R_0 时才会认为导体有问题，在实际中主要会出现以下两种故障。

① 断线故障：$R_{AA'}=\infty$，也就是说电缆的芯线或金属屏蔽层在某一处或多处断开，如实际中电缆被人为挖断，电缆被烧断，在电缆接头处电缆芯线或电缆的两边屏蔽层根本没有连接上，电缆在生产过程中屏蔽层不连续等。

② 似断非断故障：$R_{AA'}$ 远远大于 R_0，且 $R_{AA'}\neq\infty$，如电缆的芯线或金属屏蔽层某处似连非连，接头部分芯线或屏蔽线处理不好等。这种故障一般不易被人们发现，但在实际中是确实存在的。

因此，开路故障的确切定义为电缆的导体损伤导致导体断开或似断非断的情况。导体包括电缆的芯线和金属屏蔽层。断线故障是开路故障的一个特例。

（2）绝缘故障。灯光电缆中的绝缘层，无论是主绝缘层还是外护套绝缘层，和导体芯线一样，是电缆必不可少的重要组成部分，但要比导体材料脆弱得多。因此，在实际中，电缆的绝大多数故障是由绝缘层不好引起的。

灯光电缆绝缘层损伤一般可分为低阻故障和高阻故障，如低阻的短路、开路（断路）故障，高阻的泄漏性故障和闪络性故障。凡是电缆故障点绝缘电阻下降至该电缆的特性阻抗，甚至直流电阻为零的故障均称为低阻故障或短路故障。试验电压升至某值时，监视泄漏电流的电表值突然升高，表针呈闪络性摆动，电压稍下降时，此现象消失，但电缆绝缘仍有极高的阻值，这表明电缆存在故障。因这种故障点没有形成电阻信道，只有放电间隙或闪络表面的故障，故称为闪络性故障。

泄漏性故障的电缆可等效为一个电阻 R_g，如图 9.2 所示，一般远小于其标准值 R_J。R_g 数值有高有低，R_g 高时称为泄漏性高阻故障；R_g 低时称为泄漏性低阻故障，简称为低阻故障；当 $R_g=0$ 时称为短路故障（俗称死接地），实际中可通过欧姆表、兆欧表或给电缆加直流电压等方法来判知。闪络性故障的电缆可等效为一个小间隙。在实际中，一般通过兆欧表判断不出闪络性故障的存在，只有通过给电缆加直流电压才能发现。

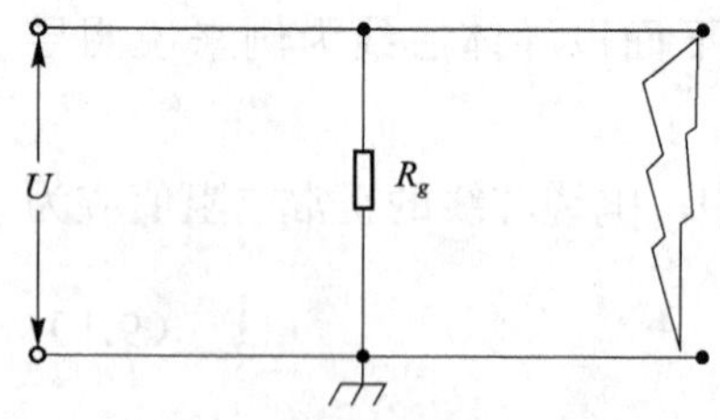

图 9.2 绝缘故障等效电路

4）目视助航灯光回路

目视助航灯光回路是灯光电流与电压的传输载体，采用的是多个隔离变压器串联的连接方式，一旦回路绝缘损坏或是回路断开将直接导致大面积甚至全部灯光失效。在机场的运行中，隔离变压器一次侧与电缆连接出现问题、隔离变压器连接器绝缘损坏、电缆绝缘电阻降低、电缆开路等都会导致回路故障。目视助航灯光回路主要故障包括开路故障、短路故障、接地故障和绝缘电阻下降故障。

（1）开路故障。开路故障是指助航灯光回路中的一点或多点出现开路。根据目视助航回路串联的特点可知，串联回路使得灯光回路中的各助航灯亮度一致，但一旦出现开路故障，该回路灯光将全部熄灭，调光器开路报警。常见开路故障现象如施工时电缆被人工或挖掘设备损伤或挖断，或是由于铺设太浅被汽车轧伤。除电缆的开路外，常见的开路故障还有电缆与隔离变压器连接断开等。

（2）短路故障。灯光回路短路，此时回路灯光熄灭，调光器短路报警。

（3）接地故障。接地故障分为单点接地故障和多点接地故障。

① 单点接地故障：回路出现故障是在某一个点上，包括单相对地、相间并对地、混合型故障。单点接地故障的特点是回路绝缘电阻值为 0，该回路灯光仍能发光。在实际中，单点接地故障非常常见，而且不容易被发现。

② 多点接地故障：相对于单点故障，多点接地故障指的是同条回路中有多个与测量端（终始端头）不同距离的故障点接地。多点接地故障的特点是回路绝缘电阻值为 0，该回路部分灯光熄灭。

（4）绝缘电阻下降故障。该类型故障的特点是回路绝缘电阻下降幅度达 50% 以上，回路灯光发光正常。常见的如电缆中大面积受潮故障或机械原因导致的电缆中的某一段绝缘层损坏等。

从故障的影响范围来看，开路故障会使整个回路的灯光熄灭，严重时导致机场关闭；接地故障只有一个故障点时不会影响灯光工作，若出现两个以上的故障点，会使灯光有一段不亮或变暗；复合型故障随时会引起助航灯光的关闭，是最大的安全隐患。

5）调光器

通过望、闻的方式检查调光器各种报警信息、有无异常噪声、异常发热和异常气味等现象。检测各光强等级下的输出电流范围，检查调光器内的电磁元器件是否良好，接线端子、紧固件、连接线的连通性。

6）供电系统

助航灯光供电系统主要包括变压器、开关柜、备用电源、线路等。检测变压器的运行状态是否正常，确保无漏、渗油情况，避雷器、接地是否满足系统运行要求；开关柜内部的电气元件运行是否正常，触点有无过热状况；线路有无机械损伤、有无锈蚀，接头处是否异常发热；定期对备用电源进行启停测试，柴油发电机组每周至少进行 1 次加载试验。

2．检测的参数

目视助航灯光系统作为一个特殊的光电系统，检测的信息包括光学、电学参数，以及运行环境温度与湿度信息、器件连通性、助航设施完好性等。

1）光学参数

（1）光强。光强是助航灯光系统的重要因素之一，影响着目视助航设施对飞行员的引导作用。应根据现场情况来调节机场灯光系统的光强以取得更好的效果，同时，又不使驾驶员因过分眩目而感到不适。表 9.1、表 9.2 为《机场设计手册》（Doc 9157 号文件）第 4 部分——目视助航设施所规定的一些光强调制。

表 9.1 用于日间的光强设置

灯光系统	跑道视程或能见度			
	跑道视程 ≤ 800m ①②	跑道视程 800 ~ 1500m ①③	跑道视程 1500 ~ 5000m	能见度 ≥ 5000m ④
进近中线灯和横排灯/cd	20000	20000	10000	—
进近侧边灯/cd	5000	5000 ⑤	2500 ⑤	—
接地带灯/cd	5000	5000 ⑤⑥	2500 ⑤	—
跑道中线灯/cd	5000 ⑥	5000 ⑤	2500 ⑤	—
跑道入口灯和翼排灯/cd	10000	10000	5000	—
跑道末端灯/cd	2500	2500	2500	—
跑道边灯/cd	10000	10000	5000	—

注：为了制订本表，假定 RVR 值是以光强为 10000cd 和背景亮度为 10000cd/m² 为根据的，如得不到 RVR 的测量值，可用能见度代替。

① 在 RVR 小于 1500m 时，选定的光强设置应能提供《机场——机场设计和运行》（《国际民用航空公约》附件 14 第 I 卷，第八版）15.3.1.10 要求的平衡的灯光系统。

② 在 RVR 小于 400m 或在背景亮度大于 10000cd/m² 时，较高的光强会对运行有利。

③ 在背景亮度小于 10000cd/m² 时，可以使用规定的光强的一半。

④ 在能见度大于 5km 时可在驾驶员要求时才提供灯光。

⑤ 在不能达到这些光强时，应设置为最大的光强。

⑥ 在这些能见度时，可以任选是否设置和运行这些灯。

表 9.2 用于夜间的光强设置

灯光系统	跑道视程或能见度				
	跑道视程 ≤ 800m	跑道视程 800 ~ 1500m	跑道视程 1500 ~ 5000m	跑道视程 5000m 至能见度 8000m	能见度 ≥ 8000m
进近中线灯和横排灯/cd	1000 ~ 2000	600 ~ 1200	300 ~ 600	100 ~ 200	50 ~ 100
进近侧边灯/cd	250 ~ 500	150 ~ 300 ①	100 ~ 150 ①	25 ~ 40 ①	—
接地带灯/cd	200 ~ 500	150 ~ 300 ①	100 ~ 150 ①	25 ~ 40 ①	10 ~ 20 ①
跑道中线灯（30m）/cd	200 ~ 500 ②	150 ~ 300 ①	100 ~ 150 ①	25 ~ 40 ①	10 ~ 20 ①
跑道中线灯（15m）/cd	200 ~ 500 ②	150 ~ 300 ①	100 ~ 150 ①	25 ~ 40 ①	10 ~ 20 ①

续表

灯光系统	跑道视程或能见度				
	跑道视程 ≤ 800m	跑道视程 800 ～ 1500m	跑道视程 1500 ～ 5000m	跑道视程 5000m 至能见度 8000m	能见度 ≥ 8000m
跑道中线灯（7.5m）/cd	200 ～ 500②	150 ～ 300①	100 ～ 150①	25 ～ 40①	10 ～ 20①
跑道入口灯和翼排灯/cd	1000 ～ 2000	600 ～ 1200	300 ～ 600	100 ～ 200	20 ～ 40①
跑道末端灯/cd	1000 ～ 2000	600 ～ 1200	300 ～ 600	100 ～ 200	20 ～ 40
跑道边灯/cd	1000 ～ 2000	600 ～ 1200	300 ～ 600	100 ～ 200	20 ～ 40

注：1. 为保证进近和跑道系统的不同部分采用的光强能够平衡，这些灯光系统的光强设置应统一选用本表列出的允许范围内的某一部分，即高端、中间或低端。

2. 为了制订此表，假定 RVR 值是以光强为 1000cd 和背景亮度为 15cd/m^2 为依据的。如得不到 RVR 的测量值，可用能见度代替。

① 在设置有这些灯之处，这些灯应运行于本表列出的光强上；但在这些能见度时，可以任选是否设置这些灯。

② 在 RVR 低于 400m 时起飞，可能需要增大光强设置。

然而，在实际机场运行中，由于助航灯光系统的物理或化学损坏及人为操作失误，有时会出现灯光的实际光强与设定光强等级不符的现象，这就可能产生不准确，甚至是错误的引导信息，危害航空器的安全运行。

（2）构形。构形是助航灯光系统的典型特色之一，是飞行员识别机场、跑道的重要引导因素。助航灯光系统对不同类型的助航灯光规定了不同的构形。目视助航灯光系统的构形必须完整、清晰，才能提供正确的引导信息。

（3）颜色。各种目视助航设施，助航灯、标志、标记牌和面板所使用的颜色包括红色、绿色、蓝色、黄色、白色和可变白色。国内外相关规范规定了目视助航设施所使用的颜色的色度界限，以保证能获得满意的颜色识别。助航灯光必须用测量的方法来证实它的灯光颜色在规定的界限以内。验证是在额定电压或电流下，通过测量最里层的等光强曲线所围区域上的五个点的颜色来进行。对椭圆或圆形的等光强曲线，颜色测量必须在中心点和水平、垂直界限上进行。对矩形等光强曲线，颜色测量必须在中心点和四个角点上进行。另外，还必须检查最外侧等光强曲线上的光的颜色，以保证其没有出现色移，从而不会使飞行员感到信号混淆。对于目视进近坡度指示灯具或其他具有颜色过渡区的灯具，必须按规定的点进行色度测量。

（4）光的有效范围。不同类型的助航灯光，光的有效范围不同。光的使用必须达到规定的范围，保证在进近、着陆、滑跑、起飞和滑行阶段中的任一特定的进程中，灯光必须达到能被看见的最远距离和灯光必须提供引导的能见度条件。对于跑道、滑行道的直线段，光束水平方向覆盖范围比较容易确定，只需提供足够的灯光让飞行员能在中线上或其附近滑行即可。滑行道弯道上的灯的光束方位角覆盖范围根据以下要求确定：在机舱遮挡角前方保持至少三个灯的可见灯段；提供弯道方向的改变率信息；指示出飞机相对于滑行道中线的偏移量；在滑行的两个方向正常运行。同时，光的有效范围和光强、构形、颜色相互影响，光的有效范围超出其应达到的范围时，飞行员容易出现眩目，并使助航灯光的颜色、构形出现偏差，提供错误引导信息。

2）电学参数

（1）灯具回路电压。灯具回路电压是全部亮灯时，每条回路灯具的总电压值。灯具回路电压值随灯光回路运行的光级及回路中灯具的数量和功率的不同而不同，是判断助航灯光回路是否有坏灯的重要参数之一。当运行回路电压值低于正常回路电压 5V 以上时，就表明灯光回路有灭灯现象。所以，在每次开灯时都应检查、对比灯具回路电压值。

（2）回路电流。助航灯光可分为五级光，不同光级回路电流不同。当回路电流值与所设光级不对应时，助航灯光运行会出现故障，危害航空器的安全运行。

（3）回路绝缘电阻。回路绝缘电阻是指被试设备在外施直流电压作用下，绝缘介质中的电流随时间而衰减并最终达到稳态时外施直流电压与稳态电流之间的比值，其直接反映了电线电缆产品承受热、电击穿能力的大小。

在机场助航灯光系统中，几乎所有的灯具都安装在户外，灯具的供电电缆也多采用野外地埋的方式，相应地，对电缆接头的绝缘处理一般是使用环氧树脂或热缩管等材料来加强很薄弱的接头处的绝缘，但是由于大地温度、湿度、霉菌等环境因素的影响都会使电缆的绝缘性变差，使得助航灯光系统在使用一定的时间后，灯光回路绝缘电阻值随时间而递减。《民航机场助航灯光系统运行维护规程》（AP-140-CA-2009-1）中规定，当回路绝缘电阻降低到 2MΩ 以下，或者回路绝缘电阻阻值大幅度下降（下降幅度 50% 以上）时，必须对助航灯光回路进行排查。

3）温度与湿度

嵌入式助航灯具、隔离变压器等在地面下运行的助航设施容易积水，影响正常运行。嵌入式助航灯具和隔离变压器置于灯桶和隔离变压箱中，长期运行时容易进水，使得嵌入式助航灯具、隔离变压器及其连接器长期处于高湿甚至积水环境下，灯具元件受到腐蚀而损坏，隔离变压器接头绝缘下降，甚至影响灯光回路的正常运行。因此，需要及时检测灯桶和隔离变压箱的湿度与温度，尽早维护、维修。嵌入式灯具的水蚀情况如图 9.3 所示。

图 9.3 嵌入式灯具的水蚀情况

4）器件连通性

器件的良好连通是助航灯光系统正常工作的必要条件。主要检测各接线端子和触点有无灼烧、熔焊和粘连现象，检查器件和连接器的紧固与除尘情况，及时维修或更换，保障灯光系统的正常运行。

5）助航设施完好性

立式跑道、滑行道和停止道灯，进近灯光系统，目视进近坡度指示系统，标记牌和标志物由于其特殊的导航功能不可避免地设在使它们成为障碍物之处，为保证撞击不导致飞机的失控，所有的设施及其支柱都应是易折的。所以，若受到飞机的撞击，助航设施及其支柱会破碎、变形或机件断开、损坏；人工维护时，如冬季除雪时，立式灯具的易折件也易损坏，导致目视助航设施的导航功能受到破坏。

9.1.2　灯光系统检测方法

1．人工检测

《民用机场助航灯光系统运行维护规程》（AP-140-CA-2009-1）规定了立式进近灯具、目视进近坡度指示系统、跑道和滑行道灯具、机场灯标、障碍灯、风向标、标记牌等目视助航设施的检查项目、检测时间周期与检测内容。检测时间周期包括每日、每月、每半年、每一年和不定期进行的检测，如每日检查各灯具的发光情况，每次开灯检查回路绝缘电压、回路绝缘电阻，这些都属于人工检测。此外，还采用人工方法使用摇表检测回路绝缘电阻，并对灯具的工作及故障现象进行记录。这些都是有效可行的经验方法，方便故障诊断与维护。

在助航灯具方面，人工检测主要用于查明灯泡故障、明显的方向失调和结构损坏。对目视进近坡度指示系统灯具的安装角使用设备专用的角度测量仪进行检查；使用水平仪检查每个灯具与跑道垂直方向的水平度，并测量灯具的安装高度；使用灯具角度测量仪进行角度设定；如果系统安装了倾斜开关保护装置，在完成以上操作后，还应使用水平仪测量倾斜开关基准面，调节倾斜开关基准面的角度，使水平仪上的气泡居中；将回路送电检查灯具的发光情况。

在某些情况下，需要采用人工检测助航灯具的光度学参数，可以使用一种包含配置手持光度计的合适的测量程序去测量灯光的光度学参数，并借助移动式设备来实现。

2．自动检测

自动检测就是在测量和检验过程中完全不需要或仅需要很少的人工干预而自动进行并完成的检测。实现自动检测可以提高自动化水平和程度，减少人为干扰因素和人为差错，可以提高生产过程或设备的可靠性及运行效率。自动检测的任务是将被测参数直接测量并显示出来，以告诉人们或其他系统有关被测对象的变化情况，即通常而言的自动检测或自动测试。

自动检测系统一般由传感器、信号调理器、输入接口、中央处理器组件、输出接口和显示记录等外围设备组成。自动检测具有实时性强、精确度高、可靠性高、通道多、功能强的优点，有利于提高民航系统的自动化水平。

9.2 灯光系统检测技术

9.2.1 光强检测技术

光强测量是目视助航系统自动检测技术的典型应用。光强测量主要应用了光电传感器及检测技术。光电检测技术以激光、红外、光纤等现代光电器件为基础，通过对载有被检测物体信号的光辐射（发射、反射、散射、衍射、折射、透射等）进行检测，即通过光电检测器件接收光辐射并转换为电信号。由输入电路、放大滤波等检测电路提取有用的信息，再经过 A/D 转换接口将信息输入微型计算机进行运算、处理，最后显示或打印输出所需检测物体的几何量或物理量。

光强检测技术在测量距离的基础上，计算平均光强，并检测在主光束范围内最小和最大光强值是否符合要求，检测在外层等光强曲线边界上的最小值是否符合要求及容差等。

1．在线式光强检测

机场助航灯光光强在线（动态）检测方法是指通过多种光学传感器，快速、在线测量每个灯具的发光强度及颜色的方法。在线式光强检测设备能够对跑道中线灯、边灯，滑行道中线灯、边灯进行检测，并能够按照国际民用航空组织标准进行状态判断和预警。

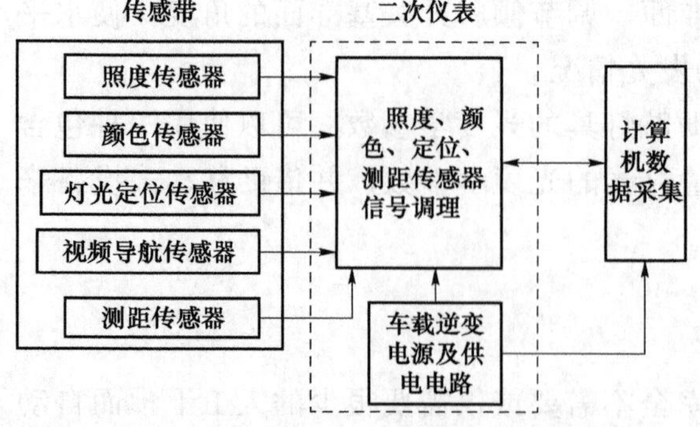

图 9.4 机场助航灯光光强动态检测系统

1）系统构成

机场助航灯光光强动态检测系统如图 9.4 所示。

测试系统以移动平台为载体，移动平台在以一定速度移动的过程中采集照度、颜色、距离等多种信息，并经过信息融合与处理，得到助航灯光的光强值，完成绘制等光强图、诊断灯光故障、判断故障趋势、保存测试数据、输出测试报告等任务。

2）系统工作原理

机场助航灯光光强测量系统工作时，固定在移动平台前端的光测量装置（传感带）上分布着若干个照度传感器，照度传感器随移动平台在距离灯光源上方适当高度，沿水平方向以某合适的速度向前运动，在灯光束一定范围内按照 1cm 的间隔测量各点的照度值，根据照度和距离测量值得到各点的光强值，并生成等光强图。机场助航灯光光强测量原理如图 9.5 所示。

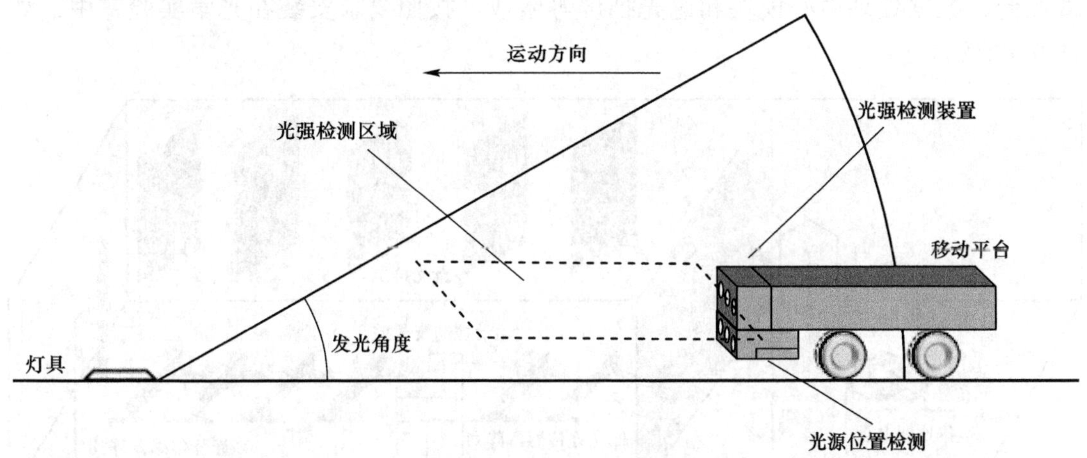

图 9.5　机场助航灯光光强测量原理

机场助航灯光根据其在机场的分布位置和作用而有不同的颜色，因此，检测设备测量时有必要对灯光的颜色进行测量。系统采用颜色传感器，一个装有红色滤光片，另一个装有绿色滤光片，用于检测各种灯的颜色。颜色传感器位于照度传感器的上部，对称分布在中间一个照度传感器的两边，并实时辨别灯光的颜色。

助航灯光与照度传感器之间的距离测量是保证高精度光强测量的关键因素之一，可采用非接触测距雷达系统作为机场灯光光强检测设备的测距传感器。测距雷达系统安装在检测设备上，距离地面一定高度。通过对测距雷达的输出脉冲进行计数，即可得到检测设备移动的位置信息，通过进一步的换算，可以得出照度传感器与助航灯的距离，最终获得等光强曲线。

2．离线式光强检测

离线式光强检测系统是为了避免人工检测时人眼在强光下的视觉疲劳与惯性而难以判断灯具的光强变化，为检验和测量机场各种类型助航灯具的光学性能而设计开发的专用测试计量系统。目前，采用的方式主要有 CCD（charge coupled device，电荷耦合器件）式光强检测和实验室光强测量系统。CCD式光强检测主要用于PAPI灯不同角度光强测量，可在现场进行检测，对检测环境要求不高，但是测量误差较大。实验室光强测量系统在特定的实验室对助航灯光光强进行测量，测量精度高、范围大，但对测量环境和仪器要求较高。下面简单介绍实验室光强测量系统的组成与测量原理。

1）系统构成

机场灯具光强测试系统由光学传感器和信号变送、数据采集模块、运动控制及载控台、数据处理中心模块和遮光挡屏等组成，按照要求安装在光学实验室中，如图9.6所示。

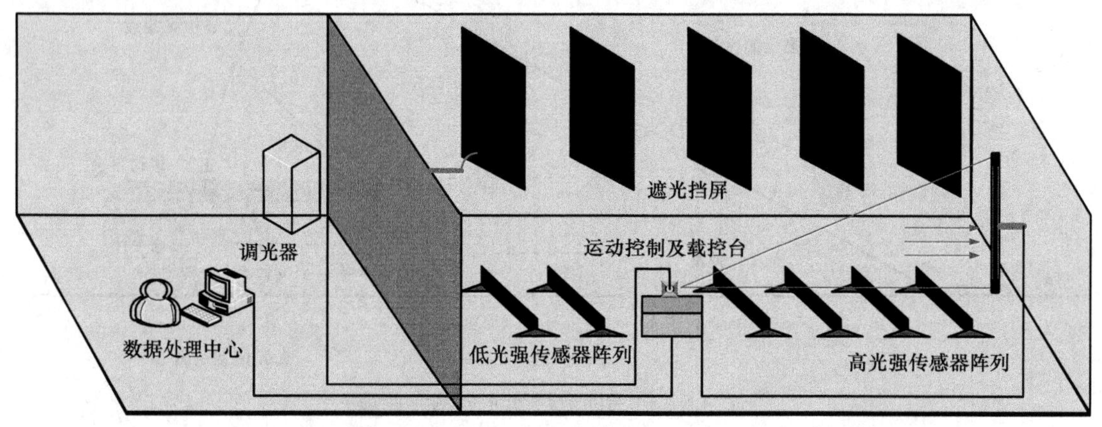

图9.6 助航灯光光强检测实验室布局

（1）光学传感器和信号变送。由于通常使用的灯具都有一定的投射角度，因此其光强一般分布在一个球形或柱形空间上，该测量系统光强采集模块主要由以30个为一组的光电传感器组成，可对水平180°、垂直-15°～+30°立体空间单位球面上灯具的光强进行测量，测试范围应满足《民用机场飞行区技术标准》（MH 5001—2021）对灯具测量的空间技术要求。所有传感器输出信号通过专用信号调理器进行信号调理放大。通过信号调理可将数据采集设备连接成一套完整的数据采集系统。

（2）数据采集模块。数据采集模块主要负责光强信号的采集管理，并在实验结束后通过数据口向数据处理中心上传实验数据。

（3）运动控制及载控台。运动控制及载控台由运动控制卡、电控旋转台、水平调整台、高度调整架、激光水平调整系统、夹具六部分组成，可在一定范围内进行垂直、水平横向、水平纵向调节，可方便地进行灯具几何中心调整。测试系统的灯具安装在可精确水平转动的灯具座上，测试时，控制灯具等速转动设定的角度，在灯具转动的同时，数据采集模块会连续对30个光强传感器的光强值进行高速采集。

（4）数据处理中心模块。数据处理中心模块为测试过程、数据结果处理等功能提供计算支持。通过专业的处理软件，可以输出光强分布图、三维输出图、光强测试表等，从而形象地观察或查询到各部位光强的细微特征。

2）系统工作原理

光学实验室的四面墙壁和天花板都经过光学处理，实验室地面铺设有绒毛黑地毯，能极大减少漫反射光线，保证助航灯光直接照射在检测面上。助航灯具放置在运动控制及载控台上，通过运动控制及载控台的垂直、水平横向、水平纵向调节，在光学实验室垂直、水平横向、水平纵向激光指示仪的配合下，可方便地进行灯具几何中心调整，保障测量的精度和范围。同时，高精度光强传感器呈垂直和弧形布置，数据处理中心通过对各点光学传感器数据的积分等运算，即可得到灯具在测试点的光强值。

9.2.2　绝缘电阻检测技术

绝缘电阻是指被试设备在外施直流电压作用下，绝缘介质中的电流随时间而衰减并最终达到稳态时，外施直流电压与稳态电流之间的比值。若想得到助航灯光外场回路与大地之间的绝缘电阻的阻值，就必须测量出绝缘电阻两端的实际电压值和实际电流值。一般来说，测量电阻阻值的方法有两种：一种方法是给待测电阻添加电压源，测量出流过电阻的电流值，然后再根据测量结果计算出电阻的大小；另一种方法是给待测电阻添加电流源，测量出电阻两端的电压值，再计算出电阻的大小。助航灯光回路实际工作状态下绝缘电阻的阻值非常大，很难找到合适的测量工具来测量绝缘电阻两端的电压值，并且流过绝缘电阻的电流非常小且不是十分稳定，因此，对助航灯光回路绝缘电阻的检测，可采用第二种方法，即向待测量的绝缘电阻添加一个直流激励源，通过监测等效电压，计算出待测量的绝缘电阻的阻值。

图 9.7 所示为一种机场助航灯光回路绝缘电阻检测的电路原理示意图。其中待测量的绝缘电阻 R_x 连接在两个保险丝之间。

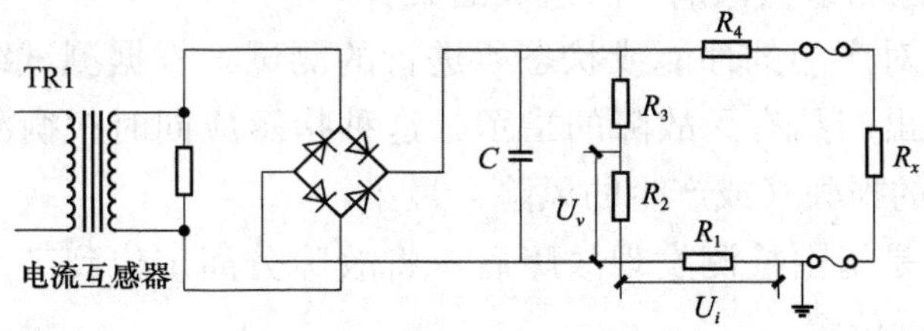

图 9.7　绝缘电阻测量原理图

考虑到机场的实际情况，由于绝缘电阻的阻值很大，流经绝缘电阻的电流很小，交流供电也不能一直十分准确地固定在 220V，因此，无法稳定地测量电压值和电流值。经过桥式整流和电容滤波，将电压转换为高压直流电压，再将该高压直流电压一端接在助航灯光回路上，另一端与大地相连，来测量助航灯光回路和大地之间的绝缘电阻；通过测量 R_2 两端的电压 U_v 和 R_1 两端的电压 U_i 来计算绝缘电阻 R_x。

假定 R_2 和 R_3 串联电路两端电压为 U，流过 R_1 的电流为 I，则

R_2 两端的电压 U_v：

$$U_v = \frac{R_2}{R_2 + R_3} \times U \tag{9.2}$$

绝缘电阻上的电流：

$$I = \frac{U_i}{R_i} \tag{9.3}$$

总电阻

$$\frac{U}{I} = R_x + R_1 + R_4 \tag{9.4}$$

所以

$$R_x = \frac{R_1 \times (R_2 + R_3) \times U_v}{R_2 \times U_i} - R_1 - R_4 \tag{9.5}$$

9.3 助航灯光的诊断

9.3.1 助航灯光诊断原理

1. 故障诊断的含义

故障诊断即诊断产品可能发生的故障，进而采取相应的最优决策，尽快恢复产品的使用性能，这个过程与医生看病的过程相似。一般可将故障诊断定义为“故障检测、故障分离定位和参数识别”所组成的集合。

故障检测是指对产品的性能或状态所进行的测试。根据测试结果和一定的识别（判定）规则，得出产品有无故障的指示。这种指示应同时权衡漏报和错报两者的可能，使由此引发的损失（或产生的风险）最小。

故障分离定位是指由检测发现故障后，将故障分离定位到产品的某个规定的区域或确定故障的精确位置。

参数识别是指确定故障参数偏离额定值的准确数值。这样，一方面可以检测出多个故障，而且不受参数容差的影响；另一方面可进一步发展成参数自动补偿，即具备自适应修理的能力。

2．故障诊断的分类

故障诊断可根据诊断方式、诊断连续性进行划分。

（1）根据诊断方式，故障诊断可分为功能诊断和运行诊断。功能诊断是指检查设备运行功能的正常性，如发电机组的输出电压、功率等是否满足功能需要，主要用于新安装或大修后的设备。运行诊断则是监视设备运行的全过程，主要用于正常运行的设备。

（2）根据诊断连续性，故障诊断可分为定期诊断和连续监控。定期诊断是指按规定的时间间隔进行的诊断，一般用于非关键设备且性能改变为渐发性故障及可预测性故障；连续监控是在机器运行过程中自始至终加以监视和控制，一般用于关键设备且性能改变为突发性故障及不可预测性故障。

3．故障诊断的基本原理

故障诊断的基本原理是对比测试法。维修人员诊断故障主要包括两个步骤：仔细观察故障现象以确定故障和详细分析故障原因并按一定的规则确定查找步骤。

（1）维修人员靠自己的眼、耳、鼻、手等感官取得产品工作状态的信息［这些信息可能来自产品各组合面板上的仪表（电压的或电流的）指示、电机转动的声音、电路过载时特有的焦煳味，以及电机外壳温度和机械振动等］，然后将获得的信息与技术说明书中规定的正常值或与以往的使用经验相比较，得出产品有无故障的判断。

（2）在得出产品有故障的判断之后，维修人员根据产品的电路原理、结构特点和以往经验，分析造成该故障的一切可能原因，并按先简后繁、先外后内的顺序，对每一原因进行查找，直至找到故障部位。在此过程中，可能要进行许多带电或不带电的测试，也可能要用专门的仪器产生特殊的测试信号，以便最终确定故障部位。故障部位确定后，剩下的工作就是采取适当的方法排除故障并恢复产品的正常工作性能。

由此可见，诊断故障的过程，实际上是施加输入（当输入为零时，称为被动测试）、观察输出、比较判断的控制过程。

9.3.2　助航灯光诊断方法

助航灯光诊断需进行故障树分析。建造故障树是进行故障树分析的关键。首先要收集资料，做好准备；其次进行初步分析，选择顶事件，即可建造故障树。建造故障树时结构要严谨，逻辑关系要正确。建造故障树的主要步骤如图 9.8 所示。在建造故障树过程中需要注意：确定贯穿系统各部件的主要故障特征；合理确定故障树分析的范围（边界），包括系统的边界和元部件边界；逐层展开故障树。

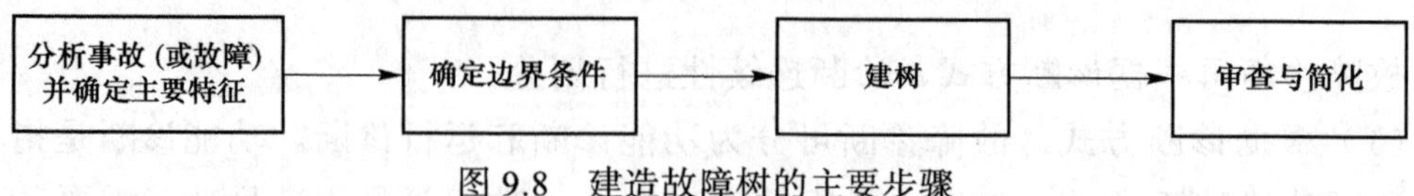

图 9.8 建造故障树的主要步骤

以系统上电时跑道或滑行道上某个灯不亮为例，其故障树如图 9.9 所示。

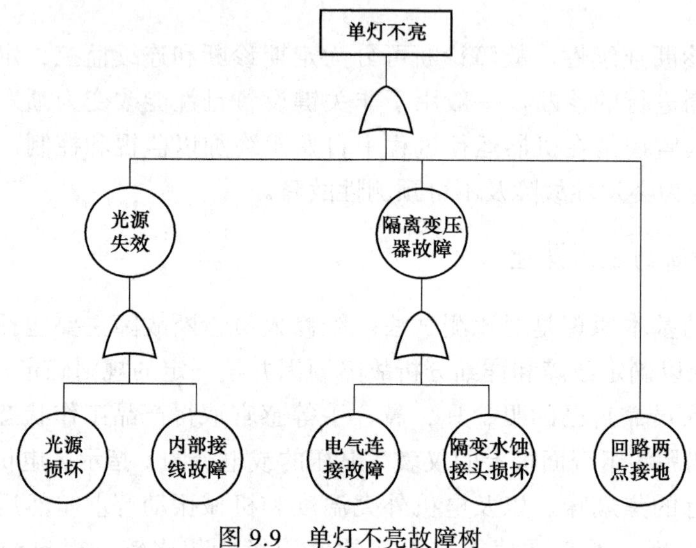

图 9.9 单灯不亮故障树

1．助航灯光回路的故障诊断方法

助航灯光系统的故障诊断首先需要明确故障原因与故障类型，故障类型通常是通过观察故障征候和故障的影响来确定。例如，绝缘电阻的记录表明电阻大幅度下降，则可能是电缆绝缘故障或某处接头未处理好而导致接地（应特别注意由于机械挖掘设备造成的电缆损坏）；有一段灯具发暗，则表明此灯具回路有两点接地故障。常见的故障原因是电缆连接失效、绝缘不良或机械损伤（由于人为、啮齿类动物或者昆虫咬伤）。接地故障通常是由于隔离变压器的绝缘不好或电缆连接处绝缘不好。为了确认接地故障是否由于电缆问题产生，应检查任何可能有问题的电缆段。灯光回路涉及范围广，确定灯光回路接地点和灯光回路开路位置是助航灯光回路故障诊断的主要工作之一，下面分别介绍这两种故障类型的诊断方法。

1）确定助航灯光回路接地点的位置

当已经确定回路上有接地，而具体位置不能通过灯光的外部观察而确定时，则应将此回路端子从调光器升压变压器二次接线端子上卸下，测量每根电缆的绝缘电阻。如果都有故障，应按下列步骤首先排除接地故障。

（1）将检查的回路与其他回路完全隔离，通过将回路分段的方式测量每段电缆的绝缘电阻，就可以很快找到接地点并修复。查找的方法一般为先将回路分为二分之一，然后是四分之一、八分之一……即采用折半查找法查找，直到确定接地点。

（2）如果每根电缆的对地电阻都很高（1000Ω ～ 1MΩ），但是比正常回路要低，表明回路有一处或几处高阻接地。确定接地的位置可以使用电缆故障测试仪、绝缘电阻测试仪或高阻故障测试仪进行。

（3）如果一根电缆的对地电阻很低，而另一根电缆的对地电阻很高，则可能是有接地、开路或回路导电系数低等故障。

（4）可以通过人为设置一个接地的方法来查找故障接地点，人为设置的接地点应在灯光站内，使调光器供电并观察此回路上所有灯具的运行情况。

① 如果一些灯具不亮或发暗，则表明在最后一台正常运行的灯具和邻近的一台发暗的灯具之间有接地故障。

② 如果所有的灯具均不亮或发暗，则表明接地故障在没有设置人为接地的电缆上。

③ 如果所有的灯具均显示正常，将人为接地换到另一条电缆上，按照上述方法观察灯具的运行情况。

2）确定助航灯光回路开路的位置

检查回路的开路之前，应确认所有的接地已拆除。测量绝缘电阻，如果输出端两根电缆的绝缘电阻是正常的，则敷设电缆的开路故障可以通过人为设置接地和断开回路测试，或使用万用表、绝缘电阻测试仪、电缆测试仪进行测试。

（1）通过人为设置接地进行测试：在调光器的输出端人为设置一个接地点，采用折半查找法在回路中设置另一个接地点并给回路供电，检查调光器是否被保护电路断开。

① 如果保护电路未断开调光器，则表明回路在两个人为接地点之间电缆没有开路。

② 将人为接地点换到另一端上，重复上述实验，如果保护电路动作，则表明此段电缆开路。

③ 将回路分段，然后在选择的一个测试点上，在灯光站对一根输出电缆人为接地，给回路供电，然后观察调光器是否被开路保护。

④ 如果保护电路未动作，则表明开路故障在调光器与人为接地点之间。

⑤ 如果保护电路动作，则表明故障点不在两个人为接地点之间。

⑥ 继续移动测试点和接地点，检查调光器的运行情况，直到确定故障点。

（2）通过万用表测量回路电阻确定开路位置：将助航灯光回路电缆与调光器断开，分别短接各条电缆端头的芯线和屏蔽层，在外场用万用表测量回路电阻。

① 采用折半查找法在该回路的中间位置断开隔离变压器一次连接件，用万用表电阻 ×1 挡或 ×10 挡，向两侧方向分别测量电缆芯线和屏蔽层之间的阻值。

② 如果测量阻值接近或小于该回路正常直流阻值，则该段回路无开路点（正常

情况下，一个串联助航灯光回路的直流阻值数欧姆至数十欧姆）。

③ 如果测量阻值数倍于该回路正常直流阻值，甚至数千欧姆以上，则该段回路存在开路点（实际经验表明，开路点大多位于电缆中间插接件、电缆与隔离变压器插接件、隔离变压器内部线圈与外部插接件的压接点。烧断的开断点电阻为 1 ～ 10kΩ，此时若使用兆欧表测试，将读出接近 0 的指示，造成回路导通误判）。

④ 对存在开路点方向的电缆插接件短接芯线和屏蔽层，沿用此法，折半选点继续追踪测量，直至找到开路故障点。

⑤ 在查找过程中，注意记录断开的隔离变压器位置，及时恢复隔离变压器；收回芯线与屏蔽层之间的临时短接线。

（3）通过仪表测量回路直流电阻来确定开路：将回路输出端从调光器上卸下，在灯光站使回路的一端人为接地，然后选择一个测试点测量接地电阻。

① 如果电阻非常大或无限大，则表明在测试点与接地之间有开路故障。

② 如果电阻非常小或为 0，则表明开路故障不在测试点与接地之间。

③ 继续移动测试点，直到确定开路点。

④ 使用电缆测试仪确定未接地开路，应根据仪器的性能进行操作。

⑤ 如果使用电缆测试仪不能确定未接地开路，应采用人为接地和断开回路方法或电阻测量方法。

3）确定助航灯光回路上低阻开路的位置

（1）从调光器升压变压器输出端上卸下串联回路端子，将这两端称为 L_1 和 L_2，如图 9.10 所示。

（2）将 L_1 和回路中点 G_m 接地（回路是连通的）。

（3）用万用表检查从 L_1 到 L_2 是否连通。

（4）如果连通，表明开路在 L_1 和 G_m 之间。

（5）如果不连通，表明开路在 L_2 和 G_m 之间。

（6）反复移动 G_m 与 L_1 和 L_2 的相对位置，按上述方法再进行检查。

（7）如果接地在 L_1 和 G_m 之间，沿着灯具回路段移动 G_m，即 G_{m1}、G_{m2}、G_{m3}……如图 9.11 所示。

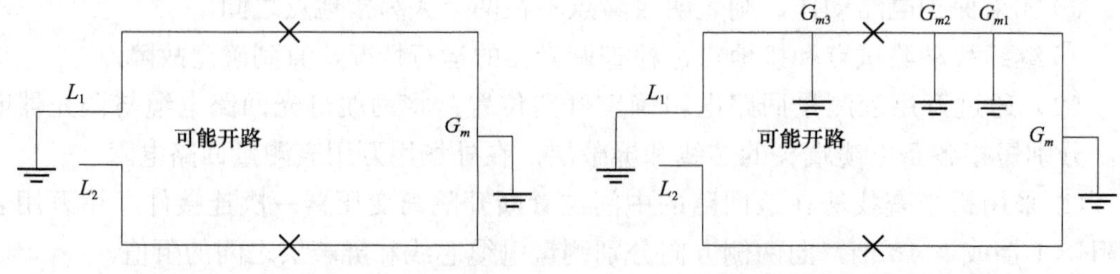

图 9.10 大体确定回路上低阻开路的位置　　图 9.11 精确确定回路上低阻开路的位置

（8）如果移动到 G_{m3} 时 L_1 和 L_2 之间不通，则 G_{m2} 和 G_{m3} 之间有开路。

（9）如果开路在 L_2 和 G_m 之间，按照上面的方法进行查找。

2．助航设施的故障诊断方法

目视助航设施的故障原因包括设施的机械损坏、电气连接错误及人为因素等。进近灯、跑道和滑行道灯具常见的故障原因和排除方法见表 9.3。精密进近坡度指示器故障原因和排除方法见表 9.4。

表 9.3　进近灯、跑道和滑行道灯具常见的故障原因和排除方法

故障类型	故障现象	故障原因	故障排除方法
光源故障	光源失效	光源损坏	更换光源组件
		灯具内部进水，光源组件或内部连接件损坏	清除积水并维修，更换光源组件、密封件和损坏的零部件
		灯具内部接线或隔离变压器二次端插接件、二次线故障	检查并重新插好插接件，检查并维修、更换二次线
		顺序闪光灯和闪光障碍灯有电气故障	按设备使用说明书的规定排除故障
	光源发暗	灯具的投光口、面罩或灯罩上有污垢	使用干净的棉纱或海绵清除
		光源组件的规格（额定电流或功率）不符合使用要求	按使用要求更换光源组件
		隔离变压器的规格（额定电流或功率）不符合使用要求	按使用要求更换隔离变压器
		光源组件已超过规定的使用寿命	更换光源组件
		灯具内部进水，光源组件或内部连接件短路	清除积水并维修，更换光源组件、密封件和其他损坏的零部件
		灯具的安装角度不正确	重新调整灯具的安装角度或调整玻璃透镜角度
		灯具前有遮挡物	清除遮挡物
灯具进水	光源组件不亮、发暗，立式灯具灯罩和嵌入式灯具的投光口棱镜上有冷凝水	灯具的上盖、内盖或灯罩密封不严	清除积水并维修，更换光源组件、密封件和损坏的零部件并清洁灯具
		嵌入式灯具底座的进线孔密封不严	清除积水并封堵底座的进线孔
		灯具的密封件损坏或老化	清除积水并清理密封面或密封槽，更换光源组件、密封件和损坏的零部件
		灯具的密封面或密封槽有污垢	
		灯具的紧固件松动	清除积水并清理密封面或密封槽，更换光源组件、密封件和损坏的零部件，扭紧灯具的紧固件
灯具或易折件损坏	灯具倒伏或严重倾斜	暴风雨雪、飞机尾流	更换灯具或易折件
		外力撞击	

续表

故障类型	故障现象	故障原因	故障排除方法
灯具或易折件损坏	嵌入式灯具上盖损坏	机械或人为损坏	更换灯具上盖并查找原因
		冬季灯具内进水结冰胀破灯具	
		螺栓松动	更换灯具上盖，并检查螺栓扭矩
灯具安装位置或角度发生变化	灯具移位和光束不正常	基础出现沉降	维修安装基础
		固定螺栓松脱	扭紧灯具的安装固定螺栓
		飞机尾流、外力冲击	调整灯具的安装位置并扭紧灯具的安装固定螺栓
		安装不正确或灯具规格不正确	重新安装灯具或更换符合使用要求的灯具

表 9.4 精密进近坡度指示器故障原因和排除方法

故障类型	故障现象	故障原因	故障排除方法
系统不工作	送电后系统所有灯具不发光	灯具的安装角度不正确，倾斜开关未接通	按校验记录重新检查每台灯具的垂直方向和水平方向安装角，并重新校验
		电气线路连接不正确或开路	检查接线情况，并恢复正确接线
		倾斜开关系统损坏	与厂家联系更换倾斜开关
倾斜开关不动作	用仪器检测出安装角不正确，但光正常（升高 >1°，降低 >0.5°）	倾斜开关固定位置改变	调节倾斜开关或与厂家联系解决
		角度校正仪可能损坏	更换新的测试仪器（对测试仪器应每年进行一次校验）
		测量基准上有污垢	清除污垢
灯具光学特性变差	目视检查一台灯具，两个（或三个）投光口白红变化不一致	红滤光片未卡到位	将红滤光片卡到位
		红滤光片已破损	更换红滤光片
		投光透镜、滤光片不清洁或有冷凝水	清除投光透镜、滤光片上的污垢和冷凝水，并将系统送电 30min 以消除灯具内的潮气
		灯泡安装不到位	将灯泡正确安装
系统工作，但有灯泡不亮	目视检查一台灯具，有投光口不发光	灯泡已坏	更换灯泡
		与隔离变压器连接不好或灯泡插接件松脱	检查电缆连接和灯泡插接件
		隔离变压器损坏或二次线短路（开路）	更换隔离变压器，检查二次线
灯具安装位置或角度发生明显变化	系统停止工作，倾斜开关断开	基础出现沉降	维修安装基础并校验
		灯具安装架固定螺栓松脱	重新调整每台灯具并校验
		飞机尾流、外力冲击	维修灯具，重新安装调整每台灯具并校验

9.4　目视助航系统的预防性维护

预防性维护从预防的角度，对设备的异常状况进行早期发现与诊断以阻止严重故障的发生，从而保持设备处于良好技术状态并延长设备的使用寿命。

9.4.1　预防性维护的分类

国内外的研究方式主要采取的是对设备整体和重要零部件的状态及发展趋势进行预测，如建立灯具、回路绝缘电阻的预测特征参数的模型，通过预测设备整体的运行趋势及各零部件的可能性故障，来达到对整个系统进行监控的目的。通常采用的预测方法有回归预测、时间序列预测技术、灰色预测模型、小波包分析、支持向量机、神经网络预测、组合预测、专家系统、模糊逻辑等。助航灯光系统的预防性维护主要可分为以下两类。

1. 基于时间的预防性维护

由于设备状态时间反映了设备不同生产状态，因此通过各状态时间可以建立一系列对设备状况的可量化指标。在此基础上基于实际生产数据，通过量化指标可以方便准确地对相关设备性能进行追踪与观测，以便实施预防性维护。

2. 视情维护

视情维护（condition-based maintenance），即基于状态的维护，使用检测技术来定期或连续检测产品的状态并在产品状态表明需要维修时才进行维修。基本思想是根据对设备当前和将来状态的正确和可靠的预测来安排维修活动。因此，对设备当前状态的描述，以及对下一时段状态和故障的预测是实现视情维护的根本。故障预测技术使设备维护人员预知即将发生的故障成为现实，从而在故障发生之前可采取一系列积极主动的维护和预防措施，减少故障发生之后所致的经济损失。由此可见，故障预测技术是实现视情维护的核心与关键，视情维护须有故障预测技术作支持。因此，故障预测、视情维护与设备故障时间三者的相互关系可描述为：通过设备故障预测的实现来保证视情维护的合理性与有效性；通过视情维护的手段来达到控制 / 降低设备故障时间的目的。

故障预测从实现的方法和技术路线可分为基于模型的故障预测技术、基于知识的故障预测技术和基于数据的故障预测技术。由于在研究许多实际的故障预测问题时，建立描述复杂设备工作情况的数学模型是不经济甚至是不可能的，同时，领域专家的经验知识又无法进行有效的表达，因此设备工作的历史数据就成为了解设备性能下降的主要手段甚至是唯一手段，即以采集到的设备故障记录为基础，通过数据分析处理，对设备故障数据隐含信息进行挖掘，从而建立故障的可预测模型，实现设备故障的预测。

9.4.2 预防性维护的内容

《民用机场助航灯光系统运行维护规程》（AP-140-CA-2009-1）第二章对助航灯光系统的预防性检查维护做了详细的规定，包括机场助航灯光设备的预防性维护管理制度、维护计划、维护操作规程、备品备件的储备、测试设备和安全工器具的配备。预防性维护的内容主要涉及维护策略、维护清单、维护项目和预防性维护处理过程四个方面。

1. 维护策略

维护策略在预防性维护系统中可用来描述设备预防性维护任务的调度，如回路绝缘电阻的定期测量、灯具的光学部件到期的检定，以及灯具的紧固件、防腐层和密封件的定期检测等，还可以通过系统的计数器功能，通过累计计算设备的运转时间来定期产生维护工单。

由于维护策略中包含了通用的调度信息，而这些信息在所有基于策略的维护计划和维护任务单中均需要，因此一旦确定了维护策略并将其应用于维护计划和任务清单中，对策略的任何修改，都将影响使用该策略的所有维护计划和任务清单。

2. 维护清单

维护清单描述了一系列独立的维修任务，其作用是将重复性的维修工作标准化，以节省生成维修工单和维修计划的时间，使维修工作的计划更加有效率。维护清单包含具体的维修操作工序，所需工时、资源及备品配件。

在采用维护清单的情况下，还可以简化对数据的维护。例如，在对维护任务清单进行了数据修改后，所有使用该任务清单的维护工单和维护项目数据将自动随之更新。在预防性维护中，有 3 种类型的维护清单，即设备任务清单、功能位置任务清单、通用任务清单。设备任务清单是针对某一台特定设备制定的维护工作步骤，而通用任务清单则是针对某一类设备，或者具有共性的维护任务制定的工作步骤。

《民用机场助航灯光系统运行维护规程》（AP-140-CA-2009-1）中规定了各助航设施的设备任务清单，如立式进近灯具、目视进近坡度指示系统、跑道和滑行道灯具、机场灯标、障碍灯、风向标、标记牌、恒流调光器等各类目视助航设施的检测维护规程。

3．维护项目

维护项目用来描述技术对象或技术对象组必须定期执行哪些预防性维护工作。如表 9.5 为《民用机场助航灯光系统运行维护规程》（AP-140-CA-2009-1）规定的跑道和滑行道灯具预防性检查维护规程。

表 9.5　跑道和滑行道灯具预防性检查维护规程

维护内容	每天	每周	每月	每半年	不定期
检查灯具的发光情况，更换失效的灯泡、破损的玻璃灯罩	★				
目视检查立式灯具的纵向和横向的直线性	★				
检查并记录跑道警戒灯的两灯交替变化频率		★			
检查系统中各类嵌入式灯具上盖			★		
检查跑道上嵌入式灯具上盖的固定螺栓的扭矩（跑道等待位置以内）			★		
检查并清洗嵌入式灯具投光口的污垢			★		
清洗立式灯具玻璃罩			★		
检查除跑道以外的其他嵌入式灯具上盖的固定螺栓的扭矩				★	
清除可能遮挡住灯具光束的杂草、积雪或其他类障碍物					★
特殊原因应进行的维护					★

4．预防性维护处理过程

执行预防性维修，将设备的事后维修改为事前预防维修，可以减少非计划的故障停机损失，延长设备使用寿命，确保设备的长期稳定运行，降低检修费用。预防性维修可以使设备检修从技术和备件上更有准备，从而大大减少设备停机待修和检修时间。在系统中预先录入各个设备的维护性保养计划，系统可以据此自动按时生成工单供用户后续维修处理。

《民用机场助航灯光系统运行维护规程》（AP-140-CA-2009-1）规定了助航灯具典型的维护操作方法，对于特殊故障应按设备技术使用说明书中的规定进行维护操作。例如，应使用设备专用的角度测量仪进行目视进近坡度指示系统灯具安装角的检查和调整。

（1）使用水平仪检查每个灯具与跑道垂直方向的水平度，并测量灯具的安装高度。

① 首先仔细检查并清除测量基准面上的污垢。如果水平仪器的气泡不居中，则应调节灯具的支架，同时，应保证灯具的安装高度，直至仪器的气泡居中。

② 将灯具支架的调节部件锁紧，并观察水平仪器的气泡。如果气泡偏移，应重

新调节并锁紧支架的调节部件。

（2）使用灯具角度测量仪进行角度设定。

① 首先仔细检查并清除测量基准面上的污垢。

② 将角度测量仪调节到灯具需要设置的角度刻度上，然后将测量仪按正确方法安装在测量基准面上。

③ 调节灯具的后部支架直至仪器的气泡居中。

（3）如果系统安装了倾斜开关保护装置，在完成以上操作后，还应使用水平仪测量倾斜开关基准面，调节倾斜开关基准面的角度，使水平仪上的气泡居中。

（4）给回路送电检查灯具的发光情况。

本章小结

灯光系统的检测与诊断是助航灯光系统运行维护的重要环节，是保障机场安全运行的必要措施。本章首先讲解了目视助航系统检测原理和典型检测技术，接着介绍了目视助航系统的诊断，包括诊断原理、诊断技术与方法，最后对目视助航系统的预防性维护进行了介绍。

思考题

1．目视助航灯光回路故障可分为哪几类？各有什么特点？

2．光强检测的主要工作有哪些？简述光强检测设备的工作原理。

3．什么是绝缘电阻？简述绝缘电阻测量的原理。

4．故障诊断的含义是什么？简述其基本原理。

5．什么是预防性维护？预防性维护可分为哪几个方面？

第10章 机场场面活动监控

为了保障机场整体飞行区的安全高效运行，活动区的可移动目标都需要做到可监视、可控制。2004年国际民用航空组织提出了一个全新的概念，即先进的场面活动引导和控制系统。该系统向管制员、飞行员提供监视、告警、管制、路径选择和引导等功能，减少飞机着陆前在空中的盘旋时间、减少在滑行道上的滑行时间、减少阻塞时间，实现空中—滑行道—停机坪各系统的无缝衔接。A-SMGCS的使用可以提高机场安全运行能力，减少飞机场面占用时间，提高场面交通管制效率和机场使用效率，即使在低能见度条件下，以及情况复杂、交通密度高的机场上，也能够保证机场的运行能力。

10.1 A-SMGCS的提出

机场场面活动引导和控制系统经历了以下三个发展过程。

1. 目视引导和控制

早期的小型机场中缺乏先进的管理和监视设备，立足于“看得见和被看得见”的思想，通过管制员和飞行员的目视观察实现场面路径的引导与避免冲突的发生。

2. 场面活动引导和控制系统

随着场面监视雷达系统应用的发展，国际民用航空组织于1974年首次全面提出了场面活动引导和控制系统（surface movement guidance and control systems，SMGCS）的概念和运行需求，并于1986年正式发布了ICAO Doc 9476号文件，即《场面活动引导和控制系统手册》。

简单的SMGCS主要由油漆画的引导线和标记牌、助航灯光系统构成。在较为复杂的系统中，则应用了手动式的停止排灯、滑行道中线灯、标记牌等，一些大型机场还安装了自动泊位引导系统，能使飞机准确无误地泊位。但是，无论其构成的系统复杂与否，各个系统都是独立的，所有的管制活动都是在管制人员的目视观察下，对活动区内的场面活动对象下达各种指令，飞机驾驶员根据管制指令并参照目视助航设施滑行，而各种服务车辆则是以避让飞机为原则沿规定的路线行驶。

随着机场的结构和运行环境日益复杂，SMGCS 已经不能适应全天候条件下保持机场的运行效率和安全水平的要求，主要体现在以下两个方面。

（1）现有的 SMGCS 主要采用一次雷达对跑道、滑行道和机坪等场面活动进行监视。一次雷达是通过对移动对象的雷达回波分析计算来探测对象的具体位置，不仅受地形、地杂波、天气等外界因素影响较大，而且不可避免地存在探测盲区，如被候机楼、廊桥等遮挡的区域，使现有系统在低能见度或场面复杂情况下易发生停航、延误及事故等现象。

（2）随着交通流量的增长和机场的扩建，场面布局日益复杂，而且越来越多地要求在低能见度条件下运行，仅靠机场管制员在监控中心来监视和引导整个机场场面中飞机的运行，逐渐显示出 SMGCS 的落后性。

3．先进的场面活动引导和控制系统

20 世纪 90 年代以来，随着航空业的发展，飞行量不断增长，机场的运行环境也变得日益复杂，在此情况下，SMGCS 已经不能适应在全天候条件下保持机场的运行效率和安全水平的要求，因此，2004 年国际民用航空组织发布了 ICAO Doc 9830 号文件《先进的场面活动引导和控制系统（A-SMGCS）手册》，对 A-SMGCS 的概念、应用中的运行和性能要求及实施注意事项等进行了详尽阐述。该系统的关注点已不仅仅局限于在低能见度条件下保障机场的安全运行，而是在任何机场运行条件下监控场面飞行区的交通状况。

A-SMGCS 作为一种新的机场场面运行控制系统，综合利用多种传感技术获取场面目标的精确位置及标识信息，实现场面交通环境在场面及飞机驾驶舱的实时显示，自动进行场面活动冲突探测，提供解脱策略及最优运行路径建议，并且能够通过控制场面助航灯光系统，引导场面活动对象运行。由于采用计算机自动控制，该系统的实施可以将传统的由管制员对飞机 / 车辆的指挥方式，转变为系统对场面活动对象的自动引导与控制，很大程度上降低了管制员、飞行员和车辆驾驶员对目视观察的依赖，保证了机场场面的运行安全，提高了机场场面运行效率。A-SMGCS 成为当今世界上最先进的机场场面运行控制系统的发展方向。国际上对此展开了广泛的研究，并陆续产生了一些先进的机场场面监视与交通管理系统，如场面多点相关监视系统（MDS）、基于 ADS-B 的机场管理系统等。

通过为场面上的航空器与车辆提供监视、路径选择、引导和控制功能，A-SMGCS

能够在机场能见度可操作水平（aerodrome visibility operational level，AVOL）内保障场面运行的高效与安全。与传统的 SMGCS 相比，A-SMGCS 对交通密度、机场布局、气象及能见度条件的适应性更强，同时，也能为飞机和车辆提供更精确的引导和控制，降低运行风险，从而减少机场延误，提升机场运行效率和安全水平。

10.2　A-SMGCS 的主要功能

A-SMGCS 是在满足机场能见度运行等级的所有气象条件下，为了航空器和车辆能保持公布的运动速率且同时保持要求的安全性而对其提供路由、引导及监视以进行控制的系统。因此，构成 A-SMGCS 功能的主要因素可以从以下五点考虑。

（1）先进的监视功能：在机场视觉可操作水平内，保证地面交通管制员能接收到运行范围内所有飞机和其他交通工具的必要信息。

作为其他功能实现的基础，监视功能可向管制员提供机场场面飞行区的交通情况，为目视观察的补充或替代手段。A-SMGCS 的监视功能模块应采用多传感器和数据融合单元，提升场面监视技术和手段，并实现对机场场面飞行区所有移动目标的识别和精确定位。

（2）先进的显示功能：当机场能见度过低，影响地面交通管制员或飞行员判断场面情况时，为飞行员提供显示方式，实现对机场场面交通情况的掌握。

（3）先进的路由设备：为地面交通管制员提供合理的综合人机接口，实现路由计划功能。

（4）先进的场面活动引导：为飞行员提供清晰合理的场面路由标识，使得他们能够在 AVOL 条件下执行预定的路由计划。

（5）先进的控制功能：对飞机在跑道和滑行道上的运行进行控制，实现冲撞预测、指示、告警，并能提供解决方案。

由此可见，A-SMGCS 的基本功能可分为监视、路由、引导和管制四类，如图 10.1 所示。

1．A-SMGCS 的监视功能

A-SMGCS 的监视功能是指对于机场飞行区域内的所有目标能够及时探测和精确定位，并自动识别所有相关的航空器和车辆。监视功能是实现其余各项功能的基础，用于向管制员提供机场飞行区域的地面活动目标的情况，以补充或替代目视观察。其服务对象是所有相关的管制部门。

A-SMGCS 的监视功能应能满足以下需求。

（1）提供运动区域中所有运动的准确位置信息。

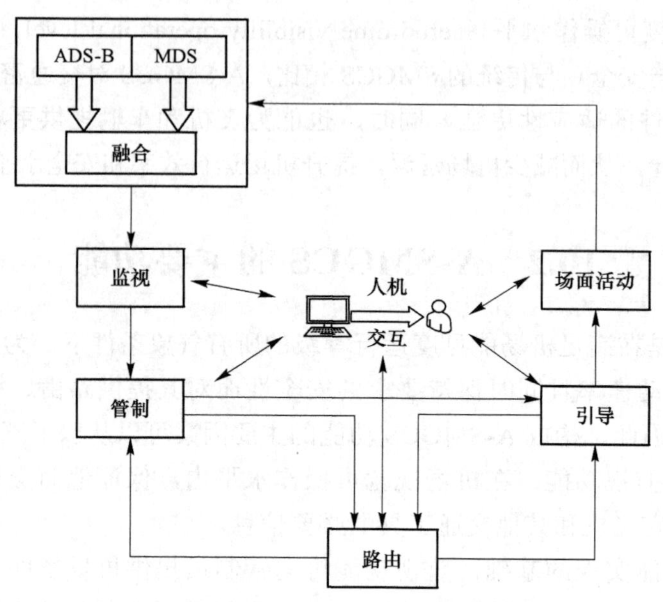

图 10.1 先进的场面活动引导和控制系统基本框架

（2）对授权运动提供识别及标注。

（3）处理监视功能覆盖区域内静止的和运动的航空器和车辆。

（4）能对沿路径的时间与位置数据进行更新，满足引导和控制的需求。

（5）不受诸如不利天气和地形条件之类对操作具有显著效应的情况的影响。

系统能够监控所有监视设备的工作状态，并适当提供告警；能够将机场需监视区域的监视数据提供给所有相关的管制部门；能够在机场需监视区域内覆盖未觉察的进近及低空直升机。

当飞机即将进入跑道运行时（与跑道在一定距离内），包括穿越跑道和起降，A-SMGCS 应该能够对运行目标进行监视，以支持全面的管理。A-SMGCS 和机场邻近区域车辆监视之间应该实现无缝过渡。

A-SMGCS 应该能够检测到任何入侵，包括对用于航空器运动区域的入侵、对跑道带的入侵，以及对机场管理局要求的任何指定保护区域的入侵。监视系统还应能够连续显示以上区域中未授权航空器、车辆及障碍物的位置。对于需监视区域内的任何航空器和车辆，A-SMGCS 的监视功能应该能够连续地提供其偏离指定路径的信息，并且更新速率能够保证系统作出充分响应。

2．A-SMGCS 的路由功能

A-SMGCS 的路由功能是指管制员在该系统的帮助下，通过人工或自动的方式为飞机的滑行安排出最合适的滑行路径。为活动区内的飞机和车辆提供安全高效的路径选择和计划功能。

1）基本路由功能

无论是人工还是自动，路由功能应满足以下五项。

（1）能对运动区域内的任何航空器或车辆指派行驶路线。

（2）允许在任何时候改变目的地。

（3）允许改变路线。

（4）能够满足复杂机场密集车辆的要求。

（5）在飞机着陆后，不限制着陆后飞行员对跑道出口的选择。

2）自动模式时路由功能

在半自动模式时，路由分派由管制部门执行，路由功能也应能为管制部门指定路由提供建议信息。在自动模式时，路由功能还应包括以下两项。

（1）分配路由。

（2）提供充分信息，当出现故障或根据管制部门的判断可以进行人工干预。

3）分派路由时路由功能

在分派路由时，A-SMGCS 应该能够满足以下六项。

（1）依照最有效的运行配置，最小化滑行距离。

（2）与控制功能交互，使穿越冲突最小化。

（3）能及时对操作变更作出响应，如跑道变更、因为维修而关闭的路由、临时的事故或障碍。

（4）使用标准化的术语或标记。

（5）能够按所有授权用户的要求提供路由。

（6）提供一种路由确认的反馈机制。

3．A-SMGCS 的引导功能

A-SMGCS 的引导功能是指在路由功能的基础上，将编制完成的路径安排提供给引导功能模块用以准确控制助航灯光，为飞行员或车辆驾驶员提供引导。引导功能模块与飞行区灯光控制系统相结合，管制员可以通过人工或自动方式控制飞行区域的助航灯光系统，实现连续可靠地引导飞机滑行，以确保飞机或车辆按照分配的路径行驶。

A-SMGCS 的引导功能应包括以下七项。

（1）为任何授权运动提供必需的引导，并且支持所有可能的路由选择。

（2）为飞行员和驾驶员提供清晰的指示，以允许他们沿指派的路径行进。

（3）在预定的路由上，保证所有的飞行员和驾驶员对其指定路径保持态势感知。

（4）在任何时候能够接受路由的改变。

（5）能够显示受限制或禁止使用的路径及区域。

（6）允许对所有引导辅助设备的运行状态进行监控。

（7）在引导辅助设备为响应路由及控制需求而有选择地切换的地方，提供带有告警的在线监控。

当机场场面的能见度条件能支持安全、有序、迅捷地授权运行时，引导功能主要由标准化的地面目视助航设备来实现。如果因能见度降低而使得快速流动受限，则需要附加的设备或系统对目视助航设备进行补充以保持流速。

4．A-SMGCS 的控制功能

A-SMGCS 的控制功能是指在监视功能实现的前提下，为了防止地面交通冲突、跑道和限制区入侵，确保地面交通安全、迅速、有效地活动，通过一系列既相互独立，又相互关联的冲突预测、告警等安全模块，对地面交通状况中的各类冲突、危险及入侵进行探测和告警。

1）A-SMGCS 应包括的控制功能

（1）支持授权运动速度最大化（动态能力）。

（2）具有充分能力对时段达到一个小时的请求运动制订机场计划（静态能力）。

（3）检测冲突并提供解决方案。

（4）能够根据预定的速度、相对方向、航空器尺寸、喷气机尾喷影响、人员与系统响应时间、制动性能等参数值确定场面运动目标之间的纵向间距。

（5）对跑道入侵提供告警并启动保护装置（如停止牌或警报器）。

（6）对滑行道入侵提供告警并启动保护装置（如停止牌或警报器）。

（7）对为无线导航助航设备设立的关键及敏感区域入侵提供告警。

（8）对紧急区域入侵提供告警。

（9）能够利用计算机辅助管理工具。

（10）将地面交通管制员、飞行员和交通工具驾驶员的能力都包含在决定控制方案的机制内。

（11）结合运行方式和运动类型，将场面运动目标的速度控制在一定范围内，以覆盖所有需求情况下的运行。

（12）在低至机场能见度运行等级的所有能见度条件下，能够支持所有运行。

（13）对管制活动能够分配优先权。

2）A-SMGCS 还应提供的控制功能

（1）航空器的着陆顺序或起飞顺序，以保证最小延迟及对机场可用容量的最大利用。

（2）按需要从运行活动中隔离开保障车辆与维护车辆。

（3）根据尾流湍流、喷气机尾喷与螺桨 / 旋翼洗流、航空器尺寸和不同位置及布局（跑道，滑行道，停机坪或机位）的预定最小值，划出机场运动间隔。

（4）运动相对障碍物的隔离。

（5）为了安全，按预定最小距离将所有航空器与一孤立航空器隔离。

3）A-SMGCS 的告警功能

A-SMGCS 应提供即时告警功能，并允许足够时间以采取相应的紧急行动。

（1）短期冲突告警：当场面运动目标之间的预测间距低于预设 / 预定最小值时，应立即触发告警。

（2）区域穿越告警：当检测到运动可能进入关键或限制区域时，立即触发告警。

（3）偏离告警：当计算出来的可能偏差距离大于预设 / 预定最大偏离时，立即触发告警。

（4）跑道入侵告警：当运动目标有可能进入正在使用中的跑道（跑道带）时，立即触发告警。

（5）滑行道（或用作滑行道的非运行跑道）或停机坪入侵告警：当运动目标有可能进入不属于其路由计划里的滑行道或停机坪，而该滑行道或停机坪又不属于运动指定路径时，立即触发告警。

A-SMGCS 的冲突告警模块应能够实时探测并预测到跑道冲突、滑行道冲突、停机坪 / 机位登机门冲突等，而一旦实时探测或预测到冲突，应根据冲突的优先级予以解决。另外，应注意区分实时冲突探测和冲突预测，且优先处理实时探测到的冲突，具体冲突告警流程如图 10.2 所示。

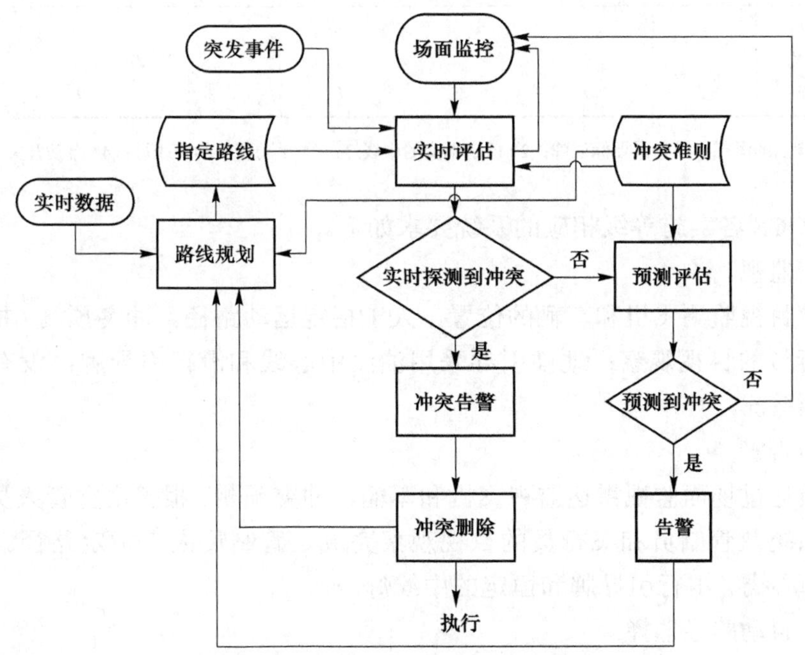

图 10.2　冲突告警流程框图

10.3 A-SMGCS 的分级

A-SMGCS 实施等级分类见表 10.1。

表 10.1 A-SMGCS 实施等级分类

等级	责任主体	监视功能	管制功能			路由功能	引导功能				
			冲突预测	冲突分析	冲突解决		地面 1*	地面 2*	地面 3*	地面 4*	飞机/车辆
Ⅰ	管制员	√	√	√	√	√					
	飞行员		√	√	√		√				
	系统										
Ⅱ	管制员	√	√	√	√	√					
	飞行员		√	√	√		√	√			
	系统	√		√							
Ⅲ	管制员		√	√	√				√		
	飞行员		√	√	√		√				
	系统	√	√	√	√	√					
Ⅳ	管制员		√	√	√						
	飞行员		√	√	√		√				
	系统	√	√	√	√	√			√		
Ⅴ	管制员		√	√	√						
	飞行员						√				√
	系统	√	√	√	√	√			√		

注：1* 油漆画的滑行中线和引导标记牌；2* 恒定不变的中线灯；3* 手动开关的中线灯；4* 自动开关。

A-SMGCS 各实施等级相应的系统要求如下。

Ⅰ级：监视

管制员目视监测飞机和车辆的位置，人工指定运动路径。冲突预测 / 报警依靠管制员和飞行员的目视观察；地面引导采用油漆中心线和滑行引导牌；没有场监雷达和助航灯光系统。

Ⅱ级：告警

管制员通过场面监视雷达监视飞机和车辆，冲突预测 / 报警由空管人员通过场面监视雷达系统及管制员和飞行员的目视观察完成。管制员人工指定路径。地面引导采用油漆中心线、滑行引导牌和恒定的中线灯。

Ⅲ级：自动路径选择

场面监视雷达系统自动监视飞机和车辆，并由系统自动给出运动路径。冲突预

测 / 报警由系统、管制员和飞行员共同完成。地面引导采用油漆中心线、滑行引导牌和单灯控制的中线灯，但中线灯由管制员人工控制。

Ⅳ级：自动引导

在Ⅲ级的基础上，中线灯及助航灯光完全由系统自动控制，实现对飞机和车辆的自动滑行引导。

Ⅴ级：适用于在 RVR ≤ 75m 的低能见度条件下

在Ⅳ级的基础上，要求在飞机和车辆上装载相关设备和相应的地－空数据链。A-SMGCS 能够向飞机进行数据传输。但Ⅴ级系统的数据传输目前还没有统一的标准，Ⅴ级 A-SMGCS 标准的实现取决于传输标准化的进展。

机场依照相应的运行条件，即机场交通密度、机场结构的复杂性、机场能见度条件的组合来决定 A-SMGCS 的建设级别。一般来说，大型机场具有一条以上跑道且每小时飞机起降量超 26 架次，不仅交通密度高、机场布局复杂，还要求能够在低能见度条件下高效安全运行，所以，大型机场 A-SMGCS 的建设级别一般都应该在Ⅳ级及以上。

10.4　A-SMGCS 集成

A-SMGCS 的概念已经发展了多年，它的发展源自新技术的应用和发展。从简单的一次雷达技术的地面应用到现在的 A-SMGCS，得益于系统随时可以根据实际需要进行升级的开放式结构。它在开发新功能的同时能不断地集成航管和机场现有的系统与基础设施，使得相关设施和信息得以协调一致和充分地利用。A-SMGCS 四大基本功能的实现就是依赖于与航管、机场等各相关运行单位的设备集成和信息共享。系统的集成示意图如图 10.3 所示。

1．监视设备

场面活动目标的探测和精确定位是实现 A-SMGCS 各项功能的基础，各类监视设备负责向 A-SMGCS 提供飞行区域地面活动目标的航迹。监视设备包含传统的场面监视雷达（surface movement radar，SMR）及多元静态关联监视系统（multi-lateration，MLAT）、广播式自动相关监视（automatic dependent surveillance-broadcast，ADS-B）、多点分布系统（multipoint distribution system，MDS）、多光谱扫描仪系统（multispectral scanner system，MSS）等新型监视设备。这些设备的布局应尽量减少系统覆盖的盲区。

需要指出的是，无论是 SMR、MLAT 还是 ADS-B，均可能出现一些影响其正常功能的异常事件，进而对场面监视信息的完好性和连续性造成不利影响，见表 10.2。

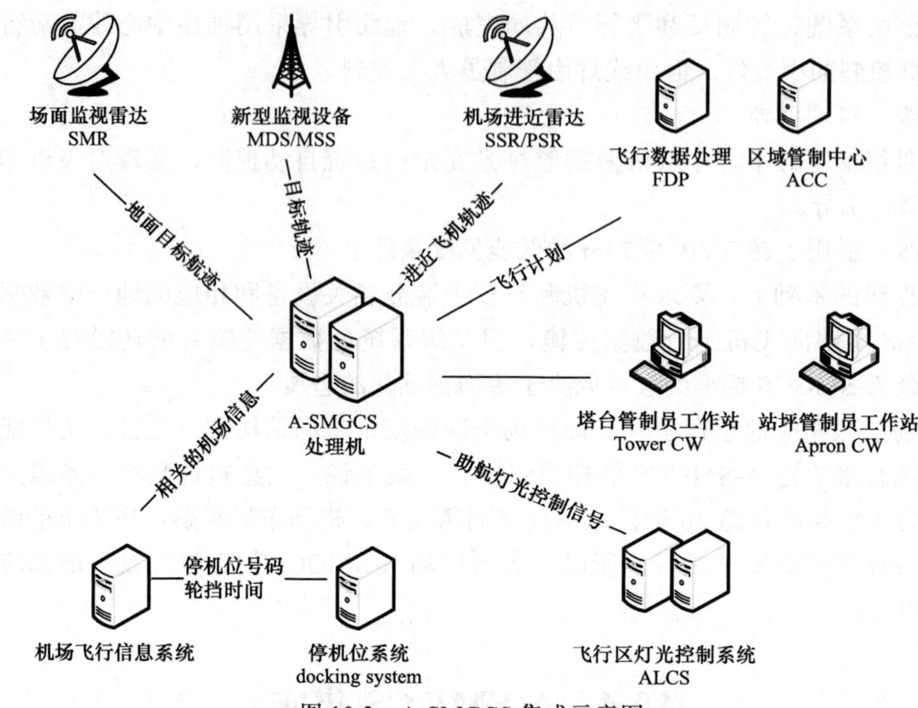

图 10.3 A-SMGCS 集成示意图

表 10.2 SMR、MLAT 和 ADS-B 可能出现的一些异常事件

监视系统	异常情况
SMR	信号阻塞
	跟踪误差
	雨水和地面杂波干扰
	点迹提取误差
	雷达故障
MLAT	应答机位置偏高
	信息遗漏
	航空器收发机误差
	地面设备故障
	信号欺骗
	信号干扰
	信息碰撞
	地面时钟同步误差
ADS-B	时间标记不当
	信息遗漏

续表

监视系统	异常情况
ADS-B	航空器收发机误差
	地面设备故障
	信号欺骗
	信号干扰
	信息碰撞
	GPS 故障

2．区域管制中心的 FDP 系统

区域管制中心的飞行数据处理（flight data processing，FDP）系统中的飞行计划数据经过滤后，将与本场相关的进离港航班的飞行计划数据提供给 A-SMGCS。A-SMGCS 据此进行航迹相关，自动识别进港离港飞机，并为路径选择、自动引导等功能提供依据。

3．机场进近雷达系统

机场进近雷达系统向 A-SMGCS 提供高精度的本场进港飞机的航迹，A-SMGCS 将其与来自区域管制中心的飞行计划数据相关后，实现对进港飞机进行自动识别，并可根据此航迹推算出飞机着陆的精确时间。

4．机场飞行信息系统

机场飞行信息系统作为机场各类系统的信息集成平台，是机场信息对外部系统进行信息交换的枢纽。A-SMGCS 所需要的各类机场飞行信息经由该系统与 A-SMGCS 实现信息共享。

5．机位系统

机位系统（docking system）是在飞机滑行的最后阶段引导飞机到达既定机位的系统。机位系统经由机场飞行信息系统为 A-SMGCS 提供实时更新的、准确的机位数据和撤轮挡（off-block）时间。在离港飞机从机位推出的那一刻，A-SMGCS 依据这些信息就能对离港飞机进行自动识别。

6．飞行区灯光控制系统

飞行区灯光控制系统（airfield lighting control system，ALCS）是机场跑道

灯光、滑行道灯光，以及停止排灯和标记牌等机场助航灯光的控制系统。塔台上一般都装有独立的灯光控制终端设备，用于人工控制助航灯光。当 ALCS 与 A-SMGCS 集成后，除能在塔台管制工作站上进行灯光人工控制外，A-SMGCS 还能自动控制跑道、滑行道和机坪等飞行区助航灯光，按照自动路径选择实现引导功能。

10.5 A-SMGCS 的一种实现方法

机场运行地图（airport mobile map，AMM）是 A-SMGCS 的一种实现方法，是 A-SMGCS 人机接口的重要部分，集中体现了 A-SMGCS 的功能性。考虑到 A-SMGCS 的概念，在机场场面上的运行监视目标都需要在机场运行地图上显示，并不断更新位置以显示运行状况。机场交通控制数据包括了路由计划和接近告警，以此维持正常的机场运营。

1．机场运行地图上应显示的信息

根据 ICAO《先进的场面活动引导和控制系统（A-SMGCS）手册》，至少需要有下列基本信息在机场运行地图上得到显示。

（1）基本的机场场面构形。

（2）监视目标所处的运行通道（滑行道或者跑道）。

（3）监视目标的位置及其更新。

（4）监视目标的标识。

（5）本机和其他飞机的过近告警。

（6）跑道使用中的告警。

2．A-SMGCS 地面系统的组成部分

为支持 AMM 显示，A-SMGCS 需要综合具备监视、路由、引导、控制各项功能。为实现各项功能，可采用如图 10.3 和图 10.4 所示的 A-SMGCS 架构。

如图 10.4 所示，A-SMGCS 地面系统包括下列组成部分。

（1）机场场面监视：一次监视雷达（primary surveillance radar，PSR），ADS-B，二次监视雷达（secondary surveillance radar，SSR）。

（2）数据融合处理单元。

（3）基于地面的告警发生器。

（4）AMM 显示单元。

（5）路由计划人机接口。

（6）机地数据通信收发单元。

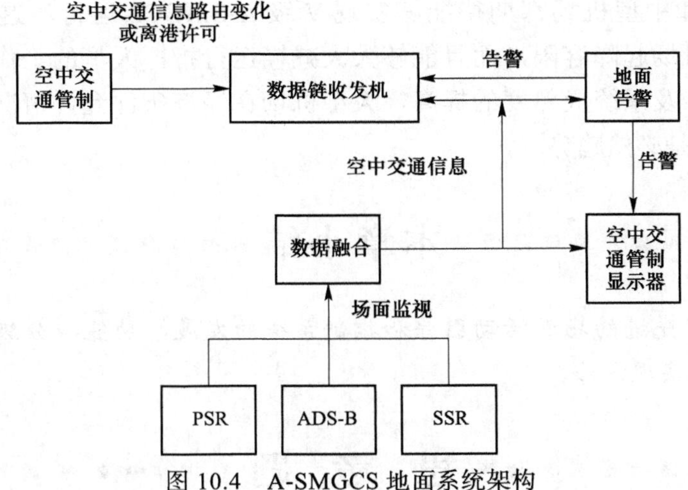

图 10.4　A-SMGCS 地面系统架构

3．A-SMGCS 机上组成单元

图 10.5 显示了 A-SMGCS 机上部分的架构，分别由下列单元组成。

（1）机地数据通信收发单元。

（2）局域增强系统（local area augmentation system，LAAS）收发机。

（3）ADS-B 收发机。

（4）机载告警发生机。

（5）机载 AMM 显示器。

（6）音频告警单元。

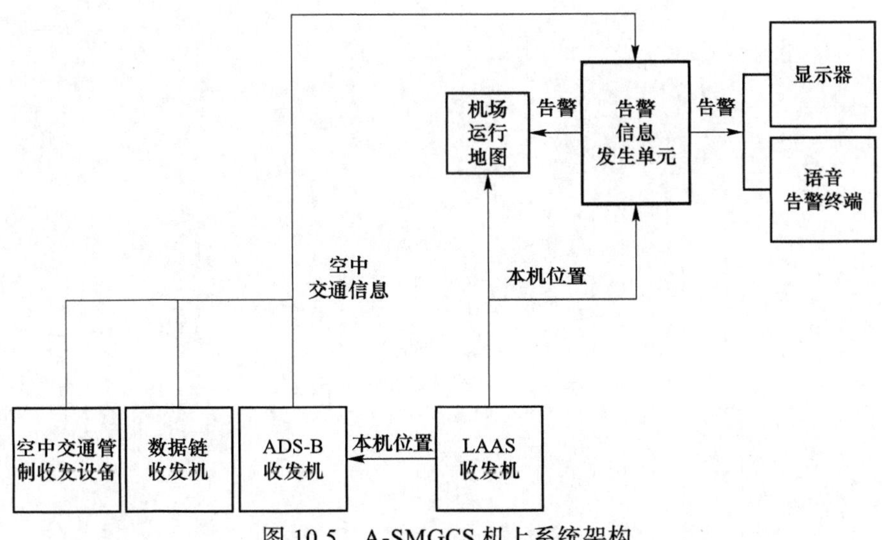

图 10.5　A-SMGCS 机上系统架构

各个大型和中型机场都期待能够实现 V 级 A-SMGCS 运行，这样不仅可以提高安全水平和机场起降容限，而且能够大大减轻运行指挥人员的工作负担。随着相关技术不断进步及系统成熟度的提高，大型机场在经济条件允许情况下，不断提高 A-SMGCS 等级是必然趋势。

本章小结

本章介绍了先进的场面活动引导和控制系统的发展、功能、分级等，论述了系统的集成及一种实现方法。

思 考 题

简述 A-SMGCS 的主要功能和系统分级。

参考文献

丁汀，2012. 先进的机场场面导向和控制系统浅析［J］. 民用飞机设计与研究，105：44-48.

董琦，李斌，祝军，等，2012. 机场助航灯光回路用埋地电缆的生产制造［J］. 电线电缆，3：14-15.

甘雪，曹太强，刘中豪，等，2017. 助航灯光系统中恒流调光器的研究［J］. 电测与仪表，54（17）：88-93.

高淑玲，王云岭，2000. 机场目视助航设备［M］. 天津：天津科学技术出版社.

侯启真，候祎飞，2022. 基于多态共因失效的助航灯光供电系统可靠性分析［J］. 计算机测量与控制，30（8）：269-276.

贾立山，王立文，2012. 机场助航灯光强动态检测仿真系统的实现［J］. 系统仿真学报，24（9）：1768-1771.

刘华军，王凤勤，谢志滨，等，2021. 机场助航灯光隔离变压器连接软电缆的研制［J］. 光纤与电缆及其应用技术，1：32-34.

马志刚，牟奇峰，2010. 机场目视助航设施的规划与设计［M］. 成都：西南交通大学出版社.

米爱群，王力，高庆吉，等，2013. 机场多跑道助航灯光监控系统网络结构设计［J］. 计算机应用，33（S1）：280-282.

宁翠丽，董慧芬. 基于相对劣化度的助航灯光系统预防维护决策模型［J］. 航天控制，34（6）：85-90.

王丙元，田坤，张新清，等，2015. 助航灯光单灯监控系统的数据传输设计与实现［J］. 计算机测量与控制，23（12）：4038-4041.

王修岩，李萃芳，李宗帅，等，2013. 机场助航灯光回路绝缘电阻预测方法研究［J］. 计算机工程与设计，34（8）：2882-2886.

杨灏，蒋李，杨小龙，等，2020. 太阳能供电的机场目视助航灯光系统研究与实现［J］. 自动化与代表，35（8）：26-30.